高职高专教育通用教材

高 等 数 学

主　审　王卫群　胡铁城
主　编　管永娟　张新萍
副主编　卢惟康　袁文胜　胡铁城
　　　　贺楚雄　周利民

苏 州 大 学 出 版 社

图书在版编目(CIP)数据

高等数学 / 管永娟，张新萍主编. —苏州：苏州大学出版社，2018. 8(2022. 8重印)
高职高专教育通用教材
ISBN 978-7-5672-2532-9

Ⅰ. 高… Ⅱ. ①管… ②张… Ⅲ. 高等数学—高等职业教育—教材 Ⅳ. ①O13

中国版本图书馆 CIP 数据核字(2018)第 159695 号

内容简介

本书以教育部制订的《高职高专教育高等数学课程教学基本要求》为指导，以“应用为目的，必需、够用为度”为原则，以实现高职高专院校高等数学的教学为目的进行编写.

本书共有八章内容及五个附录，主要内容为函数与极限、导数与微分、积分及其应用、微分方程、空间向量与空间解析几何、多元函数的微分学、多元函数的积分学、级数；在附录中对基本初等函数的图形及其性质、与本教材相关的数学发展史、数学建模、数学软件 Mathematica 等进行了简要介绍.

本书既可作为高职高专院校高等数学课程的通用教材，又可作为各类工程技术人员和广大读者了解高等数学知识的自学用书.

高等数学
管永娟　张新萍　主编
责任编辑　征　慧

苏州大学出版社出版发行
(地址：苏州市十梓街1号　邮编:215006)
宜兴市盛世文化印刷有限公司印装
(地址：宜兴市万石镇南漕河滨路58号　邮编：214217)

开本 787×1092　1/16　印张 18.5　字数 439 千
2018 年 8 月第 1 版　2022 年 8 月第 6 次印刷
ISBN 978-7-5672-2532-9　定价：42.00元

苏州大学版图书若有印装错误，本社负责调换
苏州大学出版社营销部　电话：0512-67481020
苏州大学出版社网址 http://www.sudapress.com

编 委 会

前 言

高等数学课程是高等职业学院各专业必修的一门重要的公共基础课程.本教材的编写结合了当前高职高专院校学生的实际情况,主要具有下列五大特色:

一、重概念

注重以实例引入概念,将数学建模的思想和方法始终融会于本教材的内容中,如导数、定积分等概念,使读者从中体会到数学概念的形成过程,也了解到数学概念的来龙去脉.强调了概念的通俗性和直观性,增加了几何图形,做到了用图说话和看图说话.

二、弱理论

有些理论性较强的内容不作介绍,如微分中值定理、变上限积分函数等.对所有的定理、性质以及结论一律不进行证明,也不再说"证明从略"这四个字,在教学中可遵循从特殊到一般的原则来讲解,也可进行几何直观的解释.

三、强方法

强调了用数学建模的方法去解决问题;强化了基本方法和基本技能方面的训练;淡化了繁琐的计算和复杂的变形.

四、重能力

注重培养读者的基本运算能力以及综合运用所学知识去分析、解决实际问题的能力;注重培养读者将专业知识同实际生活相结合的能力,如极值问题、RC电路问题等;培养读者借助于数学软件解决问题的能力.

五、分练题

每节之后的习题可作为简单的基本的训练题,而每章之后的复习题则是较难的综合训练题,读者可结合自己的实际情况,有选择性、有目的地进行训练.

另外,本教材对以往高等数学教材中涉及的所有近似计算问题一律不作介绍,尽量提出一些问题让读者自行思考.为了让读者更真实地了解数学,并增强读者对数学的兴趣,本教材在附录二中简要介绍了与本教材相关知识的数学发展史.

本教材由王卫群、胡铁城主审,管永娟、张新萍任主编,卢惟康、袁文胜、胡铁城、贺楚雄、周利民任副主编,参编成员有王卫群、刘康波、徐志尧、刘逸、彭丽娇、叶娇、单武将、王超杰,全书由管永娟进行统稿、定稿而成.

本书的编写和出版,得到了苏州大学出版社的大力支持,在此致以最诚挚的谢意.

由于编者水平有限,时间也比较仓促,书中难免存在一些不足或错误,敬请广大师生和读者批评指正,以便我们在今后的教学中加以完善,我们的电子邮箱是 2535846167@qq.com.

编者

2018年5月

目 录

第1章 函数与极限

第2章 导数与微分

第3章 积分及其应用

第1章 函数与极限

世界上的万事万物都处在不断的联系中，它们之间总是存在各种各样的关系.在数学中，它们都可以用常量或变量来表示，它们之间的关系可以用函数来刻画.极限是贯穿高等数学始终的一个重要概念，它是本课程的基本工具.连续则是函数的一个重要性质，连续函数是高等数学研究的主要对象.

本章将在复习函数知识的基础上，进一步介绍极限与函数连续性等基本概念，以及它们的运算和性质，为学习高等数学打下良好的基础.

§1.1 函 数

一、函数的概念

1. 函数的定义

在实际问题中，往往同时存在几个变量，它们并不是孤立变化的，而是相互联系并遵循着一定的变化规律，现在先就两个变量的情形举几个例子.

引例1 圆的面积.

设圆的面积为A，半径为r，它们之间的相依关系可表示为

$$A=\pi r^2,$$

当半径r在区间$(0,+\infty)$内任意取定一个数值时，由上式就可以确定圆的面积A的相应数值.

引例2 某商店一年中各月份毛线的销售量(单位:百千克)的关系如下表所示：

各月份毛线销售量表

月份x	1	2	3	4	5	6	7	8	9	10	11	12
销售量y/百千克	81	84	45	45	9	5	6	15	94	161	144	123

引例3 图1.1是气象站用自动温度记录仪记录下来的某地一昼夜气温变化的曲线.

撇开上面这三个例子所涉及的变量的实际意义不谈，就会发现，它们都反映了两个变量之间的相依关系，这种相依关系由一种对应法则来确定，根据这种对应法则，当其中的一个变量在其变化范围内任意取定一个数值时，另一个

变量就有确定的值与之对应，两个变量间的这种对应关系就是函数概念的实质.

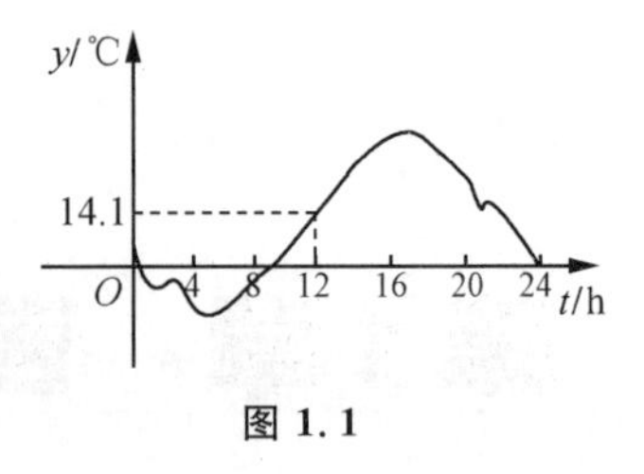

图 1.1

定义 1.1 设 x 和 y 是两个变量，D 是一个非空实数集. 如果对于每一个数 $x\in D$，按照一定的对应法则，总有确定的变量 y 与 x 对应，则称 y 是定义在数集 D 上的 x 的**函数**，记作 $y=f(x)$.

数集 D 叫作这个函数的**定义域**，x 叫作**自变量**，y 叫作函数(或**因变量**).

当 $x=x_0\in D$ 时，与 x_0 对应的 y 的数值叫作函数 $y=f(x)$ 在点 x_0 处的**函数值**，记作 $f(x_0)$，当 x 取遍 D 中的每个数值时，由对应的函数值组成的数集

$$M=\{y\mid y=f(x),x\in D\}$$

叫作函数的**值域**.

在函数 $y=f(x)$ 中，表示对应关系的记号 f 也可用其他字母，如 g、φ 等，这时函数就记作 $y=g(x)$，$y=\varphi(x)$ 等.

定义域和对应法则是函数概念的两个要素. 函数的定义域一般可用区间表示，函数的对应法则可用解析式(如引例 1)、表格(如引例 2)或图形(如引例 3)等表示.

在实际问题中，函数的定义域是根据问题的实际意义确定的. 如引例 1 中，定义域 $D=(0,+\infty)$；引例 2 中，定义域 $D=\{x\mid 1\leqslant x\leqslant 12,x\in \mathbf{Z}\}$；引例 3 中，定义域 $D=[0,24]$.

如果不考虑函数的实际意义，我们约定：函数的定义域就是自变量能够取到的使函数解析式有意义的一切实数值的集合. 例如，引例 1 中，定义域 $D=(-\infty,+\infty)$.

例 1 确定函数 $f(x)=\dfrac{1}{\sqrt{3+2x-x^2}}+\ln(x-2)$ 的定义域.

解 对于函数 $f(x)$ 来说，当 $\begin{cases}3+2x-x^2>0,\\ x-2>0\end{cases}$ 时，$f(x)$ 有意义，即 $2<x<3$，所以函数的定义域为 $(2,3)$.

2. 分段函数

在定义域的不同范围内，用不同的式子表示的一个函数叫作**分段函数**.

例如，函数 $y=\operatorname{sgn}x=\begin{cases}-1, & x<0,\\ 0, & x=0,\\ 1, & x>0\end{cases}$ 叫作**符号函数**，它就是一个分段函数，其定义域 $D=(-\infty,+\infty)$，值域 $M=\{-1,0,1\}$，其图形如图 1.2 所示.

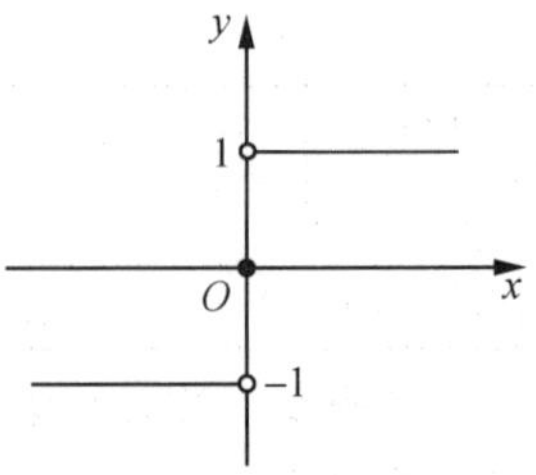

图 1.2

3. 反函数

定义 1.2 设函数 $y=f(x)$ 的定义域为 D，值域为 W. 若对于每一个数值 $y\in W$，D 上都可以确定一个数值 x 使 $f(x)=y$，这里如果把 y 看作自变量，x 看作因变量，按照函数概念，就得到一个新的函数

$x=\varphi(y)$，这个新的函数称为函数 $f(x)$ 的**反函数**，可记作 $x=f^{-1}(y)$. 我们习惯用 x 表示自变量，用 y 表示因变量，这时 $x=f^{-1}(y)$ 可按习惯表示为 $y=f^{-1}(x)$.

因为函数的实质是对应关系，我们改变的只是表示自变量和因变量的字母，并没有改变对应关系，所以 $x=f^{-1}(y)$ 和 $y=f(x)$ 实质上是同一个函数，即在同一平面直角坐标系中，函数 $y=f(x)$ 和其反函数 $x=f^{-1}(y)$ 的图形是完全相同的.

但是，$y=f(x)$ 和 $y=f^{-1}(x)$ 的图形是关于直线 $y=x$ 对称的，如图 1.3 所示.

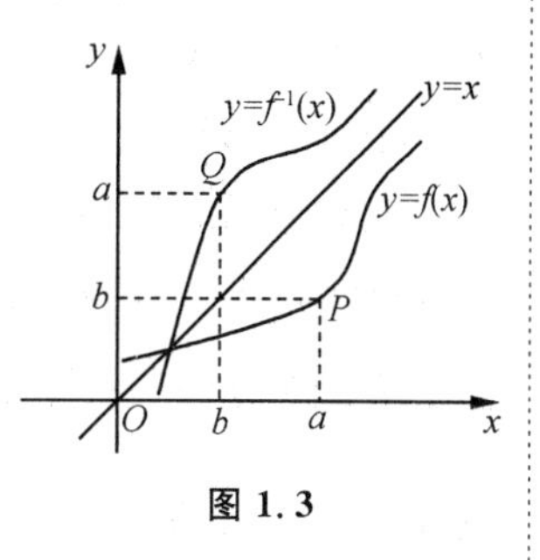

图 1.3

二、函数的性质

1. 奇偶性

定义 1.3 设函数 $f(x)$ 的定义域 D 关于坐标原点对称（即若 $x\in D$，则必有 $-x\in D$）. 若对于任意的 $x\in D$，恒有 $f(-x)=-f(x)$ 成立，则称 $f(x)$ 为**奇函数**；若对于任意的 $x\in D$，恒有 $f(-x)=f(x)$ 成立，则称 $f(x)$ 为**偶函数**.

例如，$f(x)=\sin x$ 是奇函数，$f(x)=\cos x$ 是偶函数，而 $f(x)=\sin x+\cos x$ 既不是奇函数，也不是偶函数.

偶函数的图形关于 y 轴对称，奇函数的图形关于坐标原点对称.

2. 单调性

定义 1.4 设函数 $f(x)$ 的定义域为 D，区间 $I\subset D$，若对于区间 I 上任意两点 x_1 及 x_2，当 $x_1<x_2$ 时，恒有 $f(x_1)<f(x_2)$，则称函数 $f(x)$ 在区间 I 上是**单调增加**（或**递增**）的，区间 I 为函数 $f(x)$ 的**单调增区间**；若对于区间 I 上任意两点 x_1 及 x_2，当 $x_1<x_2$ 时，恒有 $f(x_1)>f(x_2)$，则称函数 $f(x)$ 在区间 I 上是**单调减少**（或**递减**）的，区间 I 为函数 $f(x)$ 的**单调减区间**. 单调增加和单调减少的函数统称为**单调函数**.

例如，函数 $y=x^3$ 在区间 $(-\infty,+\infty)$ 内是单调增加的；$y=x^2$ 在区间 $(-\infty,0)$ 内单调减少，在 $[0,+\infty)$ 内单调增加，但在 $(-\infty,+\infty)$ 内不是单调的.

3. 周期性

定义 1.5 设函数 $f(x)$ 的定义域为 D，若存在不为零的实数 T，使得对于任意的 $x\in D$，有 $x+T\in D$，且 $f(x+T)=f(x)$ 恒成立，则称函数 $f(x)$ 为**周期函数**，T 叫作函数 $f(x)$ 的**周期**.

显然，若 T 是 $f(x)$ 的周期，则 $kT(k\in\mathbf{Z})$ 也是 $f(x)$ 的周期. 我们把其中最小的正的周期叫作 $f(x)$ 的**最小正周期**. 通常所说的周期函数的周期就是指它的最小正周期.

例如，函数 $\sin x$，$\cos x$ 都是以 2π 为周期的周期函数；$\tan x$，$\cot x$ 都是以 π 为周期的周期函数.

周期函数的图形具有重现性，即每隔一个周期，周期函数的图形会重复出现完全相同的形状.

4. 有界性

定义 1.6 设函数 $f(x)$ 的定义域为 D,数集 $A\subset D$. 若存在正数 M,使得对于一切 $x\in A$,有 $|f(x)|\leqslant M$,则称函数 $f(x)$ 在 A 上**有界**;否则,称函数 $f(x)$ 在 A 上**无界**.

例如,函数 $f(x)=\sin x$, $f(x)=\cos x$ 在 $(-\infty,+\infty)$ 内都是有界的. 因为存在 $M=1$,对于一切 $x\in(-\infty,+\infty)$,都有 $|\sin x|\leqslant 1$, $|\cos x|\leqslant 1$.

而函数 $f(x)=\dfrac{1}{x}$ 在开区间 $(0,1)$ 内是无界的. 因为不存在这样的正数 M,使 $\left|\dfrac{1}{x}\right|\leqslant M$ 对于 $(0,1)$ 内的一切 x 都成立;但是 $f(x)=\dfrac{1}{x}$ 在区间 $(1,2)$ 内是有界的,我们可取 $M=1$,而 $\left|\dfrac{1}{x}\right|\leqslant 1$ 对于区间 $(1,2)$ 内的一切 x 都成立.

三、初等函数

1. 基本初等函数

我们将常数函数 $y=C$,幂函数 $y=x^{\alpha}(\alpha\in\mathbf{R})$,指数函数 $y=a^{x}(a>0$ 且 $a\neq 1)$,对数函数 $y=\log_a x(a>0$ 且 $a\neq 1)$,三角函数($y=\sin x$, $y=\cos x$, $y=\tan x$, $y=\cot x$, $y=\sec x$, $y=\csc x$)和反三角函数($y=\arcsin x$, $y=\arccos x$, $y=\arctan x$, $y=\operatorname{arccot} x$)统称为**基本初等函数**.

基本初等函数的图形及其性质详见附录一.

2. 复合函数

定义 1.7 如果 y 是 u 的函数,$y=f(u)$,而 u 又是 x 的函数,$u=\varphi(x)$,且 $u=\varphi(x)$ 的值域与 $y=f(u)$ 的定义域的交集非空,那么 y 通过中间变量 u 的联系成为 x 的函数,我们把这个函数称为由函数 $y=f(u)$ 与 $u=\varphi(x)$ 复合而成的**复合函数**,记作 $y=f[\varphi(x)]$.

学习复合函数主要有两个方面的要求:一方面是进行复合函数的合成,即将几个函数复合成一个函数,这个过程实际上是将中间变量依次代入的过程;另一方面恰好相反,就是进行复合函数的分解,即将一个复合函数分解成几个简单函数. 所谓简单函数,就是指基本初等函数或由基本初等函数的四则运算所得到的函数.

例 2 已知 $y=\sqrt{u}$, $u=\sin x$,试把 y 表示为 x 的函数.

解 将 $u=\sin x$ 代入 $y=\sqrt{u}$ 中,得 $y=\sqrt{u}=\sqrt{\sin x}$.

例 3 设 $y=u^2$, $u=\tan v$, $v=\dfrac{x}{3}$,试把 y 表示为 x 的函数.

解 $y=u^2=\tan^2 v=\tan^2\dfrac{x}{3}$.

例 4 指出下列函数是由哪些简单函数复合而成的:

(1) $y=\ln\cos x$; (2) $y=(3x-5)^{20}$;

(3) $y=\tan^2(2x^3+1)$；　　(4) $y=e^{\sin 5x}$.

解　(1) 设 $y=\ln u, u=\cos x$，则 $y=\ln\cos x$ 是由 $y=\ln u$ 和 $u=\cos x$ 复合而成的.

(2) 设 $y=u^{20}, u=3x-5$，则 $y=(3x-5)^{20}$ 是由 $y=u^{20}$ 和 $u=3x-5$ 复合而成的.

(3) 设 $y=u^2, u=\tan v, v=2x^3+1$，则 $y=\tan^2(2x^3+1)$ 是由 $y=u^2, u=\tan v$ 和 $v=2x^3+1$ 复合而成的.

(4) 设 $y=e^u, u=\sin v, v=5x$，则 $y=e^{\sin 5x}$ 是由 $y=e^u, u=\sin v$ 和 $v=5x$ 复合而成的.

例 5　设 $f(x)=\dfrac{1}{1+x}, \varphi(x)=\sqrt{\sin x}$，求复合函数 $f(\varphi(x))$ 和 $\varphi(f(x))$.

解　将 $u=\varphi(x)=\sqrt{\sin x}$ 代入 $f(u)=\dfrac{1}{1+u}$ 中，得 $f(\varphi(x))=\dfrac{1}{1+\sqrt{\sin x}}$.

将 $v=f(x)=\dfrac{1}{1+x}$ 代入 $\varphi(v)=\sqrt{\sin v}$ 中，得 $\varphi(f(x))=\sqrt{\sin\dfrac{1}{1+x}}$.

方法巧记　函数复合的过程可以看作是对包裹进行打包(由内向外)，而函数分解的过程可以看作对已经包好的包裹进行拆除(由外向里).

请读者自己动手构造出一个复合函数，并再对其进行分解.

3. 初等函数

定义 1.8　由基本初等函数经过有限次四则运算和有限次复合而成的，并且能用一个式子表示的函数称为**初等函数**.

例如，$y=\dfrac{\sin x}{x^2+1}, y=\ln(x+\sqrt{1+x^2}), y=\dfrac{e^x+e^{-x}}{2}$ 都是初等函数.

请读者思考：初等函数一定是复合函数吗？复合函数一定是初等函数吗？

习题 1.1

1. 求函数的定义域：

(1) $y=\frac{1}{\sqrt{x^2-x-6}}+\lg(3x-8)$；　　(2) $y=\begin{cases}\sin x, & 0\leqslant x<\frac{\pi}{2};\\ x, & \frac{\pi}{2}\leqslant x<\pi.\end{cases}$

2. 写出由下列函数组成的复合函数：

(1) $y=\sin u, u=x^2$；　　(2) $y=u^2, u=\sin x$；

(3) $y=\sqrt{u}, u=\sin v, v=2x$；　　(4) $y=3\arcsin u, u=1-x^2$.

3. 指出下列函数由哪些简单函数复合而成：

(1) $y=\sqrt{1-x}$；　　(2) $y=\mathrm{e}^{-x}$；

(3) $y=5(x+2)^3$；　　(4) $y=\sin^2\left(3x+\frac{\pi}{4}\right)$；

(5) $y=\arccos\sqrt{x^2+1}$；　　(6) $y=3\ln^2(x+\mathrm{e}^x)$.

§1.2 极限的概念

一、数列的极限

我们先来观察下面几个数列的变化趋势.

(1) $\{x_n\}:1,\frac{1}{2},\frac{1}{3},\frac{1}{4},\cdots,\frac{1}{n},\cdots$;

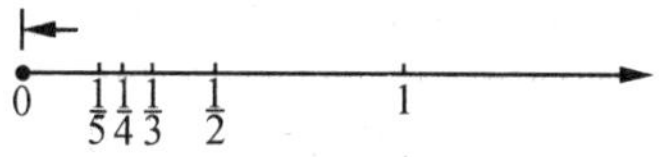

图 1.4

(2) $\{x_n\}:\frac{1}{2},\frac{2}{3},\frac{3}{4},\frac{4}{5},\cdots,\frac{n}{n+1},\cdots$;

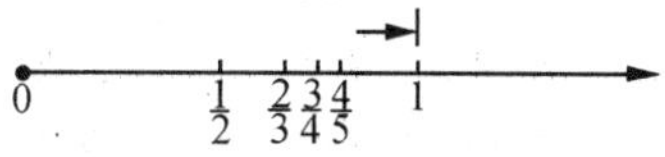

图 1.5

(3) $\{x_n\}:0,1,0,\frac{1}{2},\cdots,\frac{(-1)^n+1}{n},\cdots$;

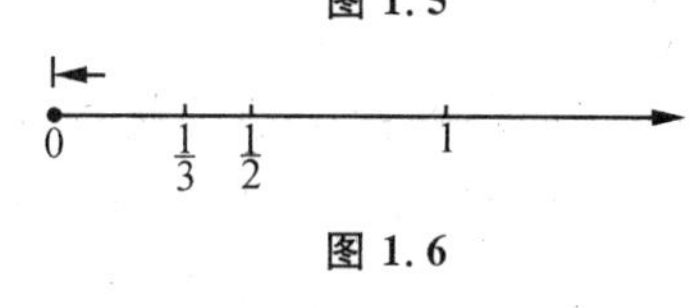

图 1.6

(4) $\{x_n\}:1,2,3,4,\cdots,n,\cdots$;

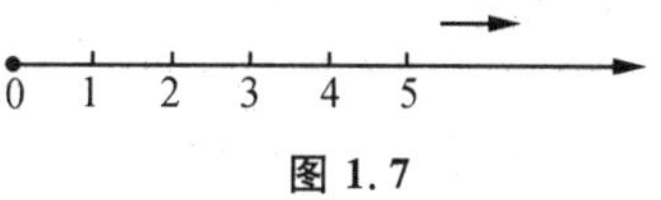

图 1.7

(5) $\{x_n\}:1,-1,1,-1,\cdots,(-1)^{n+1},\cdots$.

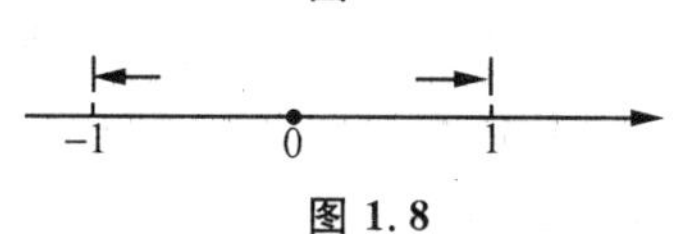

图 1.8

如图 1.4 所示,数列(1)中的 x_n 随着 n 的增大而减小,当 n 无限增大时,x_n 无限接近于常数 0.

如图 1.5 所示,数列(2)中的 x_n 随着 n 的增大而增大,当 n 无限增大时,x_n 无限接近于常数 1.

如图 1.6 所示,在数列(3)中,其奇数项和偶数项的变化方式不一样,但它们都是随着 n 的无限增大而趋近于同一个常数 0.

在数列(4)中,x_n 随着 n 的增大而增大,当 n 无限增大时,x_n 也无限增大,不会趋近于一个确定常数,如图 1.7 所示.

同样,在数列(5)中,x_n 总是取 1 和 -1 这两个值,也不会趋近于一个确定的常数,如图 1.8 所示.

总而言之,前面三个数列都有一种共同的现象,即当 n 无限增大时,它们都会无限接近于一个确定的常数,这就是极限现象,我们说这样的数列是具有极限的.

定义 1.9 对于数列 $\{x_n\}$,若当 n 无限增大(记作 $n\to\infty$)时,通项 x_n 无限接近于一个确定的常数 A,则称 A 为**数列** $\{x_n\}$ 的**极限**,或称数列 $\{x_n\}$ **收敛**于

A，记作

$$\lim_{n\to\infty}x_n=A \text{ 或 } x_n\to A\ (n\to\infty).$$

若数列$\{x_n\}$没有极限，则称该数列**发散**.

显然，由数列极限的定义可得：

(1) $\lim\limits_{n\to\infty}\dfrac{1}{n}=0$；　　(2) $\lim\limits_{n\to\infty}\dfrac{n}{n+1}=1$；

(3) $\lim\limits_{n\to\infty}\dfrac{(-1)^n+1}{n}=0$；　　(4) $\lim\limits_{n\to\infty}n$ 不存在；

(5) $\lim\limits_{n\to\infty}(-1)^{n+1}$不存在.

二、函数的极限

事实上，数列$\{x_n\}$就是一个函数 $x_n=f(n)(n\in\mathbf{Z}^+)$，研究函数的极限也就是要研究函数的变化趋势. 我们先来介绍自变量的取值方式(即自变量的变化过程).

1. 自变量 x 的变化过程

自变量 x 的变化过程一般分为两大类：$x\to x_0$ 和 $x\to\infty$.

(1) $x\to x_0$ 的含义是自变量 x 可以从小于 x_0 一侧取值，同时又从大于 x_0 一侧取值而无限接近于定值 x_0，如图 1.9 所示.

特别强调，在 $x\to x_0$ 这个过程中，自变量 x 是任意的不间断的取值而接近于 x_0，但永远不能等于 x_0(即 $x\neq x_0$).

若自变量 x 只从小于 x_0 一侧取值而无限接近于 x_0，则可记作 $x\to x_0^-$，如图 1.10 所示.

若自变量 x 只从大于 x_0 一侧取值而无限接近于定值 x_0，则可记作 $x\to x_0^+$，如图 1.11 所示.

显然，$x\to x_0$ 包括了 $x\to x_0^-$ 和 $x\to x_0^+$.

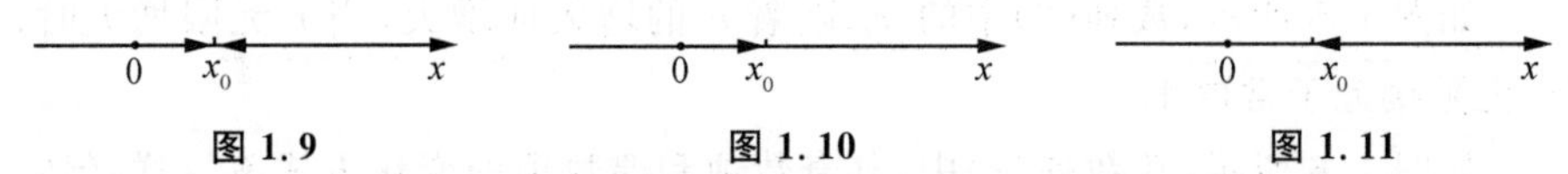

图 1.9　　图 1.10　　图 1.11

(2) $x\to\infty$ 的含义是自变量 x 可以取正负实数且绝对值无限增大，如图 1.12 所示.

若自变量 x 只取正实数且无限变大，则可记作 $x\to+\infty$，如图 1.13 所示. 若自变量 x 只取负实数且绝对值无限增大，则可记作 $x\to-\infty$，如图1.14 所示.

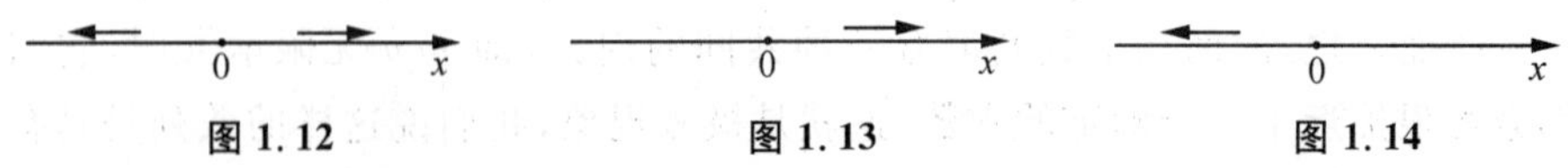

图 1.12　　图 1.13　　图 1.14

显然，$x\to\infty$包括了 $x\to+\infty$和 $x\to-\infty$.

弄清楚了自变量 x 的变化过程，下面我们来研究在自变量 x 的某种变化过程中函数 $f(x)$的变化趋势(即函数的极限).

2. $x\to x_0$ 时函数 $f(x)$ 的极限

定义 1.10 如图 1.15 所示，若当 $x\to x_0$ 时，相应的函数值 $f(x)$ 无限接近于一个确定的常数 A，则称 A 为 **$x\to x_0$ 时函数 $f(x)$ 的极限**，也称 A 是**函数 $f(x)$ 在点 x_0 处的极限**，记作

$$\lim_{x\to x_0}f(x)=A \text{ 或 } f(x)\to A(x\to x_0).$$

例如，如图 1.16 所示，当 $x\to 2$ 时，$f(x)=\dfrac{x^2-4}{x-2}$ 无限接近于 4，$g(x)=x+2$ 也无限接近于 4，由定义可得 $\lim\limits_{x\to 2}\dfrac{x^2-4}{x-2}=4$，$\lim\limits_{x\to 2}(x+2)=4$.

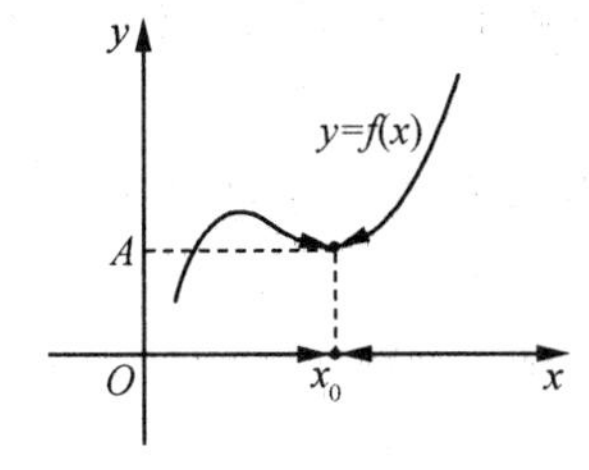

图 1.15

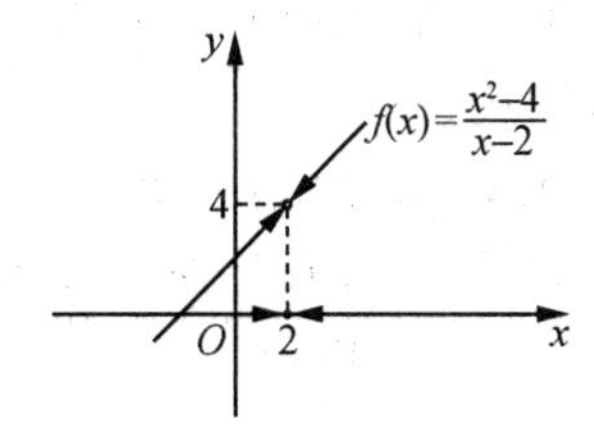

图 1.16

如图 1.17 所示，若当 $x\to x_0^-$ 时，相应的函数值 $f(x)$ 无限接近于一个确定的常数 A，则称 A 是函数 $f(x)$ 在点 x_0 处的左极限，记作

$$\lim_{x\to x_0^-}f(x)=A \text{ 或 } f(x)\to A(x\to x_0^-).$$

如图 1.18 所示，若当 $x\to x_0^+$ 时，相应的函数值 $f(x)$ 无限接近于一个确定的常数 A，则称 A 是函数 $f(x)$ 在点 x_0 处的右极限，记作

$$\lim_{x\to x_0^+}f(x)=A \text{ 或 } f(x)\to A(x\to x_0^+).$$

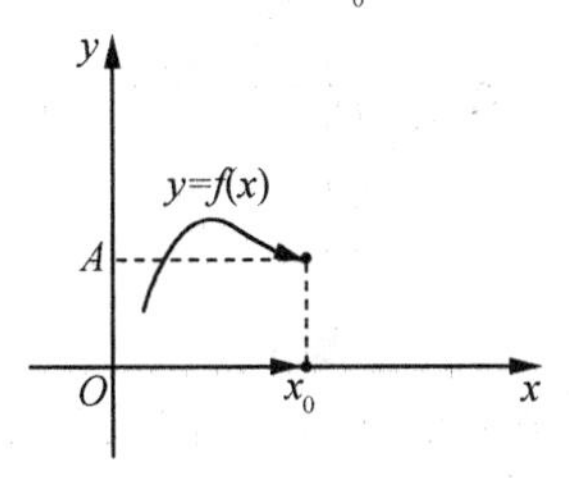

图 1.17

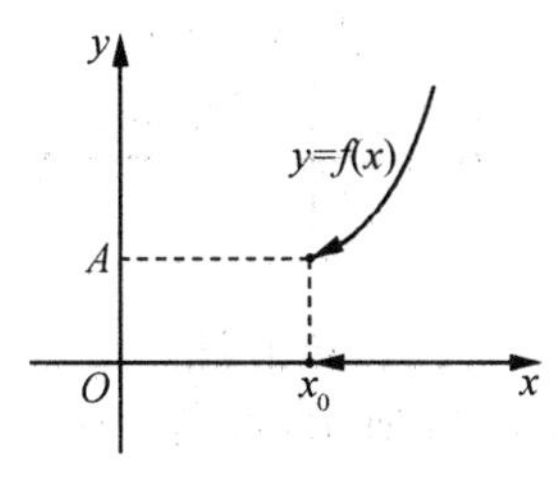

图 1.18

我们规定 $\lim\limits_{x\to x_0}C-C$（$C$ 为常数），即在自变量的变化过程中，常函数 $y=C$ 的极限是它本身.

例 1 设函数 $f(x)=\begin{cases}-x, & x<0,\\ x, & x\geqslant 0,\end{cases}$ 请画出它的图形，并求 $\lim\limits_{x\to 0^-}f(x)$，$\lim\limits_{x\to 0^+}f(x)$，$\lim\limits_{x\to 0}f(x)$.

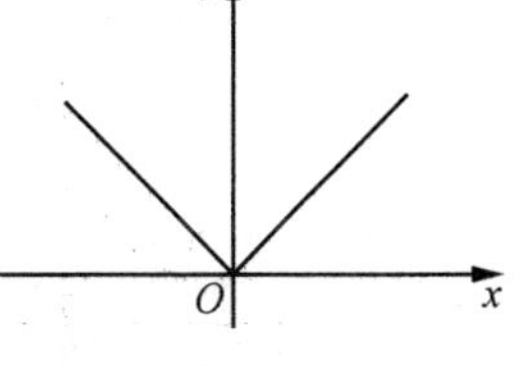

图 1.19

解 函数 $f(x)$ 的图形如图 1.19 所示，由该函数图形不难看出：

$$\lim_{x\to 0^-}f(x)=\lim_{x\to 0^-}(-x)=0,\ \lim_{x\to 0^+}f(x)=\lim_{x\to 0^+}x=0,\ \lim_{x\to 0}f(x)=0.$$

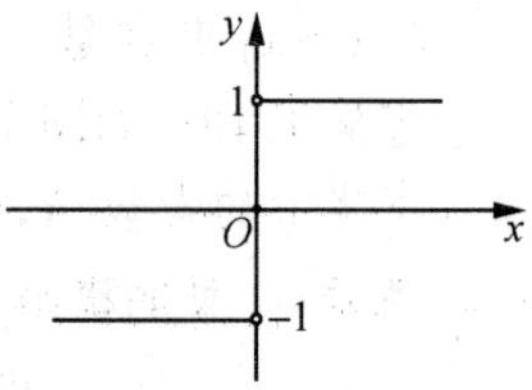

例 2 设 $y=\operatorname{sgn}x=\begin{cases}-1, & x<0,\\ 0, & x=0,\\ 1, & x>0,\end{cases}$ 画出该函数的图形，并讨论 $\lim\limits_{x\to0^-}\operatorname{sgn}x$，$\lim\limits_{x\to0^+}\operatorname{sgn}x$，$\lim\limits_{x\to0}\operatorname{sgn}x$ 是否存在.

图 1.20

解 函数 $\operatorname{sgn}x$ 的图形如图 1.20 所示，由该函数图形不难看出：

$\lim\limits_{x\to0^-}\operatorname{sgn}x=\lim\limits_{x\to0^-}(-1)=-1$，$\lim\limits_{x\to0^+}\operatorname{sgn}x=\lim\limits_{x\to0^+}1=1$，$\lim\limits_{x\to0}\operatorname{sgn}x$ 不存在.

注意 例 1 中的函数还可表示为 $f(x)=x\cdot\operatorname{sgn}x$.

由上面左、右极限的定义及上述所给两个例子不难看出，极限与左、右极限存在如下关系：

定理 1.1 函数 $f(x)$ 在点 x_0 处的极限为 A 的充要条件是 $f(x)$ 在点 x_0 处的左、右极限都存在且等于 A，即

$$\lim_{x\to x_0}f(x)=A\Leftrightarrow\lim_{x\to x_0^-}f(x)=\lim_{x\to x_0^+}f(x)=A.$$

3. $x\to\infty$ 时函数 $f(x)$ 的极限

如图 1.21 所示，若当 $x\to\infty$ 时，相应的函数值 $f(x)$ 无限接近于一个确定的常数 A，则称 A 是 $x\to\infty$ 时函数 $f(x)$ 的极限，记作

$$\lim_{x\to\infty}f(x)=A \text{ 或 } f(x)\to A(x\to\infty).$$

例如，$\lim\limits_{x\to\infty}\dfrac{1}{x}=0$，函数图形如图 1.22 所示.

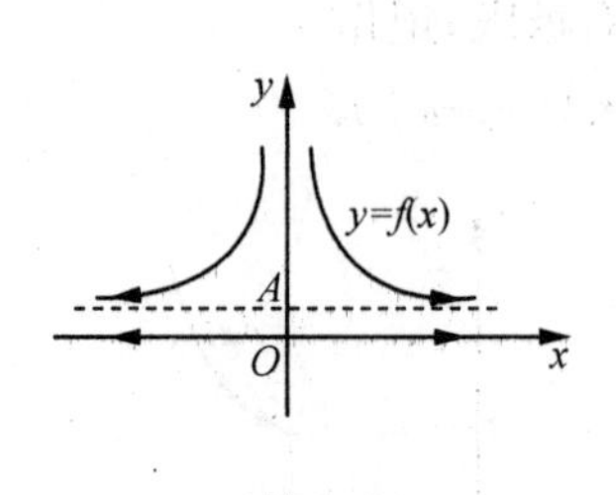

图 1.21

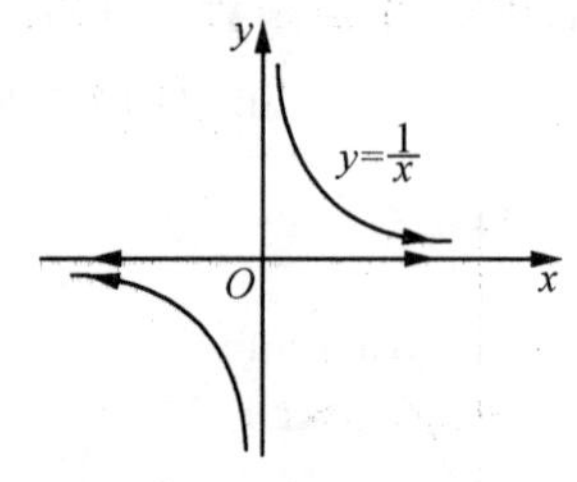

图 1.22

如图 1.23 所示，若当 $x\to-\infty$ 时，相应的函数值 $f(x)$ 无限接近于一个确定的常数 A，则说 A 是 $x\to-\infty$ 时函数 $f(x)$ 的极限，记作

$$\lim_{x\to-\infty}f(x)=A \text{ 或 } f(x)\to A(x\to-\infty).$$

例如，$\lim\limits_{x\to-\infty}e^x=0$，如图 1.24 所示.

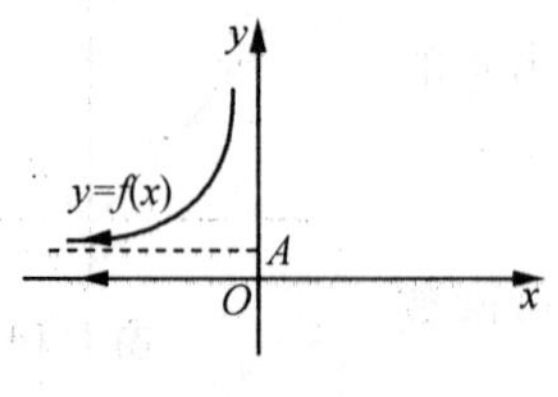

图 1.23

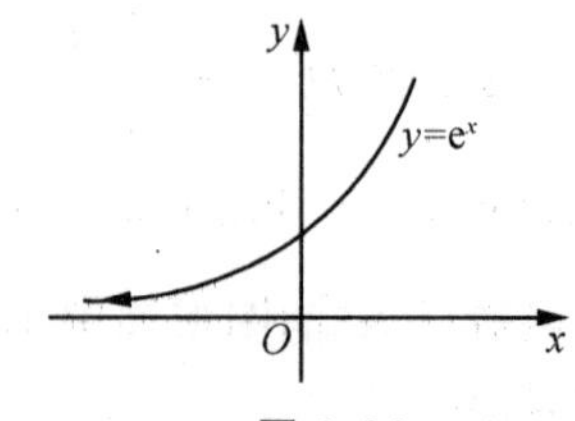

图 1.24

如图 1.25 所示，若当 $x\to+\infty$ 时，相应的函数值 $f(x)$ 无限接近于一个确定的常数 A，则说 A 是 $x\to+\infty$ 时函数 $f(x)$ 的极限，记作

$$\lim_{x \to +\infty} f(x)=A \text{ 或 } f(x) \to A(x \to +\infty).$$

例如，$\lim\limits_{x \to +\infty} e^{-x}=0$，如图 1.26 所示.

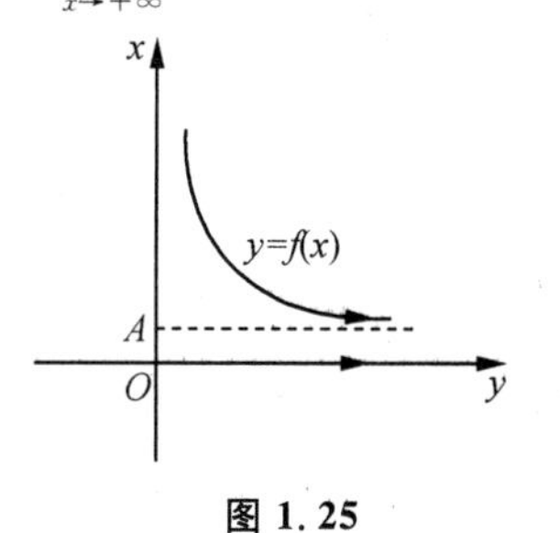

图 1.25

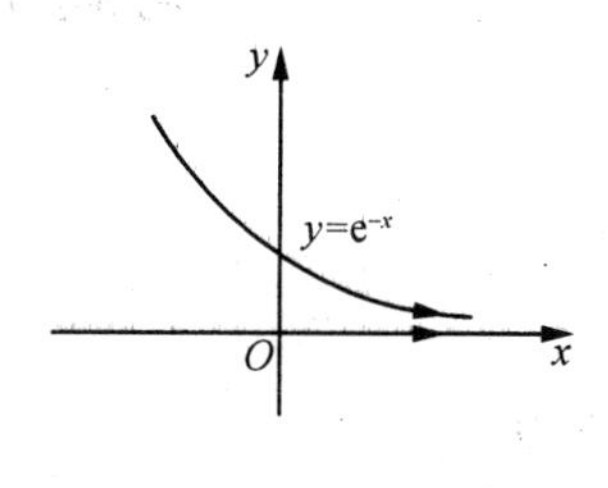

图 1.26

函数 $f(x)$ 当 $x \to \infty$ 时的极限与 $x \to +\infty$ 时和 $x \to -\infty$ 时的极限有如下关系：

定理 1.2 $\lim\limits_{x \to \infty} f(x)=A$ 的充要条件是 $\lim\limits_{x \to +\infty} f(x)=\lim\limits_{x \to -\infty} f(x)=A$.

对于函数的极限，再说明几点：

(1) 在一个函数前加上记号“lim”，既表示对这个函数进行极限的运算，也表示这个函数的极限，不再表示这个函数本身了.

(2) 极限 $\lim\limits_{x \to x_0} f(x)$ 是否存在，与函数值 $f(x_0)$ 无关，只要求当 $x \to x_0$ 时 $f(x)$ 有函数值.

(3) 求分段函数的极限时，有时必须使用函数的左、右极限.

(4) 本教材所给出的极限定义，只是对极限进行直观的、形象的描述，不属于严格的极限定义.

习题 1.2

1. 设函数 $f(x)=\begin{cases}x^2, & x<0,\\ x+1, & x\geqslant 0.\end{cases}$

(1) 作出 $f(x)$ 的图形；

(2) 求 $\lim\limits_{x\to 0^-}f(x)$ 及 $\lim\limits_{x\to 0^+}f(x)$；

(3) 当 $x\to 0$ 时，$f(x)$ 的极限存在吗？

2. 利用函数的图形，说明下列极限是否存在，若存在，求出其值.

(1) $\lim\limits_{x\to 0}x^2$；

(2) $\lim\limits_{x\to 0}\sin x$；

(3) $\lim\limits_{x\to 0}\cos x$；

(4) $\lim\limits_{x\to 1}(x+1)$；

(5) $\lim\limits_{x\to \infty}\mathrm{e}^x$.

3. 写出下列数列的极限：

(1) $\lim\limits_{n\to \infty}\dfrac{1}{n^2}$；

(2) $\lim\limits_{n\to \infty}\left(\dfrac{1}{n}+1\right)$；

(3) $\lim\limits_{n\to \infty}2^{-n}$.

§1.3 极限的运算

一、极限的四则运算法则

利用函数图形和极限定义只能求出一些简单函数(如基本初等函数)的极限,而实际问题中的函数却要复杂得多.下面我们将介绍极限的四则运算法则,并运用这些法则来求一些较复杂的函数的极限.

定理 1.3 若极限 $\lim f(x)$ 与 $\lim g(x)$ 都存在,则有

1. $\lim[f(x)\pm g(x)]=\lim f(x)\pm\lim g(x)$;
2. $\lim[f(x)\cdot g(x)]=\lim f(x)\cdot\lim g(x)$;
3. $\lim\dfrac{f(x)}{g(x)}=\dfrac{\lim f(x)}{\lim g(x)}[\lim g(x)\neq 0]$.

推论 1 $\lim[C\cdot f(x)]=C\cdot\lim f(x)$($C$ 为常数).

推论 2 $\lim[f(x)]^n=[\lim f(x)]^n$($n$ 为正整数).

说明 (1) 在极限记号"lim"中省略了自变量 x 的变化过程,具体计算时不能省略.

(2) 若极限 $\lim f(x)$ 或 $\lim g(x)$ 中有一个不存在,则不允许使用四则运算法则.

(3) 若分母的极限为 0,则禁止使用商的运算法则.

(4) 此法则可推广到有限多个函数的代数和以及乘法的情况.

例 1 求 $\lim\limits_{x\to 1}(5x^2-2x+3)$.

解 $\lim\limits_{x\to 1}(5x^2-2x+3)=5\lim\limits_{x\to 1}x^2-2\lim\limits_{x\to 1}x+\lim\limits_{x\to 1}3=5(\lim\limits_{x\to 1}x)^2-2\lim\limits_{x\to 1}x+3$

$$=5\times 1^2-2\times 1+3=6.$$

一般地,若 $f(x)$ 为多项式,即 $f(x)=a_0x^n+a_1x^{n-1}+a_2x^{n-2}+\cdots+a_n$,则

$$\lim_{x\to x_0}f(x)=f(x_0).$$

例 2 求 $\lim\limits_{x\to 1}(5x^2-2x+3)(2x^3+3x^2-6x-4)$.

解 原式 $=\lim\limits_{x\to 1}(5x^2-2x+3)\cdot\lim\limits_{x\to 1}(2x^3+3x^2-6x-4)$

$$=(5\times 1^2-2\times 1+3)\cdot(2\times 1^3+3\times 1^2-6\times 1-4)=-30.$$

例 3 求 $\lim\limits_{x\to 1}\dfrac{5x^2-2x+3}{2x^2-5}$.

解 因为 $\lim\limits_{x\to 1}(2x^2-5)=2\times 1^2-5=-3\neq 0$,所以

$$\lim_{x\to 1}\frac{5x^2-2x+3}{2x^2-5}=\frac{\lim\limits_{x\to 1}(5x^2-2x+3)}{\lim\limits_{x\to 1}(2x^2-5)}=\frac{6}{-3}=-2.$$

例 4 求 $\lim\limits_{x\to 2}\dfrac{x^2-4}{x^2-x-2}$.

解 $\lim\limits_{x\to2}\dfrac{x^2-4}{x^2-x-2}=\lim\limits_{x\to2}\dfrac{(x+2)(x-2)}{(x+1)(x-2)}=\lim\limits_{x\to2}\dfrac{x+2}{x+1}=\dfrac{\lim\limits_{x\to2}(x+2)}{\lim\limits_{x\to2}(x+1)}$

$$=\frac{2+2}{2+1}=\frac{4}{3}.$$

注意 在例4中,分子和分母的极限同时为0,我们把这种类型的极限叫作"$\dfrac{0}{0}$"型的未定式.若所求极限是"$\dfrac{0}{0}$"型,则不能直接使用极限运算法则,必须先对原式进行恒等变形(如约分等),然后再使用极限运算法则求极限.

例5 求$\lim\limits_{x\to-1}\left(\dfrac{1}{x+1}-\dfrac{3}{x^3+1}\right)$.

解 当$x+1\neq0$时,$\dfrac{1}{x+1}-\dfrac{3}{x^3+1}=\dfrac{(x+1)(x-2)}{x^3+1}=\dfrac{x-2}{x^2-x+1}$,则

$$\lim_{x\to-1}\left(\frac{1}{x+1}-\frac{3}{x^3+1}\right)=\lim_{x\to-1}\frac{x-2}{x^2-x+1}=\frac{\lim\limits_{x\to-1}(x-2)}{\lim\limits_{x\to-1}(x^2-x+1)}$$

$$=\frac{-1-2}{(-1)^2-(-1)+1}=-1.$$

二、两个重要极限

1. 第一个重要极限 $\lim\limits_{x\to0}\dfrac{\sin x}{x}=1$

关于该极限,我们不作理论推导,只要求会利用它进行极限的计算.

例6 求$\lim\limits_{x\to0}\dfrac{\sin3x}{x}$.

解 $\lim\limits_{x\to0}\dfrac{\sin3x}{x}=\lim\limits_{x\to0}\left(\dfrac{\sin3x}{3x}\cdot3\right)\overset{令\ u=3x}{=\!=\!=}3\cdot\lim\limits_{u\to0}\dfrac{\sin u}{u}=3.$

一般地,可以得到下面的结论:

$$\lim_{x\to0}\frac{\sin kx}{x}=k(k\neq0).$$

请读者仿照例6推出该结论.

例7 求$\lim\limits_{x\to0}\dfrac{\sin ax}{\sin bx}(a\neq0,b\neq0)$.

解 $\lim\limits_{x\to0}\dfrac{\sin ax}{\sin bx}=\lim\limits_{x\to0}\dfrac{\dfrac{\sin ax}{x}}{\dfrac{\sin bx}{x}}=\dfrac{\lim\limits_{x\to0}\dfrac{\sin ax}{x}}{\lim\limits_{x\to0}\dfrac{\sin bx}{x}}=\dfrac{a}{b}.$

例8 求$\lim\limits_{x\to0}\dfrac{1-\cos x}{x^2}$.

解 $\lim\limits_{x\to0}\dfrac{1-\cos x}{x^2}=\lim\limits_{x\to0}\dfrac{2\sin^2\dfrac{x}{2}}{x^2}=\lim\limits_{x\to0}\left(\dfrac{1}{2}\cdot\dfrac{\sin\dfrac{x}{2}}{\dfrac{x}{2}}\right)^2=\dfrac{1}{2}\left(\lim\limits_{x\to0}\dfrac{\sin\dfrac{x}{2}}{\dfrac{x}{2}}\right)^2=\dfrac{1}{2}.$

2. 第二个重要极限 $\lim\limits_{x\to\infty}\left(1+\frac{1}{x}\right)^x=\mathrm{e}$

同样,对这个公式,我们也不作理论推导,只要求会用它进行极限的计算.

如果令$\frac{1}{x}=\alpha$,当$x\to\infty$时,$\alpha\to0$,公式还可以写成$\lim\limits_{\alpha\to0}(1+\alpha)^{\frac{1}{\alpha}}=\mathrm{e}$.

例 9 求$\lim\limits_{x\to\infty}\left(1+\frac{1}{x}\right)^{3x}$.

解 $\lim\limits_{x\to\infty}\left(1+\frac{1}{x}\right)^{3x}=\lim\limits_{x\to\infty}\left[\left(1+\frac{1}{x}\right)^x\right]^3=\left[\lim\limits_{x\to\infty}\left(1+\frac{1}{x}\right)^x\right]^3=\mathrm{e}^3$.

例 10 求$\lim\limits_{x\to\infty}\left(1+\frac{2}{x}\right)^x$.

解
$$\lim_{x\to\infty}\left(1+\frac{2}{x}\right)^x\xlongequal{令\frac{2}{x}=\alpha}\lim_{\alpha\to0}(1+\alpha)^{\frac{2}{\alpha}}=\lim_{\alpha\to0}\left[(1+\alpha)^{\frac{1}{\alpha}}\right]^2$$
$$=\left[\lim_{\alpha\to0}(1+\alpha)^{\frac{1}{\alpha}}\right]^2=\mathrm{e}^2.$$

例 11 求$\lim\limits_{x\to0}(1-x)^{\frac{1}{x}}$.

解
$$\lim_{x\to0}(1-x)^{\frac{1}{x}}\xlongequal{令-x=\alpha}\lim_{\alpha\to0}(1+\alpha)^{-\frac{1}{\alpha}}=\lim_{\alpha\to0}\left[(1+\alpha)^{\frac{1}{\alpha}}\right]^{-1}$$
$$=\left[\lim_{\alpha\to0}(1+\alpha)^{\frac{1}{\alpha}}\right]^{-1}=\mathrm{e}^{-1}=\frac{1}{\mathrm{e}}.$$

一般地,可以得到下面的结论:
$$\lim_{x\to\infty}\left(1+\frac{a}{x}\right)^{bx+c}=\mathrm{e}^{ab},\lim_{x\to0}(1+ax)^{\frac{b}{x}}=\mathrm{e}^{ab}.$$

请读者自己推出以上结论.

三、无穷小量和无穷大量

1. 无穷小量及其性质

定义 1.11 若函数$y=f(x)$在自变量x的某个变化过程中以零为极限,则称$f(x)$为在该变化过程中的**无穷小量**,简称**无穷小**,即$\lim f(x)=0$.

例如,当$x\to0$时,$x,x^2,\sin x,\tan x$都是无穷小量;当$x\to1$时,$x-1$是无穷小量;当$x\to\infty$时,$\frac{1}{x}$和e^{-x^2}都是无穷小量.

在理解无穷小量的概念时,应注意以下几点:

(1) 无穷小量的定义对数列也适用. 常用希腊字母α,β,γ等来表示无穷小量.

(2) 变量是不是无穷小量,关键看它的极限是否为零. 不要把一个很小的常数误认为是无穷小量,唯有常数0可以作为无穷小量.

(3) 当我们说某个函数是无穷小量时,必须同时指出自变量的变化过程. 例如,$x-1$是当$x\to1$时的无穷小量,但是,当$x\to2$时,$x-1$就不是无穷小量.

下面我们给出无穷小量的性质.

性质 1.1　有限个无穷小量的代数和仍然是无穷小量.

必须注意,无限多个无穷小量的代数和未必是无穷小量.

性质 1.2　有限个无穷小量的乘积仍是无穷小量.

性质 1.3　无穷小量与有界函数的乘积仍是无穷小量.

特别地,常数乘无穷小量仍是无穷小量.

例 12　求$\lim\limits_{x\to 0}x^2\sin\dfrac{1}{x}$.

解　因为$\left|\sin\dfrac{1}{x}\right|\leqslant 1$,即$\sin\dfrac{1}{x}$是有界函数,又当$x\to 0$时,$x^2$是无穷小量,所以由性质1.3得

$$\lim_{x\to 0}x^2\sin\frac{1}{x}=0.$$

由无穷小量的性质知,两个无穷小量的和、差、积仍是无穷小量.那么两个无穷小量的商仍是无穷小量吗?这个问题的答案会在后面介绍无穷小量的比较时给出.

2. 无穷大量

定义 1.12　设函数$y=f(x)$在自变量x的某个变化过程中,相应的函数值的绝对值$|f(x)|$无限变大,则称$f(x)$为在该变化过程中的无穷大量,简称无穷大.

例如,当$x\to 0$时,$\dfrac{1}{x}$是无穷大量;当$x\to 0^+$时,$\ln x$和$\cot x$是无穷大量;当$x\to\infty$时,$x+1$,x^3,e^{x^2}都是无穷大量.

如果在自变量x的某个变化过程中,$f(x)$为无穷大量,那么说$f(x)$的极限为无穷大,并记作$\lim f(x)=\infty$.例如,$\lim\limits_{x\to 0}\dfrac{1}{x}=\infty$,$\lim\limits_{x\to 0^+}\ln x=\infty$,$\lim\limits_{x\to\infty}x^3=\infty$.

需要说明的是:在这里我们虽然使用了极限符号,但并不意味着无穷大量$f(x)$有极限,由极限的定义知,极限值必须是常数,而∞不是数,∞只是一个记号.$\lim f(x)=\infty$仅表示一种趋势,即$f(x)$绝对值无限变大的一种变化趋势.

和无穷小量类似,在理解无穷大量的概念时,也要注意几点:

(1) 无穷大量的定义对数列也适用.

(2) 无穷大量是一个变化的量,一个不论多么大的常数都不能作为无穷大量.

(3) 当我们说某个函数是无穷大量时,必须同时指出自变量的变化过程.例如,$\dfrac{1}{x}$是当$x\to 0$时的无穷大量,但是,当$x\to\infty$时,$\dfrac{1}{x}$却是无穷小量.

(4) 无穷大量在变化过程中其绝对值越来越大且必须无限增大.例如,当$x\to+\infty$时,$f(x)=x\sin x$就不是无穷大量.

3. 无穷小量与无穷大量的关系

由无穷小量与无穷大量的定义,不难得到无穷大量与无穷小量的关系:

定理 1.4　在自变量的同一变化过程中,无穷大量的倒数是无穷小量;恒

不为零的无穷小量的倒数是无穷大量.

例 13 对于下列函数,在自变量怎样的变化过程中是无穷小量,又在自变量怎样的变化过程中是无穷大量?

(1) $y=x+1$;　　　　(2) $y=\frac{1}{x-1}$;

(3) $y=\ln x$.

解 (1) 因为 $\lim\limits_{x\to-1}(x+1)=0$,所以当 $x\to-1$ 时,$x+1$ 为无穷小量;

又因为 $\lim\limits_{x\to\infty}(x+1)=\infty$,所以当 $x\to\infty$时,$x+1$ 为无穷大量.

(2) 因为 $\lim\limits_{x\to\infty}(x-1)=\infty$, 即当 $x\to\infty$时,$x-1$ 为无穷大量,所以当 $x\to\infty$时,$\frac{1}{x-1}$为无穷小量;

又因为 $\lim\limits_{x\to1}(x-1)=0$, 即当 $x\to1$ 时,$x-1$ 为无穷小量,所以当 $x\to1$ 时,$\frac{1}{x-1}$为无穷大量.

(3) 因为 $\lim\limits_{x\to1}\ln x=0$,所以当 $x\to1$ 时,$\ln x$ 为无穷小量;

又因为 $\lim\limits_{x\to0^+}\ln x=-\infty$, $\lim\limits_{x\to+\infty}\ln x=+\infty$,所以当 $x\to0^+$ 及 $x\to+\infty$时,$\ln x$ 都是无穷大量.

例 14 求$\lim\limits_{x\to1}\frac{4x-2}{x^2-3x+2}$.

解 因为 $\lim\limits_{x\to1}(x^2-3x+2)=0$,而 $\lim\limits_{x\to1}(4x-2)=2$,则

$$\lim_{x\to1}\frac{x^2-3x+2}{4x-2}=0,$$

即$\frac{x^2-3x+2}{4x-2}$是当 $x\to1$ 时的无穷小量.

由无穷小量与无穷大量的倒数关系,可得 $\lim\limits_{x\to1}\frac{4x-2}{x^2-3x+2}=\infty$.

例 15 求$\lim\limits_{x\to\infty}\frac{2x^2+x-4}{5x^2+6}$.

解 $\lim\limits_{x\to\infty}\frac{2x^2+x-4}{5x^2+6}=\lim\limits_{x\to\infty}\frac{2+\frac{1}{x}-\frac{4}{x^2}}{5+\frac{6}{x^2}}=\frac{\lim\limits_{x\to\infty}\left(2+\frac{1}{x}-\frac{4}{x^2}\right)}{\lim\limits_{x\to\infty}\left(5+\frac{6}{x^2}\right)}=\frac{2}{5}$.

注意 在例 15 中,当 $x\to\infty$时,分子、分母的极限同时为∞,我们把这种类型的极限叫作“$\frac{\infty}{\infty}$”型的未定式. 将分子、分母同除以自变量 x 的最高次幂后,再利用极限的运算法则便可求出“$\frac{\infty}{\infty}$”型的极限.

一般地,当 $x\to\infty$时,有理分式$\frac{a_0x^n+a_1x^{n-1}+\cdots+a_n}{b_0x^m+b_1x^{m-1}+\cdots+b_m}$($a_0\neq0,b_0\neq0$)的极限有以下结论:

$$\lim_{x\to\infty}\frac{a_0x^n+a_1x^{n-1}+\cdots+a_n}{b_0x^m+b_1x^{m-1}+\cdots+b_m}=\begin{cases}0, & m>n,\\ \dfrac{a_0}{b_0}, & m=n,\\ \infty, & m<n.\end{cases}$$

上式可以作为公式使用.

4. 无穷小量的比较

我们知道,当 $x\to0$ 时,$x,3x,x^2,\sin x$ 都是无穷小量,也就是说,当 $x\to0$ 时,$x,3x,x^2,\sin x$ 都趋近于零. 但是,它们趋近于零的速度是有差异的,详见下表:

x	0.1	0.01	0.001	…	$\to0$
$3x$	0.3	0.03	0.003	…	$\to0$
x^2	0.01	0.0001	0.000001	…	$\to0$
$\sin x$	0.09983342	0.009999833	0.0009999998	…	$\to0$

快慢是相对的,只有进行比较,才能比出哪个快哪个慢,为此,我们引入无穷小量阶的概念.

定义 1.13 设在自变量的同一变化过程中,α 与 β 都是无穷小量.

(1) 若 $\lim\dfrac{\alpha}{\beta}=0$,则称 α 是比 β 高阶的无穷小量,记作 $\alpha=o(\beta)$. 此时,也称 β 是比 α 低阶的无穷小量.

(2) 若 $\lim\dfrac{\alpha}{\beta}=C\neq0$($C$ 为常数),则称 α 与 β 是同阶无穷小量.

(3) 若 $\lim\dfrac{\alpha}{\beta}=1$,则称 α 与 β 是等价无穷小量,记作 $\alpha\sim\beta$.

例如,因为 $\lim\limits_{x\to0}\dfrac{x^2}{3x}=0$,所以当 $x\to0$ 时,x^2 是比 $3x$ 高阶的无穷小量. 事实上,它反映的是 x^2 趋近于零的速度比 $3x$ 要快得多,这一点从上面的表格中也能看出来.

又如,因为 $\lim\limits_{x\to0}\dfrac{\sin x}{x}=1$,所以当 $x\to0$ 时,$\sin x$ 与 x 是等价无穷小量,即 $\sin x\sim x$.

事实上,它反映的是 $\sin x$ 趋近于零的速度与 x 几乎是一样的,这一点从上面的表格中同样能看得很清楚. 对于 $\sin x\sim x$,我们也可以理解为:当 $|x|$ 很小时,有 $\sin x\approx x$.

另外,还可得到一些常见的等价无穷小量,当 $x\to0$ 时,$\tan x\sim x$,$1-\cos x\sim\dfrac{x^2}{2}$,$e^x-1\sim x$,$\ln(1+x)\sim x$,$\sqrt[n]{1+x}\sim1+\dfrac{x}{n}$等.

同样,当 $|x|$ 很小时,有近似计算公式:$\tan x\approx x$,$1-\cos x\approx\dfrac{x^2}{2}$,$e^x-1\approx x$,$\ln(1+x)\approx x$,$\sqrt[n]{1+x}\approx1+\dfrac{x}{n}$等.

习题 1.3

1. 求下列极限：

(1) $\lim\limits_{x\to 2}\frac{x^2+5}{x-3}$；　　(2) $\lim\limits_{x\to 1}\frac{x^2-3x+2}{x^2-4x+3}$；

(3) $\lim\limits_{x\to \infty}\frac{x^3+x^2}{x^3-3x^2+4}$；　　(4) $\lim\limits_{x\to 1}\left(\frac{2}{x^2-1}-\frac{1}{x-1}\right)$.

2. 下列各题中，哪些是无穷小量，哪些是无穷大量？

(1) $\frac{1+2x}{x}(x\to 0)$；　　(2) $\frac{1+2x}{x^2}(x\to \infty)$；

(3) $\sin 2x(x\to 0)$；　　(4) $e^{-x}(x\to +\infty)$；

(5) $3^{\frac{1}{x}}(x\to 0^-)$；　　(6) $e^{-x}(x\to -\infty)$.

3. 利用无穷小量的性质求下列极限：

(1) $\lim\limits_{x\to 0}x^2\sin\frac{1}{x^2}$；　　(2) $\lim\limits_{x\to \infty}\frac{2}{x}\arctan x$.

4. 利用第一个重要极限求下列极限：

(1) $\lim\limits_{x\to 0}\frac{\sin 2x}{\sin 3x}$；　　(2) $\lim\limits_{x\to 0}\frac{\tan 3x}{x}$；

(3) $\lim\limits_{x\to\infty} x\sin\dfrac{1}{x}$.

5. 利用第二个重要极限求下列极限：

(1) $\lim\limits_{x\to\infty}\left(1+\dfrac{1}{x}\right)^{2x}$；

(2) $\lim\limits_{x\to 0}(1+2x)^{\frac{1}{x}}$；

(3) $\lim\limits_{x\to\infty}\left(1+\dfrac{1}{x}\right)^{\frac{x}{2}}$.

6. 试比较下列题中各对无穷小量之间的关系：

(1) $5x^2$ 与 $x^3(x\to 0)$；

(2) $\dfrac{1}{10000+5x}$与$\dfrac{1}{3x^2+10}(x\to\infty)$；

(3) $1-\cos x$ 与$\dfrac{x^2}{2}(x\to 0)$；

(4) e^x-1 与 $\sin x(x\to 0)$.

§1.4 函数的连续性

一、函数的连续性的定义

我们先来看下面四张函数的图形，注意仔细地观察每张图中函数 $f(x)$ 在点 x_0 处的情况.

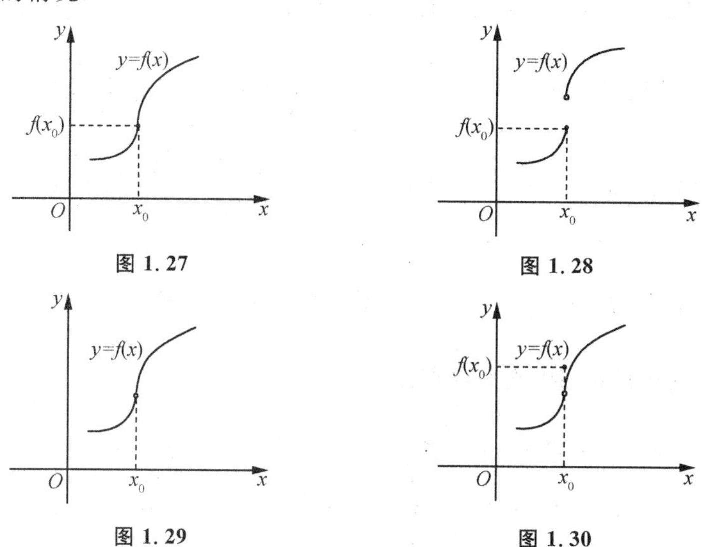

图 1.27　图 1.28

图 1.29　图 1.30

如果我们将各图中的曲线当作生活中的一条道路，可以看出，只有图 1.27 中的这条"道路"在点$(x_0, f(x_0))$处是畅通无阻的，而另外三张图中的"道路"在点$(x_0, f(x_0))$处都是不畅通的. 此时，我们就说图 1.27 中的这条曲线在点$(x_0, f(x_0))$处是连续的，也可以说函数 $f(x)$ 在点 x_0 处是连续的. 对另外三张图而言，我们就说函数 $f(x)$ 在点 x_0 处是不连续的.

从函数的图形我们可以容易地看出该函数在点 x_0 处是不是连续的. 但在实际问题中，往往不知道函数的图形.

再仔细分析可以发现，函数 $f(x)$ 在点 x_0 处是否连续，不但与函数 $f(x)$ 在点 x_0 处是否有极限有关，还与函数 $f(x)$ 在点 x_0 处的函数值 $f(x_0)$ 有关.

下面我们给出函数 $f(x)$ 在点 x_0 处连续的概念.

定义 1.14　若函数 $y=f(x)$ 在点 x_0 处有

$$\lim_{x \to x_0} f(x) = f(x_0),$$

则称函数 $y=f(x)$ **在点** x_0 **处连续**. 否则，就说函数 $y=f(x)$ 在点 x_0 处不连续.

若函数 $y=f(x)$ 在点 x_0 处连续，则称 x_0 是函数 $y=f(x)$ 的连续点；若函数 $y=f(x)$ 在点 x_0 处不连续，则称 x_0 是函数 $y=f(x)$ 的**间断点**.

若函数 $y=f(x)$ 在点 x_0 处有

$$\lim_{x \to x_0^-} f(x) = f(x_0) \text{或} \lim_{x \to x_0^+} f(x) = f(x_0),$$

则分别称函数 $y=f(x)$ 在点 x_0 处是**左连续**或**右连续**.

显然，函数 $y=f(x)$ 在点 x_0 处连续的充要条件是函数 $y=f(x)$ 在点 x_0 处左、右连续.

若函数 $y=f(x)$ 在开区间 I 内的每一点处都连续，则称该函数在开区间 I 内连续；若函数 $y=f(x)$ 在开区间 (a,b) 内连续，且在左端点 a 处右连续，在右端点 b 处左连续，则称该函数在闭区间 $[a,b]$ 上连续.

可以得出：基本初等函数在其定义域内连续.

例 1 试确定 $f(x)=\begin{cases} x\sin\dfrac{1}{x}, & x\neq 0, \\ 0, & x=0 \end{cases}$ 在点 $x=0$ 处的连续性.

解 因为 $\lim\limits_{x\to 0} f(x)=\lim\limits_{x\to 0}\left(x\sin\dfrac{1}{x}\right)=0=f(0)$，所以由函数连续性的定义知，函数 $f(x)$ 在点 $x=0$ 处连续.

请读者想一想，$\lim\limits_{x\to 0}\left(x\sin\dfrac{1}{x}\right)=0$ 是如何计算出来的？

二、初等函数的连续性

定理 1.5 若函数 $f(x)$ 和 $g(x)$ 在点 x_0 处连续，则 $f(x)\pm g(x)$，$f(x)\cdot g(x)$ 在点 x_0 处也连续. 又若 $g(x_0)\neq 0$，则 $\dfrac{f(x)}{g(x)}$ 在点 x_0 处也连续.

定理 1.6 设函数 $y=f(u)$ 在点 u_0 处连续，函数 $u=\varphi(x)$ 在点 x_0 处连续，且 $u_0=\varphi(x_0)$，则复合函数 $y=f[\varphi(x)]$ 在点 x_0 处连续.

根据基本初等函数的连续性、定理 1.5 及定理 1.6，我们可以得到关于初等函数连续性的重要定理.

定理 1.7 初等函数在其定义区间内是连续的.

所谓定义区间，是指包含在定义域内的区间.

由定理 1.7 和函数连续性的定义可知，在求初等函数 $f(x)$ 定义区间内一点 x_0 处的极限时，只要计算它在点 x_0 处的函数值 $f(x_0)$ 即可，即

$$\lim_{x\to x_0} f(x)=f(x_0).$$

例 2 求 $\lim\limits_{x\to \frac{\pi}{12}} \ln(\sqrt{2}\sin 3x)$.

解 因为 $\ln(\sqrt{2}\sin 3x)$ 是初等函数，且 $x=\dfrac{\pi}{12}$ 是其定义区间内的一点，所以

$$\lim_{x\to \frac{\pi}{12}} \ln(\sqrt{2}\sin 3x)=\ln\left[\sqrt{2}\sin\left(3\cdot\frac{\pi}{12}\right)\right]=\ln\left(\sqrt{2}\cdot\frac{\sqrt{2}}{2}\right)=\ln 1=0.$$

对于复合函数的极限还有如下结论：

定理 1.8 设函数 $u=\varphi(x)$ 当 $x\to x_0$ 时的极限存在且等于 a，而函数 $y=$

$f(u)$在点 $u=a$ 处连续，那么复合函数 $y=f[\varphi(x)]$当 $x\to x_0$ 时的极限也存在且等于 $f(a)$，即

$$\lim_{x\to x_0} f[\varphi(x)]=f[\lim_{x\to x_0}\varphi(x)]=f(a).$$

例 3 求极限$\lim\limits_{x\to 0}\dfrac{\ln(1+x)}{x}$.

解 因为函数 $\dfrac{\ln(1+x)}{x}=\ln(1+x)^{\frac{1}{x}}$是由 $y=\ln u$，$u=(1+x)^{\frac{1}{x}}$复合而成的，而 $\lim\limits_{x\to 0}(1+x)^{\frac{1}{x}}=\mathrm{e}$，且 $y=\ln u$ 在点 $u=\mathrm{e}$ 处连续，所以

$$\lim_{x\to 0}\frac{\ln(1+x)}{x}=\lim_{x\to 0}\ln(1+x)^{\frac{1}{x}}=\ln[\lim_{x\to 0}(1+x)^{\frac{1}{x}}]=\ln \mathrm{e}=1.$$

三、连续函数在闭区间上的性质

在闭区间上连续的函数具有一些重要的特性.

定理 1.9（最值定理） 若函数 $f(x)$在闭区间$[a,b]$上连续，则 $f(x)$在$[a,b]$上一定存在最大值与最小值.

最值定理的几何解释如图 1.31 所示，若函数 $f(x)$在闭区间$[a,b]$上连续，即其图形是一条连续不间断的曲线，显然函数在点 x_1 处取得最大值 M，在点 x_2 处取得最小值 m.

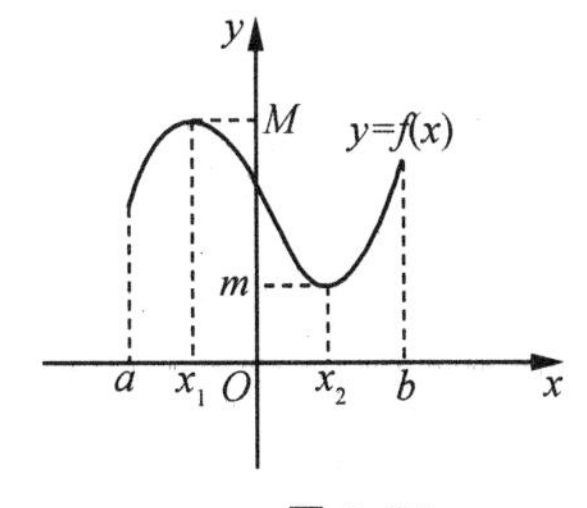

图 1.31

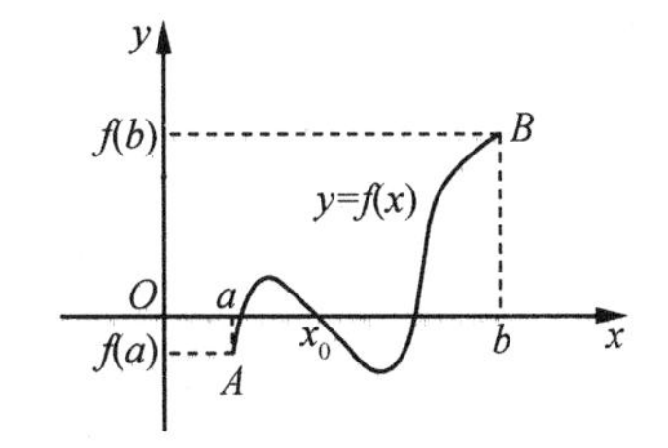

图 1.32

推论（有界性定理） 若函数 $f(x)$在闭区间$[a,b]$上连续，则 $f(x)$在$[a,b]$上有界.

定理 1.10（零点定理） 若函数 $f(x)$在闭区间$[a,b]$上连续，且 $f(a)$与 $f(b)$异号[即 $f(a)\cdot f(b)<0$]，则至少存在一点 $x_0\in(a,b)$，使得 $f(x_0)=0$，即方程 $f(x)=0$ 在(a,b)内至少有一个根 x_0.

零点定理的几何解释如图 1.32 所示，若点 $A(a,f(a))$与 $B(b,f(b))$分别在 x 轴的两侧，则连接 A，B 两点的连续曲线 $y=f(x)$与 x 轴至少有一个交点.

四、曲线的水平渐近线

定义 1.15 若 $x\to\infty$（或 $x\to+\infty$，$x\to-\infty$）时，$f(x)\to C$（C 为常数），则称直线 $y=C$ 为曲线 $y=f(x)$的**水平渐近线**.

例如，当 $x\to-\infty$ 时，$\mathrm{e}^x\to 0$，故 $y=0$ 是曲线 $y=\mathrm{e}^x$ 的水平渐近线（图 1.33）.

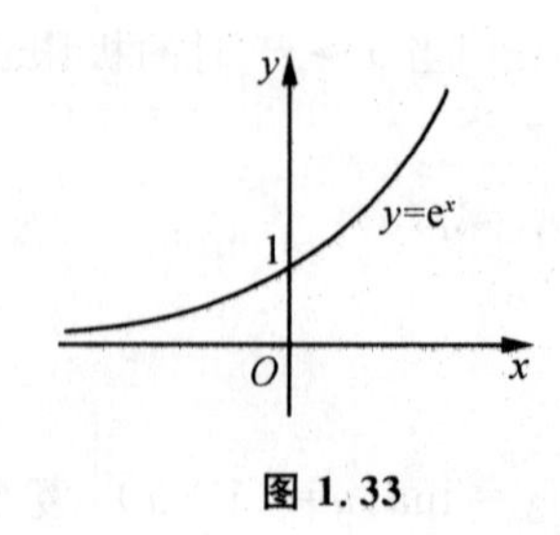

图 1.33

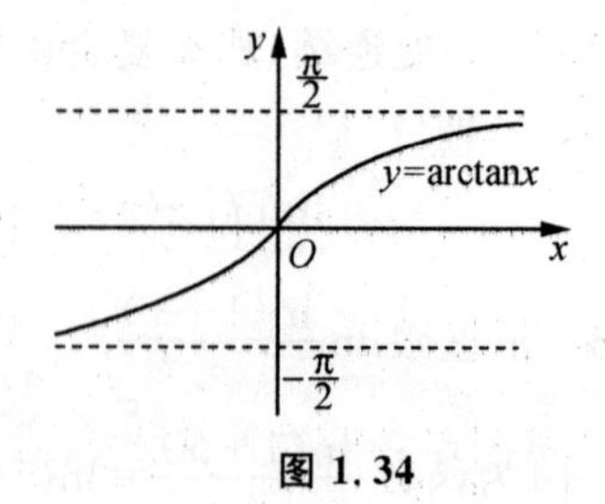

图 1.34

又如，$\lim\limits_{x\to+\infty}\arctan x=\frac{\pi}{2}$，$\lim\limits_{x\to-\infty}\arctan x=-\frac{\pi}{2}$，所以直线 $y=\frac{\pi}{2}$ 与 $y=-\frac{\pi}{2}$ 都是曲线 $y=\arctan x$ 的水平渐近线(图 1.34).

例 4 求曲线 $y=\frac{x^2}{x^2+2x-3}$ 的水平渐近线.

解 因为 $\lim\limits_{x\to\infty}\frac{x^2}{x^2+2x-3}=1$，所以 $y=1$ 是曲线的水平渐近线.

习题 1.4

1. 看图判断函数在指定点处的连续性：

(1) $f(x)=\begin{cases} x^2, & x\leqslant 1, \\ x+1, & x>1 \end{cases}$ 在点 $x=1$ 处(图 1.35)；

(2) $f(x)=\begin{cases} x+1, & x\neq 1, \\ 0, & x=1 \end{cases}$ 在点 $x=1$ 处(图 1.36)；

(3) $f(x)=\dfrac{1}{(1-x)^2}$ 在点 $x=1$ 处(图 1.37)；

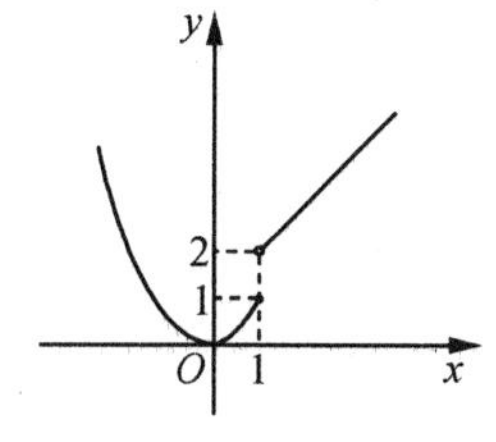

图 1.35

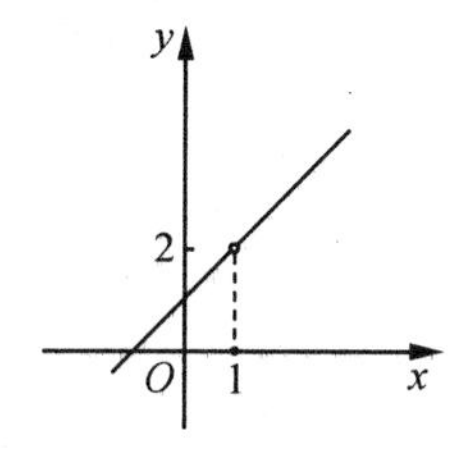

图 1.36

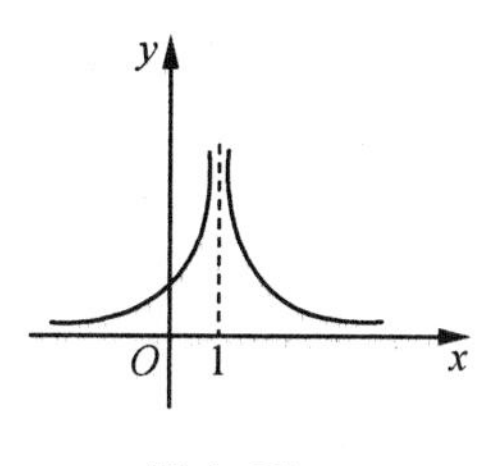

图 1.37

(4) $f(x)=\begin{cases} -1, & x<0, \\ 0, & x=0, \\ 1, & x>0 \end{cases}$ 在点 $x=0$ 处(图 1.38)；

(5) $f(x)=\begin{cases} -x, & x<0, \\ x, & x\geqslant 0 \end{cases}$ 在点 $x=0$ 处(图 1.39)；

(6) $f(x)$ 是周期为 2π 的函数，在 $(-\pi,\pi]$ 上，$f(x)=\begin{cases} x, & 0\leqslant x\leqslant \pi, \\ 0, & -\pi<x<0 \end{cases}$ 在点 $x=0$ 和 $x=\pi$ 处(图 1.40).

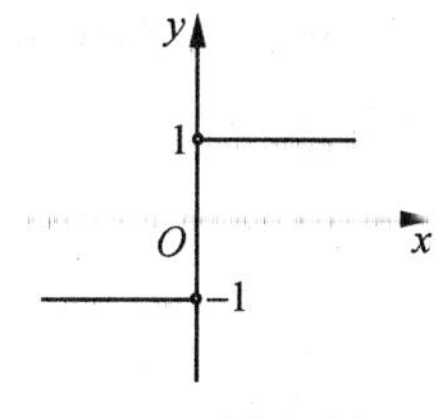

图 1.38

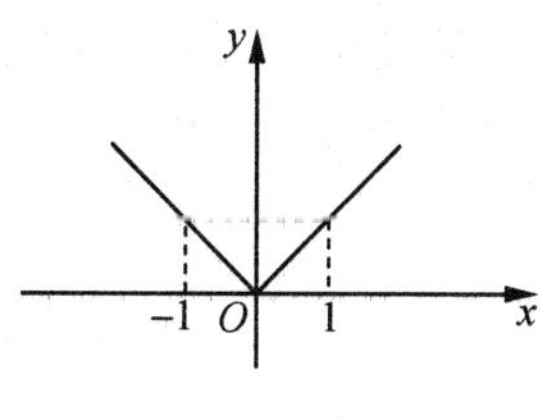

图 1.39

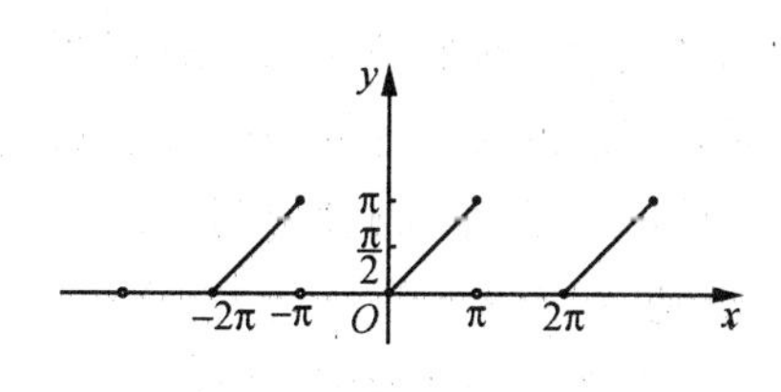

图 1.40

2. 利用函数连续性的定义，讨论函数 $f(x)=\begin{cases} \dfrac{\sin x}{x}, & x\neq 0, \\ \dfrac{1}{2}, & x=0 \end{cases}$ 在点 $x=0$ 处的连续性.

3. 求下列极限：

(1) $\lim\limits_{x\to 0}\sqrt{x^2-x+5}$；　　(2) $\lim\limits_{x\to 1}\sin\left(\pi x+\dfrac{\pi}{4}\right)$；

(3) $\lim\limits_{x\to 0}\left[\dfrac{\lg(1000+x)}{2^x+\tan x}\right]^{\frac{1}{2}}$.

4. 求下列曲线的水平渐近线：

(1) $y=\dfrac{x+2}{(x+1)(x+3)}$；　　(2) $y=e^{\frac{1}{x}}$；

(3) $y=\dfrac{x}{\sqrt{x^2+1}}$.

本章小结

1. 基本概念

函数、分段函数、反函数、基本初等函数、复合函数、初等函数、数列的极限、函数的极限、左极限、右极限、无穷小量、无穷大量、高阶无穷小量、等价无穷小量、函数在一点连续、连续函数、间断点、曲线的水平渐近线.

2. 基本方法

(1) 求函数定义域的方法.

当函数由解析式给出时，求函数的定义域应注意以下几点：

① 在式子中分母不能为零；

② 在偶次根式内被开方数非负；

③ 在对数式中真数大于零；

④ 在反三角函数 $\arcsin x$ 和 $\arccos x$ 中，要满足 $|x|\leqslant 1$.

上面几种式子只是函数解析式中最常见的式子. 如果函数解析式中同时出现上面多个式子，应考虑求它们的公共部分(即交集).

若求分段函数的定义域，则考虑求其各分段定义域的并集.

若求实际问题的定义域，应考虑自变量的实际意义.

(2) 复合函数分解的方法.

复合函数的合成过程是由里到外，函数套函数而成的. 而复合函数的分解过程是采取由外到内，层层分解的办法，从而拆成几个简单函数.

(3) 求极限的方法.

① 利用极限的定义并结合函数的图形求极限；

② 利用极限的四则运算法则求极限；

③ 利用两个重要极限求极限；

④ 利用"无穷小量与有界函数的乘积仍是无穷小量"求极限；

⑤ 利用无穷小量与无穷大量的倒数关系求极限；

⑥ 利用结论 $\lim\limits_{x\to\infty}\dfrac{a_0x^n+a_1x^{n-1}+\cdots+a_n}{b_0x^m+b_1x^{m-1}+\cdots+b_m}=\begin{cases}0, & m>n,\\ \dfrac{a_0}{b_0}, & m=n,\\ \infty, & m<n\end{cases}$ 求极限；

⑦ 利用初等函数的连续性求极限；

⑧ 利用连续函数的函数符号可交换次序的特性求极限.

求极限的方法还有很多，要注意观察函数的特点，总结极限的类型. 例如，在求有理函数(即两个多项式之商)当 $x\to x_0$ 时的极限 $\lim\limits_{x\to x_0}\dfrac{f(x)}{g(x)}$ 时，应先观察分母极限. 若分母极限不为零，则可直接利用商的极限法则求. 若分母极限为零[即 $\lim\limits_{x\to x_0}g(x)=0$]，再观察分子极限，如果分子极限不为零[即 $\lim\limits_{x\to x_0}f(x)=A\neq0$]，此时极限 $\lim\limits_{x\to x_0}\dfrac{f(x)}{g(x)}$ 可叫作"$\dfrac{A}{0}$"型，则先求出极限 $\lim\limits_{x\to x_0}\dfrac{g(x)}{f(x)}$，显然 $\lim\limits_{x\to x_0}\dfrac{g(x)}{f(x)}=\dfrac{0}{A}=0(A\neq0)$，再利用无穷小量与无穷大量的倒数关系，便可求得 $\lim\limits_{x\to x_0}\dfrac{f(x)}{g(x)}=\infty$；如果分子极限也为零[即 $\lim\limits_{x\to x_0}f(x)=0$]，此时极限 $\lim\limits_{x\to x_0}\dfrac{f(x)}{g(x)}$ 是"$\dfrac{0}{0}$"型，则再观察分子、分母有无公因式，约去使得分子、分母极限为零的因式后，利用极限的运算法则便可求出 $\lim\limits_{x\to x_0}\dfrac{f(x)}{g(x)}$.

复习题一

1. 求下列函数的定义域：

(1) $y=\sqrt{3-x^{2}}$；

(2) $y=\dfrac{2x}{x^{2}-3x+2}$；

(3) $y=\sqrt{x-2}+\dfrac{1}{x-3}+\ln(5-x)$；

(4) $y=\arcsin(3x-2)$.

2. 设 $\varphi(x)=\begin{cases}2^{x}, & -1<x<0,\\ 2, & 0\leqslant x<1,\\ x-1, & 1\leqslant x\leqslant 3,\end{cases}$ 求 $\varphi(3),\varphi(2),\varphi(0),\varphi(0.5),\varphi(-0.5)$.

3. 确定下列函数的奇偶性：

(1) $f(x)=x^{2}+1$；

(2) $f(x)=\lg(x+\sqrt{1+x^{2}})$.

4. 求下列函数的反函数：

(1) $y=\sqrt[3]{x+2}$；

(2) $y=\dfrac{1-x}{1+x}$.

5. 写出由下列函数组成的复合函数：

(1) $y=\sqrt{u},u=3x^2-6$；

(2) $y=\arccos u,u=1-x^2$；

(3) $y=e^u,u=2x+3$；

(4) $y=\lg u,u=v^2,v=7x+1$.

6. 写出下列函数由哪些简单函数复合而成：

(1) $y=\sin 3x$；

(2) $y=(2-5x)^{\frac{1}{3}}$；

(3) $y=\cos^2\left(2x+\frac{\pi}{5}\right)$；

(4) $y=5^{\tan\frac{1}{x}}$.

7. 设 $f(x)=\begin{cases}x^2+2x-1, & x\leqslant 1,\\ x, & 1<x<2,\\ 2x-2, & x\geqslant 2,\end{cases}$ 求 $\lim\limits_{x\to -5}f(x)$，$\lim\limits_{x\to 1}f(x)$，$\lim\limits_{x\to 2}f(x)$，$\lim\limits_{x\to 3}f(x)$.

8. 求下列极限：

(1) $\lim\limits_{x\to 2}(3x^2-5x+1)$；

(2) $\lim\limits_{x\to\frac{1}{2}}(8x^2-3)(6x+2)$；

(3) $\lim\limits_{x\to\sqrt{3}}\dfrac{x^2-3}{x^4+x^2+1}$；

(4) $\lim\limits_{x\to 3}\dfrac{x+1}{x-3}$；

(5) $\lim\limits_{x\to 0}\dfrac{4x^3-2x^2+x}{3x^2+2x}$；

(6) $\lim\limits_{x\to\infty}\dfrac{x^2+1000}{x^3-5x^2+1}$；

(7) $\lim\limits_{x\to\infty}\dfrac{x^2-x+3}{2x^2+1}$；

(8) $\lim\limits_{x\to 2}\left(\dfrac{x}{x^2-4}-\dfrac{1}{x-2}\right)$.

9. 判断下列各题对错，并说明理由.

(1) $\dfrac{1}{x}$是无穷小量；

(2) 当 $x\to 0$ 时，$x\cos\dfrac{1}{x}$是无穷小量；

(3) 当 $x\to+\infty$时，2^{-x}是无穷小量；

(4) 无穷大量与无穷小量的乘积必为无穷小量；

(5) 无穷大量与一个常数的乘积必为无穷大量；

(6) 在自变量的同一变化过程中，无穷大量的倒数必为无穷小量.

10. 求下列极限：

(1) $\lim\limits_{x\to\infty}\dfrac{\sin x}{x}$；

(2) $\lim\limits_{x\to 0}(x+\tan x)$.

11. 求下列极限：

(1) $\lim\limits_{x\to 0}\dfrac{\sin 2x}{\sin 7x}$；

(2) $\lim\limits_{x\to 0}\dfrac{\tan 3x}{x}$；

(3) $\lim\limits_{x\to 0}(1-x)^{\frac{2}{x}}$；

(4) $\lim\limits_{x\to\infty}\left(1+\dfrac{2}{x}\right)^{x}$；

(5) $\lim\limits_{x\to\infty}\left(\dfrac{2x+3}{2x+1}\right)^{x+1}$；

(6) $\lim\limits_{x\to\frac{\pi}{2}}(1+\cos x)^{\sec x}$.

12. 设函数 $f(x)=\begin{cases} e^{x}, & x<0, \\ 1, & x=0, \\ x, & x>0, \end{cases}$ 讨论函数在点 $x=0$ 处的连续性.

13. 设函数 $f(x)=\begin{cases} \dfrac{\sin 2x}{x}, & x<0, \\ k, & x=0, \\ x\sin\dfrac{1}{x}+2, & x>0, \end{cases}$ 问当 k 取何值时，函数在点 $x=0$ 处连续？

14. 求下列极限：

(1) $\lim\limits_{x\to 0}\sqrt{x^2-3x+9}$；

(2) $\lim\limits_{x\to \frac{\pi}{2}}\lg\sin x$；

(3) $\lim\limits_{x\to \frac{\pi}{3}}(\sin 3x)^2$；

(4) $\lim\limits_{x\to 1}\arctan\sqrt{\dfrac{x^2+1}{x+1}}$.

15. 求曲线 $y=\dfrac{1}{1+x^2}$ 的水平渐近线.

第2章 导数与微分

本章将介绍微分学中最重要的两个概念——导数与微分.导数与微分都具有实际背景,且导数与微分密切相关,它们都有较为广泛的实际应用.

§2.1 导数的概念

一、两个经典的实例

追溯历史,导数概念的形成与下面的两个实例有着直接的关系.

实例1 变速直线运动的速度问题

我们来观察一个做自由落体运动的小球,如图2.1所示.

已知路程 s 与时间 t 的关系为 $s=\frac{1}{2}gt^2$,其中 $g=9.8\ \mathrm{m/s^2}$,如何计算出小球在 $t=2$ s时的瞬间速度 $v(2)$ 呢?

图2.1

用初等数学的方法可以算出平均速度 $\bar{v}=\frac{s}{t}$,如2 s内小球运动的平均速度 $\bar{v}=9.8$ m/s.但平均速度只能反映整个运动的平均状况,而不能准确地反映小球在 $t=2$ s时的瞬时速度 $v(2)$.为了计算出小球在 $t=2$ s时的瞬时速度 $v(2)$,我们必须更细致地观察 $t=2$ s附近发生的情况,用 $t=2$ s附近的平均速度来粗略地估算出 $t=2$ s时的瞬时速度 $v(2)$.

如图2.2所示,在 $t=2$ s处,时间 t 有一微小增量 Δt,则小球在 Δt 这段时间运动的路程为

$$\begin{aligned}\Delta s&=s(2+\Delta t)-s(2)\\&=\frac{1}{2}g(2+\Delta t)^2-\frac{1}{2}g\cdot 2^2\\&=2g\Delta t+\frac{1}{2}g(\Delta t)^2,\end{aligned}$$

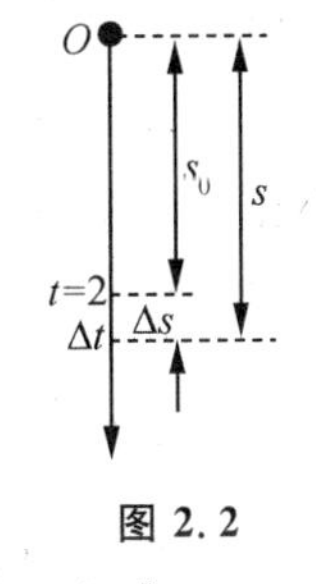

图2.2

于是平均速度 $\bar{v}=\frac{\Delta s}{\Delta t}=2g+\frac{1}{2}g\Delta t$.

若取 $\Delta t=0.1,0.01,0.001,0.0001,0.00001,\cdots$,则可求出相应的平均速度,具体见下表:

$\Delta t/\mathrm{s}$	0.1	0.01	0.001	0.0001	0.00001	…	→0
$\bar{v}=\frac{\Delta s}{\Delta t}/(\mathrm{m/s})$	20.09	19.649	19.6049	19.60049	19.600049	…	→?

可以想象，在上述过程中，Δt 越小（即观察时间秒数越小），求出的平均速度 $\bar{v}$ 就越接近于 $v(2)$，但 Δt 无论取多小的值，求出的平均速度 $\bar{v}$ 还是 $v(2)$ 的近似值. 要精确地求得 $v(2)$，可令 Δt 无限地趋近于 0（即 $\Delta t\to 0$），如果平均速度 $\bar{v}$ 存在极限，即平均速度 $\bar{v}$ 无限地趋近于一个常数，显然，这个常数就是 $v(2)$，即

$$v(2)=\lim_{\Delta x\to 0}\bar{v}=\lim_{\Delta x\to 0}\frac{\Delta s}{\Delta t}$$

$$=\lim_{\Delta x\to 0}\left(2g+\frac{1}{2}g\Delta t\right)=2g(\text{约为 } 19.6\mathrm{m/s}).$$

实例 2　平面曲线的切线斜率问题

在初等数学中，我们已经研究过圆这种曲线的切线. 对于一般的连续曲线 $y=f(x)$，如图 2.3 所示，设 P_0P 是曲线 $y=f(x)$ 的一条割线，当点 P 沿着曲线无限接近于点 P_0 时，割线 P_0P 的极限位置 P_0T 叫作曲线 $y=f(x)$ 在点 P_0 处的切线.

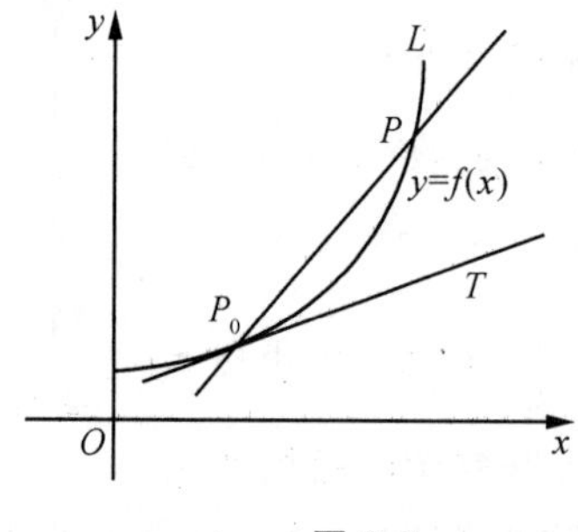

图 2.3

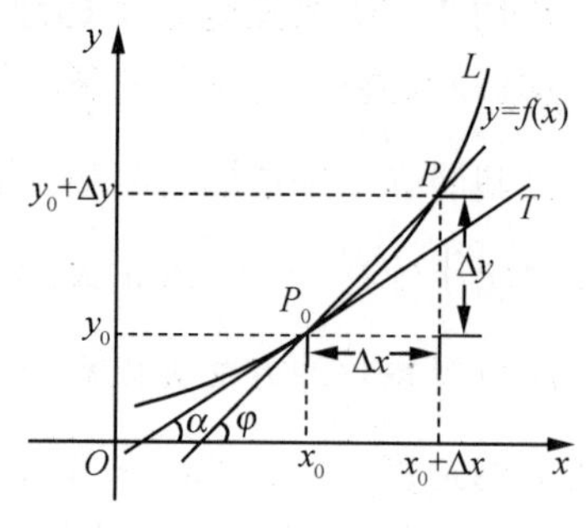

图 2.4

如图 2.4 所示，已知点 P_0 的坐标为 (x_0, y_0)，在曲线上再取一点 $P(x_0+\Delta x, y_0+\Delta y)$，那么割线 P_0P 的斜率为 $\tan\varphi=\frac{\Delta y}{\Delta x}=\frac{f(x_0+\Delta x)-f(x_0)}{\Delta x}$.

若当点 P 沿曲线无限接近于点 P_0 时，割线 P_0P 的极限位置存在，则当 $\Delta x\to 0$ 时，$\varphi\to\alpha$，割线斜率 $\tan\varphi$ 趋近于切线 P_0T 的斜率 $\tan\alpha$，即切线 P_0T 的斜率为

$$k=\tan\alpha=\lim_{\Delta x\to 0}\tan\varphi=\lim_{\Delta x\to 0}\frac{\Delta y}{\Delta x}=\lim_{\Delta x\to 0}\frac{f(x_0+\Delta x)-f(x_0)}{\Delta x}.$$

二、导数的定义

上面所举两个实例，一个是物理中的瞬时速度，另一个是几何中的切线斜率，两者的实际意义完全不同，但它们的实质是一样的，都可归结为计算当自变量的增量趋近于零时函数的增量与自变量的增量之比的极限. 我们在研究自然科学和工程技术中的许多问题时，都会遇到这种类型的极限，如求非恒定

电流的电流强度、非均匀细杆的线密度以及物体的比热容等问题.我们撇开它们的实际意义,抓住它们的共性,抽象出导数的概念.

定义 2.1 设函数以 $y=f(x)$ 在点 x_0 的某个邻域①内有定义,若在点 x_0 处的函数增量 Δy 与自变量增量 Δx 之比的极限存在,即

$$\lim_{\Delta x\to 0}\frac{\Delta y}{\Delta x}=\lim_{\Delta x\to 0}\frac{f(x_0+\Delta x)-f(x_0)}{\Delta x} \tag{2.1}$$

存在,则称此极限值为函数 $y=f(x)$ 在点 x_0 处的**导数**.记作

$$f'(x_0),\ y'\Big|_{x=x_0} \text{或} \frac{\mathrm{d}y}{\mathrm{d}x}\Big|_{x=x_0}.$$

若极限(2.1)存在,则称函数 $f(x)$ 在点 x_0 处可导;否则,称函数 $f(x)$ 在点 x_0 处不可导.

根据导数的定义,求函数 $y=f(x)$ 在点 x_0 处的导数的步骤如下:

(1) 求函数的增量 $\Delta y=f(x_0+\Delta x)-f(x_0)$;

(2) 求比值 $\frac{\Delta y}{\Delta x}=\frac{f(x_0+\Delta x)-f(x_0)}{\Delta x}$;

(3) 求极限 $f'(x_0)=\lim\limits_{\Delta x\to 0}\frac{\Delta y}{\Delta x}$.

例 1 求函数 $y=f(x)=x^2$ 在点 $x=1$ 处的导数 $f'(1)$.

解 先求增量 $\Delta y=f(1+\Delta x)-f(1)=(1+\Delta x)^2-1^2=2\Delta x+(\Delta x)^2$,再求比值

$$\frac{\Delta y}{\Delta x}=2+\Delta x,$$

则

$$f'(1)=\lim_{\Delta x\to 0}\frac{\Delta y}{\Delta x}=\lim_{\Delta x\to 0}(2+\Delta x)=2.$$

有了导数的定义后,再看前面的两个实例,可以得到:

变速直线运动的物体在 t_0 时刻的瞬时速度是路程函数 $s=s(t)$ 在 t_0 时刻处的导数,即

$$v(t_0)=s'(t_0).$$

曲线 $y=f(x)$ 在点 $P_0(x_0,y_0)$ 处的切线斜率是函数 $y=f(x)$ 在点 x_0 处的导数,即

$$k=f'(x_0).$$

我们还可以得到函数可导与连续的关系:可导函数一定连续,但连续函数不一定可导.

三、导数的本质

导数是一个十分重要的数学模型.导数是实际问题中变化率的数学反映,

① 邻域的通俗解释是指一个包含点 x_0 在内的很小的开区间,而不包含点 x_0 在内的邻域叫作空心邻域.

它虽然由瞬时速度引入，但它的意义远远超出了数学的范围，而渗透到科学技术的各个领域．根据不同的实际问题，导数有不同的物理意义．函数增量与自变量增量之比$\frac{\Delta y}{\Delta x}$表示函数在区间$[x_0, x_0+\Delta x]$上的平均变化率，而导数$y'\Big|_{x=x_0}$则表示函数在点$x_0$处的**变化率**，它反映出函数随自变量的变化而变化的快慢程度．读者可自行思考下表中所研究的某个问题．

研究的问题	均匀或恒定	不均匀或非恒定	说　明
速度	$v=\frac{s}{t}$	$v=\frac{\mathrm{d}s}{\mathrm{d}t}$	s 为路程
角速度	$\omega=\frac{\theta}{t}$	$\omega=\frac{\mathrm{d}\theta}{\mathrm{d}t}$	θ 为角度
加速度	$a=\frac{v}{t}$	$a=\frac{\mathrm{d}v}{\mathrm{d}t}$	v 为速度
电流	$i=\frac{Q}{t}$	$i=\frac{\mathrm{d}Q}{\mathrm{d}t}$	Q 为电荷量
线密度	$\rho=\frac{m}{l}$	$\rho=\frac{\mathrm{d}m}{\mathrm{d}l}$	m 为质量

其他的还有经济学中的边际收入、边际成本和边际利润，社会学中的信息传播速度和时尚推广速度、战争中物资和人员的损耗率、国家企业的财富增长率、放射性物质的衰变率、生物种群的生长率与死亡率、冷却过程的温度变化率等，都可用导数这个模型来研究．

例 2　一块凉的甘薯被放进热烤箱，其温度T(℃)由函数$T=f(t)$给出，且时间t从甘薯放进烤箱开始计时，t的单位为 s．试说明$f'(20)=2$的实际意义．

解　$f'(t)=\frac{\mathrm{d}T}{\mathrm{d}t}$是甘薯温度的变化率，$f'(20)=2$表示当这块甘薯烤到 20 s 时，其温度的变化率为 2 ℃/s，即当时间$t=20$ s 时，甘薯正以 2 ℃/s 的速度升温．

四、导数的几何意义

由实例 2 可知，导数$f'(x_0)$的几何意义：$f'(x_0)$就是曲线$y=f(x)$在点$(x_0, f(x_0))$处的切线斜率k，即

$$f'(x_0)=k.$$

显然，曲线$y=f(x)$在点$(x_0, f(x_0))$处的切线方程为

$$y-f(x_0)=f'(x_0)(x-x_0).$$

例 3　求曲线$y=f(x)=x^2$在点$(1,1)$处的切线方程．

解　根据导数的几何意义以及例 1 的计算，曲线在点$(1,1)$处的切线斜率$k=y'\Big|_{x=1}=2$，则所求切线方程为

$$y-1=2(x-1),$$

即

$$y=2x-1.$$

五、导函数的概念

如果函数 $y=f(x)$ 在区间 (a,b) 内的每一点都可导，就称函数在区间 (a,b) 内可导. 这时，函数 $y=f(x)$ 对于 (a,b) 内的每一个确定的 x 值，都有唯一确定的一个导数值 $f'(x)$ 与之对应，因此由函数的定义可知，$f'(x)$ 与 x 就构成了一个新函数，我们将这个函数称为函数 $y=f(x)$ 的**导函数**，记作

$$f'(x),y',\frac{\mathrm{d}y}{\mathrm{d}x}\text{或}\frac{\mathrm{d}}{\mathrm{d}x}f(x).$$

显然，导数 $f'(x_0)$ 就是导函数 $f'(x)$ 在点 x_0 处的函数值，即 $f'(x_0)=f'(x)\Big|_{x=x_0}$. 在不发生混淆的情况下，导函数也简称为导数.

例 4 求函数 $y=f(x)=x^2$ 的导数.

解 显然，这里要求的是导函数 y'.

因为

$$\Delta y=f(x+\Delta x)-f(x)=(x+\Delta x)^2-x^2=2x\Delta x+(\Delta x)^2,$$

所以

$$\lim_{\Delta x\to 0}\frac{\Delta y}{\Delta x}=\lim_{\Delta x\to 0}(2x+\Delta x)=2x,$$

即

$$y'=(x^2)'=2x.$$

六、导数的基本公式

根据导数的定义，我们可以推导出部分基本初等函数的导数公式：

(1) $(C)'=0$（C 为常数）.

(2) $(x^\alpha)'=\alpha x^{\alpha-1}$.

(3) $(\sin x)'=\cos x$，$(\cos x)'=-\sin x$.

(4) $(a^x)'=a^x\ln a$. 特别地，$(\mathrm{e}^x)'=\mathrm{e}^x$.

(5) $(\log_a x)'=\dfrac{1}{x\ln a}$. 特别地，$(\ln x)'=\dfrac{1}{x}$.

习题 2.1

1. 设在导线中有随着时间 t 的变化而变化的电荷量通过，已知从 $t=0$ 到任一时刻 t 的这段时间内，通过导体横截面的电荷量为 Q，则电荷量 Q 是时间 t 的函数：$Q=Q(t)$. 求流过导体横截面某时刻 t_0 的电流 $i(t_0)$.

2. 利用导数的定义证明 $(C)'=0$（C 为常数）.

3. 利用导数的定义计算：

(1) 设 $y=\frac{1}{x}$，求 y' 和 $y'\big|_{x=1}$；　　(2) 设 $y=x^3$，求 y' 和 $y'\big|_{x=0}$.

4. 求曲线 $y=\frac{1}{x}+1$ 在点 $A(1,2)$ 处的切线的斜率 k.

5. 求下列曲线在指定点 P 处的切线方程：

(1) $y=\frac{x^2}{4}$，$P(2,1)$；　　(2) $y=\cos x$，$P(0,1)$.

§2.2 导数的运算

由导数的定义可以求出一些函数(如基本初等函数)的导数,但当函数较复杂时,如函数 $f(x)=x^2\ln x+\sqrt{\sin x}$,用定义求出导数是非常麻烦的.我们知道函数 $f(x)$是初等函数,而初等函数是由基本初等函数经过四则运算和复合步骤组成的.因此,我们在有了基本初等函数的导数公式后,还要解决对四则运算和复合函数的求导,这样就能较快地求出 $f(x)$的导数.

一、四则运算的求导法则

定理 2.1 设函数 $u=u(x)$,$v=v(x)$在点 x 处可导,则它们的和、差、积与商$\frac{v}{u}(u\neq0)$在点 x 处也可导,且

(1) $(u\pm v)'=u'\pm v'$.

(2) $(u\cdot v)'=u'\cdot v+u\cdot v'$.

特别地,$(Cu)'=Cu'$(C 为常数).

(3) $\left(\frac{v}{u}\right)'=\frac{u\cdot v'-u'\cdot v}{u^2}(u\neq0)$.

函数的加、减、乘的求导法则可推广到有限个可导函数的情形,如

$$(u+v-\omega)'=u'+v'-\omega',$$
$$(uvw)'=u'vw+uv'w+uvw'.$$

例 1 设 $f(x)=3x^2+2\sin x-e^x+e^2$,求 $f'(x)$及 $f'(0)$.

解 $f'(x)=(3x^2+2\sin x-e^x+e^2)'=(3x^2)'+(2\sin x)'-(e^x)'+(e^2)'$
$=6x+2\cos x-e^x$,

$f'(0)=(6x+2\cos x-e^x)\Big|_{x=0}=1$.

例 2 设 $y=x^2\sin x$,求 y'.

解 根据乘法公式,有

$$y'-(x^2\sin x)'-(x^2)'\sin x+x^2(\sin x)'=2x\sin x+x^2\cos x.$$

例 3 设 $y=\frac{x^2-x+2}{x+3}$,求 y'.

解 根据除法公式,有

$$y'=\left(\frac{x^2-x+2}{x+3}\right)'=\frac{(x^2-x+2)'(x+3)-(x^2-x+2)(x+3)'}{(x+3)^2}$$
$$=\frac{(2x-1)(x+3)-(x^2-x+2)\cdot1}{(x+3)^2}=\frac{x^2+6x-5}{(x+3)^2}.$$

例 4 设 $f(x)=\tan x$,求 $f'(x)$.

解 $f'(x)=(\tan x)'=\left(\frac{\sin x}{\cos x}\right)'=\frac{\cos x(\sin x)'-(\cos x)'\sin x}{\cos^2 x}$

$$=\frac{\cos^2 x+\sin^2 x}{\cos^2 x}=\frac{1}{\cos^2 x}=\sec^2 x,$$

即

$$(\tan x)'=\sec^2 x.$$

同理可得

$$(\cot x)'=-\csc^2 x,(\sec x)'=\sec x\tan x,(\csc x)'=-\csc x\cot x.$$

最后我们不加推导地给出：

$$(\arcsin x)'=\frac{1}{\sqrt{1-x^2}},(\arccos x)'=-\frac{1}{\sqrt{1-x^2}},$$

$$(\arctan x)'=\frac{1}{1+x^2},(\text{arccot} x)'=-\frac{1}{1+x^2}.$$

至此，我们已得到全部基本初等函数的导数公式，为了方便查阅，我们汇总成下表：

基本初等函数的导数公式

函数类型	导数公式	
常函数	(1) $(C)'=0$	
幂函数	(2) $(x^\alpha)'=\alpha x^{\alpha-1}$	(3) $(\sqrt{x})'=\frac{1}{2\sqrt{x}}$
指数函数	(4) $(a^x)'=a^x\ln a$	(5) $(e^x)'=e^x$
对数函数	(6) $(\log_a x)'=\frac{1}{x\ln a}$	(7) $(\ln x)'=\frac{1}{x}$
三角函数	(8) $(\sin x)'=\cos x$	(9) $(\cos x)'=-\sin x$
	(10) $(\tan x)'=\sec^2 x$	(11) $(\cot x)'=-\csc^2 x$
	(12) $(\sec x)'=\sec x\tan x$	(13) $(\csc x)'=-\csc x\cot x$
反三角函数	(14) $(\arcsin x)'=\frac{1}{\sqrt{1-x^2}}$	(15) $(\arccos x)'=-\frac{1}{\sqrt{1-x^2}}$
	(16) $(\arctan x)'=\frac{1}{1+x^2}$	(17) $(\text{arccot} x)'=-\frac{1}{1+x^2}$

二、复合函数的求导法则

定理 2.2 设函数 $u=\varphi(x)$ 在点 x 处可导，函数 $y=f(u)$ 在对应点 $u=\varphi(x)$ 处可导，则复合函数 $y=f[\varphi(x)]$ 在点 x 处也可导，且

$$y'_x=y'_u\cdot u'_x \text{或} y'_x=f'(u)\cdot\varphi'(x)\text{或}\frac{\mathrm{d}y}{\mathrm{d}x}=\frac{\mathrm{d}y}{\mathrm{d}u}\cdot\frac{\mathrm{d}u}{\mathrm{d}x}.$$

推论 设 $y=f(u),u=\varphi(v),v=\psi(x)$ 均可导，则复合函数 $y=f\{\varphi[\psi(x)]\}$ 也可导，且 $y'_x=y'_u\cdot u'_v\cdot v'_x$.

例 5 设 $y=(2x+1)^3$，求 y'.

解 $y=(2x+1)^3$ 是由 $y=u^3,u=2x+1$ 复合而成的，而 $y'_u=(u^3)'=3u^2,u'_x=(2x+1)'=2$，所以 $y'=y'_u\cdot u'_x=3u^2\cdot 2=6(2x+1)^2$.

例 6 设 $y=\sin^2 x$，求 y'.

解　$y=\sin^2 x$ 是由 $y=u^2$，$u=\sin x$ 复合而成的，而 $y'_u=(u^2)'=2u$，$u'_x=(\sin x)'=\cos x$，所以 $y'=y'_u\cdot u'_x=2u\cdot\cos x=2\sin x\cos x=\sin 2x$.

例7　设 $y=3e^{x+2}$，求 y'.

解　$y=3e^{x+2}$ 是由 $y=3e^u$，$u=x+2$ 复合而成的，所以

$$y'=y'_u\cdot u'_x=(3e^u)'_u\cdot(x+2)'_x=3e^u\cdot 1=3e^{x+2}.$$

注意　求复合函数的导数时，关键是分析所给函数是由哪些简单函数复合而成的，选好中间变量 u，正确写出求导公式. 如果熟练掌握了求导过程，则中间变量 u 可以不必写出，只要做到心中有数即可，读者经过训练后，一定能做到这一点.

例8　设 $y=\sin 2x$，求 y'.

解　$y'=\cos 2x\cdot(2x)'=2\cos 2x$.

例9　设 $y=\arctan x^2$，求 y'.

解　$y'=(\arctan x^2)'=\dfrac{1}{1+(x^2)^2}\cdot(x^2)'=\dfrac{2x}{1+x^4}$.

例10　设 $y=\ln\cos\sqrt{x}$，求 y'.

解

$$y'=\frac{1}{\cos\sqrt{x}}\cdot(\cos\sqrt{x})'=\frac{1}{\cos\sqrt{x}}\cdot(-\sin\sqrt{x})\cdot(\sqrt{x})'$$
$$=-\frac{1}{2\sqrt{x}}\tan\sqrt{x}.$$

三、初等函数的求导

前面介绍了基本初等函数的导数公式、四则运算的求导法则以及复合函数的求导法则，综合利用这些知识，就可以求出初等函数的导数了.

求初等函数的导数必须遵循由外往里、逐层求导的原则.

例11　设 $y=3x^2\cdot\sin 3x$，求 y'.

解

$$y'=(3x^2)'\sin 3x+3x^2(\sin 3x)'$$
$$=6x\sin 3x+3x^2\cos 3x\cdot(3x)'$$
$$=6x\sin 3x+9x^2\cos 3x.$$

例12　设 $y=\sqrt{x-e^{-x}}$，求 y'.

解

$$y'=\frac{1}{2\sqrt{x-e^{-x}}}(x-e^{-x})'=\frac{1}{2\sqrt{x-e^{-x}}}[(x)'-(e^{-x})]$$
$$=\frac{1}{2\sqrt{x-e^{-x}}}[1-e^{-x}\cdot(-x)']=\frac{1}{2\sqrt{x-e^{-x}}}(1+e^{-x}).$$

在本节前言中，我们提到过函数 $f(x)=x^2\ln x+\sqrt{\sin x}$，请读者自行求出其导数.

四、隐函数的求导

前面我们研究的函数都是给出了其解析式 $y=f(x)$，这种函数叫作显函

数.而对于方程 $x^2+y^2=4$,根据函数的定义可知,变量 y 是 x 的函数,也就是说在方程 $x^2+y^2=4$ 中隐藏着一个函数,我们把这种函数叫作**隐函数**.

例 13 设方程 $x^2+y^2=4$ 确定函数 $y=y(x)$,求 $y'=\frac{dy}{dx}$.

解 对方程两边求导,得 $(x^2+y^2)'_x=(4)'$,即 $2x+2y\cdot y'=0$.

当 $y\neq 0$ 时,解得

$$y'=-\frac{x}{y} \text{或} \frac{dy}{dx}=-\frac{x}{y}.$$

求隐函数的导数的一般步骤:

(1) 方程两边对自变量 x 求导,注意把 y 看成是 x 的函数;

(2) 从方程中解出 y'.

五、高阶导数

如果可以对函数 $f(x)$ 的导函数 $f'(x)$ 再求导,所得到的新函数叫作函数 $y=f(x)$ 的**二阶导数**,记作 $f''(x)$ 或 y'' 或 $\frac{d^2y}{dx^2}$. 类似地,二阶导数的导数叫作**三阶导数**,记作 $f'''(x)$ 或 y''' 或 $\frac{d^3y}{dx^3}$,….一般地,函数 $f(x)$ 的 $n-1$ 阶导数的导数叫作 n **阶导数**,记作 $y^{(n)}$ 或 $f^{(n)}(x)$ 或 $\frac{d^{(n)}y}{dx^n}$. 显然,可以把导函数 $f'(x)$ 叫作 $f(x)$ 的一阶导数.

二阶及二阶以上的导数统称为高阶导数. 显然,求高阶导数只需逐阶求导,直至得到所要求的阶数即可.

例 14 求函数 $y=ax^2+bx+c$ 的二阶导数.

解 $y'=2ax+b, y''=2a$.

例 15 设 $y=e^x$,求 $y^{(n)}$.

解 $y'=e^x, y''=e^x, y'''=e^x, \cdots, y^{(n)}=e^x$.

例 16 设 $f(x)=\sin x$,求 $f^{(n)}(x)$.

解 $f'(x)=\cos x=\sin\left(x+\frac{\pi}{2}\right)$,

$$f''(x)=\cos\left(x+\frac{\pi}{2}\right)=\sin\left(x+2\cdot\frac{\pi}{2}\right),$$

$$f'''(x)=\cos\left(x+2\cdot\frac{\pi}{2}\right)=\sin\left(x+3\cdot\frac{\pi}{2}\right),$$

$$\cdots,$$

$$f^{(n)}(x)=\sin\left(x+\frac{n\pi}{2}\right).$$

习题 2.2

1. 求下列函数的导数：

(1) $y=x^3-3x^2+4x-5$；

(2) $y=5x^3-2^x+3e^x+\ln 3$；

(3) $y=x^2\ln x$；

(4) $y=\frac{\sin x}{x}$.

2. 求下列函数的导数：

(1) $y=\sin 5x$；

(2) $y=\sqrt{\ln x}$；

(3) $y=\cos\left(3x+\frac{\pi}{3}\right)$；

(4) $y=3(2x-1)^{20}$；

(5) $y=e^{-x^2+2x+1}$；

(6) $y=(1+\sin 2x)^4$；

(7) $y=\arcsin(2x-1)$；

(8) $y=\arctan\frac{1-x^2}{1+x^2}$；

(9) $y=4x^3\sin 2x$；

(10) $y=\ln(x+\sqrt{a^2+x^2})$.

3. 求由下列方程确定的隐函数的导数$\frac{dy}{dx}$：

(1) $x^3+y^3=1$；

(2) $\ln y=xy+e^x$；

(3) $xy=e^{x+y}$；

(4) $y=\sin(x+y)$.

4. 求下列函数的二阶导数：

(1) $y=3x^2-3x+2$；

(2) $y=e^{-x}$；

(3) $y=\frac{x^2}{1-x}$；

(4) $y=(1+x^2)\arctan x$.

5. 求下列函数的 n 阶导数：

(1) $y=\frac{1}{x+1}$；

(2) $y=xe^x$.

§2.3　导数的应用

一、函数的单调性

在研究函数(如函数的极值、最值等问题)时,往往会涉及函数的单调性.下面将以导数为工具来讨论函数的单调性.

定理2.3　设函数 $y=f(x)$在区间(a,b)内可导,

(1) 若在(a,b)内 $f'(x)>0$,则 $f(x)$在(a,b)内单调递增;

(2) 若在(a,b)内 $f'(x)<0$,则 $f(x)$在(a,b)内单调递减.

说明　在运用此定理时,允许 $f'(x)$在(a,b)内的个别点处为零.例如,对于函数 $f(x)=x^3$,在 $x=0$ 处 $f'(0)=0$,但在$(-\infty,+\infty)$内的其他点处 $f'(x)>0$,因此它在区间$(-\infty,+\infty)$内仍是单调递增的,如图2.5所示.

我们知道,有些函数在它的定义区间上并不是单调的. 我们要讨论函数的单调性,就是要判定函数在其定义区间上的哪些区间内递增,哪些区间内递减.例如,函数 $f(x)=x^2$ 在其定义区间$(-\infty,+\infty)$内并不是单调的,而是在$(-\infty,0)$上单调递减,在$(0,+\infty)$上单调递增.不难发现,在该函数单调区间的分界点 $x=0$ 处有 $f'(0)=0$.

我们把导数等于零的点叫作**驻点**.显然,驻点就是方程 $f'(x)=0$ 的根.

一般地,驻点可能是函数单调区间的分界点.

而导数不存在的点也可能是单调区间的分界点.例如,函数 $f(x)=|x|$在 $x=0$ 处不可导,但 $x=0$ 是该函数单调区间的分界点,如图2.6所示.

由以上讨论及定理2.3可得确定函数 $y=f(x)$的单调性的一般步骤:

(1) 确定函数 $f(x)$的定义域;

(2) 求出函数 $f(x)$的驻点及导数不存在的点,并以这些点为分界点,将定义域分为若干个子区间;

(3) 列表,确定 $f'(x)$在各个子区间内的符号,从而判定出 $f(x)$的单调性.

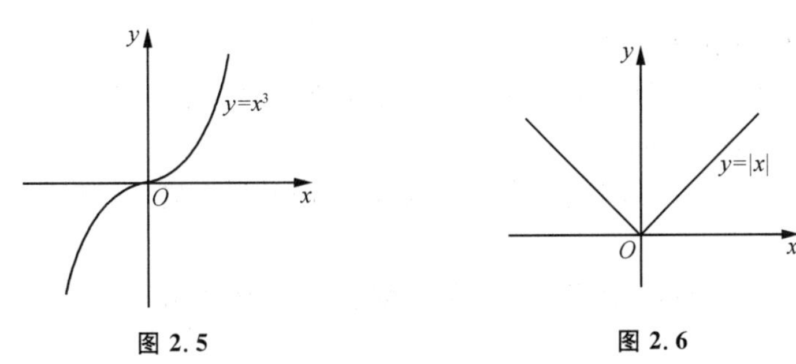

图2.5　　　图2.6

例1　讨论函数 $f(x)=3x-x^3$ 的单调性.

解　(1) 该函数的定义域为$(-\infty,+\infty)$.

(2) $f'(x)=3-3x^2=-3(x+1)(x-1)$，令 $f'(x)=0$，得驻点 $x_1=-1$，$x_2=1$. 显然，x_1,x_2 将定义区间分成三个子区间：$(-\infty,-1)$，$(-1,1)$，$(1,+\infty)$.

(3) 列表如下：

x	$(-\infty,-1)$	-1	$(-1,1)$	1	$(1,+\infty)$
$f'(x)$	$-$	0	$+$	0	$-$
$f(x)$	↘		↗		↘

注：上表中"↗"表示函数单调递增；"↘"表示函数单调递减；"+"表示函数值的符号为正；"-"表示函数值的符号为负. 下同.

则该函数在区间$(-1,1)$内单调递增，在区间$(-\infty,-1)$和$(1,+\infty)$内单调递减.

例 2　确定函数 $f(x)=(2x-3)\sqrt[3]{x^2}$ 的单调性.

解　(1) 函数的定义域为$(-\infty,+\infty)$.

(2) $f'(x)=2x^{\frac{2}{3}}+\dfrac{2}{3}(2x-3)x^{-\frac{1}{3}}=\dfrac{10\left(x-\frac{3}{5}\right)}{3x^{\frac{1}{3}}}$.

令 $f'(x)=0$，得 $x=\dfrac{3}{5}$，此外 $x=0$ 为导数不存在的点，这些点将定义区间分为三个子区间：$(-\infty,0)$，$\left(0,\dfrac{3}{5}\right)$，$\left(\dfrac{3}{5},+\infty\right)$.

(3) 列表如下：

x	$(-\infty,0)$	0	$\left(0,\frac{3}{5}\right)$	$\frac{3}{5}$	$\left(\frac{3}{5},+\infty\right)$
$f'(x)$	$+$	不存在	$-$	0	$+$
$f(x)$	↗		↘		↗

则该函数在区间$(-\infty,0)$和$\left(\dfrac{3}{5},+\infty\right)$内单调递增，在$\left(0,\dfrac{3}{5}\right)$内单调递减.

二、函数的极值

前面我们讨论了函数的单调性，在此基础上，我们将研究函数的极值问题.

1. 极值的概念

定义 2.2　设函数 $y=f(x)$在点 x_0 的某邻域内有定义，若对点 x_0 的某空心邻域内任一点 x，均有

(1) $f(x_0)>f(x)$，则称 $f(x_0)$为函数 $f(x)$的**极大值**，x_0 称为 $f(x)$的**极大值点**；

(2) $f(x_0)<f(x)$，则称 $f(x_0)$为函数 $f(x)$的**极小值**，x_0 称为 $f(x)$的**极小值点**.

极大值、极小值统称为**极值**，极大值点、极小值点统称为**极值点**.

如图 2.7 所示，函数 $f(x)$的极大值是$f(x_1)$和 $f(x_3)$，x_1 和 x_3 是它的极

大值点；函数 $f(x)$ 的极小值是 $f(x_2)$ 和 $f(x_4)$，x_2 和 x_4 是它的极小点.

从函数极值的定义及图 2.7 可以看出：

(1) 极值是函数在一个小范围内的最值，极值不一定是最值，而函数的最值是对函数的整个定义域而言的.

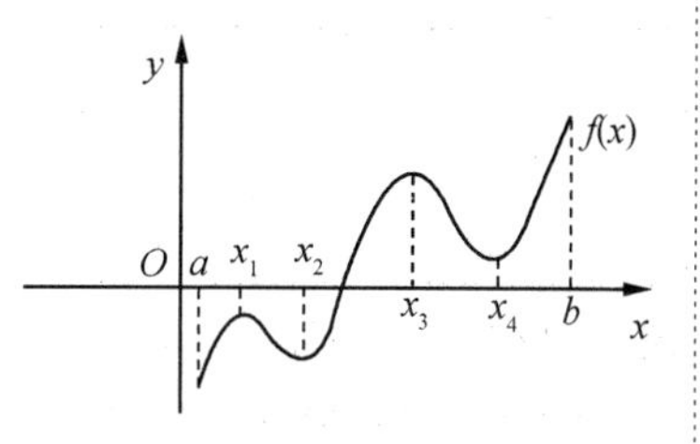

图 2.7

(2) 最值也不一定是极值，最值可以在定义区间的端点处取得，但是在定义区间的端点处不谈函数的极值问题.

(3) 极小值可能大于极大值，如 $f(x)$ 的极小值 $f(x_4)$ 大于极大值 $f(x_1)$.

2. 极值的求法

图 2.7 还显示，若函数是可导的，则曲线在取得极值处的切线是水平的，即函数 $y=f(x)$ 在极值点处的导数为 0. 于是我们得到如下定理：

定理 2.4(取得极值的必要条件) 设函数 $y=f(x)$ 在点 x_0 处可导，若 x_0 为 $f(x)$ 的极值点，则必有 $f'(x_0)=0$.

定理 2.4 告诉我们，可导函数的极值点必定为驻点.

但是，驻点不一定是函数的极值点. 例如，$x=0$ 是函数 $f(x)=x^3$ 的驻点，但它不是其极值点. 另外，对于一个连续函数，其极值点还可能是导数不存在的点. 例如，前面提过的函数 $f(x)=|x|$，它在 $x=0$ 处的导数不存在，但 $x=0$ 是它的极小值点.

综上所述，函数的极值点只可能是其驻点和导数不存在的点，而这些点是否为极值点，我们有下列判别定理：

定理 2.5(取得极值的充分条件) 设函数 $y=f(x)$ 在点 x_0 处连续，在 x_0 的某空心邻域内可导.

(1) 若当 $x<x_0$ 时 $f'(x)>0$，当 $x>x_0$ 时 $f'(x)<0$，则 $f(x)$ 在点 x_0 处取得极大值；

(2) 若当 $x<x_0$ 时 $f'(x)<0$，当 $x>x_0$ 时 $f'(x)>0$，则 $f(x)$ 在点 x_0 处取得极小值；

(3) 若在点 x_0 的某空心邻域内 $f'(x)$ 的符号不变，则 $f(x_0)$ 不是极值.

由以上讨论可得求函数 $f(x)$ 的极值的一般步骤：

(1) 确定函数 $f(x)$ 的定义域；

(2) 求出该函数的驻点及导数不存在的点，并以这些点为分界点，将定义域分为若干个子区间；

(3) 列表考察 $f'(x)$ 在各个子区间内的符号，根据定理 2.5 确定 $f(x)$ 的极值点，并求出极值.

例 3 求函数 $f(x)=x-\ln(1+x)$ 的极值.

解 (1) 该函数的定义域为 $(-1,+\infty)$.

(2) $f'(x)=1-\dfrac{1}{1+x}=\dfrac{x}{1+x}$，令 $f'(x)=0$ 得驻点 $x=0$，因为 $f(x)$ 在 $x=$

-1 处无定义，所以不必讨论.

(3) 列表如下：

x	$(-1,0)$	0	$(0,+\infty)$
$f'(x)$	$-$	0	$+$
$f(x)$	↘	极小值 $f(0)=0$	↗

则函数在 $x=0$ 处取得极小值 $f(0)=0$，无极大值.

例 4 求函数 $f(x)=3x-x^3$ 的极值.

解 在例 1 中已讨论过该函数的单调性，为求得其极值，只需将当时所得表格进一步补充即可.

x	$(-\infty,-1)$	-1	$(-1,1)$	1	$(1,+\infty)$
$f'(x)$	$-$	0	$+$	0	$-$
$f(x)$	↘	极小值 $f(-1)=-2$	↗	极大值 $f(1)=2$	↘

则函数在 $x=-1$ 处取得极小值 $f(-1)=-2$，在 $x=1$ 处取得极大值 $f(1)=2$.

例 5 讨论函数 $f(x)=x^4-2x^3$ 的极值.

解 (1) 函数的定义域为 $(-\infty,+\infty)$.

(2) $f'(x)=4x^3-6x^2=4x^2\left(x-\dfrac{3}{2}\right)$，令 $f'(x)=0$ 得 $x_1=0, x_2=\dfrac{3}{2}$.

(3) 列表如下：

x	$(-\infty,0)$	0	$\left(0,\dfrac{3}{2}\right)$	$\dfrac{3}{2}$	$\left(\dfrac{3}{2},+\infty\right)$
$f'(x)$	$-$	0	$-$	0	$+$
$f(x)$	↘	无极值	↘	极小值 $f\left(\dfrac{3}{2}\right)=-\dfrac{27}{16}$	↗

则该函数在 $x=\dfrac{3}{2}$ 处取得极小值 $-\dfrac{27}{16}$，无极大值.

三、函数的最值

在实际生活中，经常会遇到诸如“用料最省”“产量最高”“耗时最少”“利润最大”等问题，这类问题就是函数的最值问题. 前面我们讨论了函数的极值，在此基础上，我们将研究函数的最值问题.

1. 连续函数在闭区间上的最值

我们知道，连续函数在闭区间 $[a,b]$ 上一定有最大值和最小值. 结合我们对极值的讨论，如果最值在开区间 (a,b) 内部取得，那么此时最值必为极值，且最值必在驻点或导数不存在的点处取得. 另外，最值也可能在闭区间 $[a,b]$ 的端点处取到.

由以上讨论可得求闭区间 $[a,b]$ 上连续函数 $f(x)$ 的最值的一般步骤：

(1) 求出 $f(x)$ 在开区间 (a,b) 内的驻点及导数不存在的点；

(2) 计算出函数 $f(x)$在以上各点及区间端点处的函数值,并比较其大小,其中最大者(最小者)即为 $f(x)$在闭区间$[a,b]$上的最大值(最小值).

例 6 求函数 $f(x)=x^3-3x$ 在$[0,2]$上的最值.

解 (1) $f'(x)=3x^2-3=3(x+1)(x-1)$,令 $f'(x)=0$,在$(0,2)$内解得 $x=1$.

(2) 计算驻点及区间端点处的函数值:$f(1)=-2$,$f(0)=0$,$f(2)=2$.比较得出 $f(x)$在$[0,2]$上的最大值为 $f(2)=2$,最小值为 $f(1)=-2$.

2. 实际问题中的最值

在解决实际中的最值问题时,只需将实际中的最值问题转化成求某个函数在某个区间上的最值问题,即建立实际问题的数学模型.但有时对某函数讨论的区间可能不是闭区间,对此我们有下列结论:

(1) 若函数在某区间(闭区间$[a,b]$,开区间(a,b)或无穷区间)内的极值点唯一,则此时的极大值(或极小值)就是最大值(或最小值).

(2) 若讨论的实际问题确实存在最大值(或最小值),且在讨论的区间内驻点是唯一的,则驻点处的函数值一定是最大值(或最小值).

例 7 如图 2.8 所示,从一块边长为 a 的正方形铁皮的四角上截去同样大小的正方形,再按虚线把四边折起来做成一个无盖盒子,问截去多大的小正方形,才使盒子的容积最大?

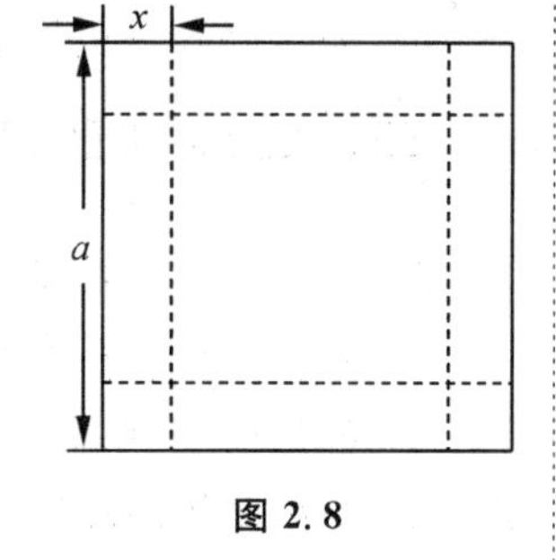

图 2.8

解 设截去小正方形的边长为 x,则盒子的容积为

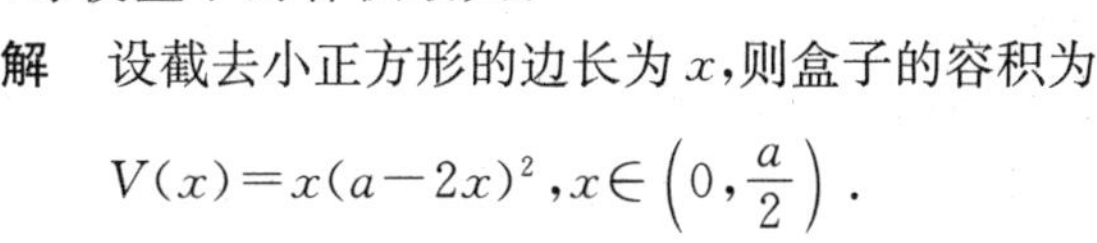

$$V(x)=x(a-2x)^2,x\in\left(0,\frac{a}{2}\right).$$

这样问题转化为求函数 $V(x)$ 在开区间 $\left(0,\frac{a}{2}\right)$内的最大值.为此,求该函数的导数

$$V'(x)=(a-2x)^2-4x(a-2x)=12\left(x-\frac{a}{2}\right)\left(x-\frac{a}{6}\right).$$

令 $V'(x)=0$,在开区间$\left(0,\frac{a}{2}\right)$内得唯一驻点 $x=\frac{a}{6}$,又由实际问题可知 $V(x)$的最大值是存在的,故该函数在 $x=\frac{a}{6}$处取得最大值,即正方形的四个角各截去一块边长为$\frac{a}{6}$的小正方形后,能做成容积最大的盒子.

例 8 如图 2.9 所示,一炮艇停泊在距海岸(设其为直线)9 km 的 A 处,派人送信给设在海岸线上距该艇 $3\sqrt{34}$ km 的司令部 C 处.若送信人步行速度为 5 km/h,划船速度为 4km/h,问他在何处上岸到达司令部的时间最短?

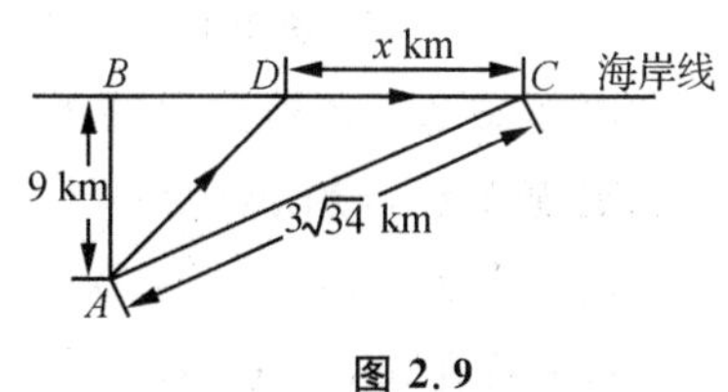

图 2.9

解 设送信人在距司令部 x km 的 D 点处上岸，且 $AB\perp CD$，B 为垂足. 显然，要使到达司令部的时间最短，登陆点 D 一定在线段 BC 上. 则由题意得

$$BC=\sqrt{(3\sqrt{34})^2-9^2}=15(\mathrm{km}),$$

$$AD=\sqrt{(15-x)^2+9^2}=\sqrt{(15-x)^2+81}(\mathrm{km}),$$

因此，送信人到达司令部所需的时间为

$$T(x)=\frac{AD}{4}+\frac{DC}{5}=\frac{\sqrt{(15-x)^2+81}}{4}+\frac{x}{5},x\in[0,15]$$

问题转化为求函数 $T(x)$ 在闭区间 $[0,15]$ 上的最小值. 为此，求该函数的导数

$$T'(x)=-\frac{15-x}{4\sqrt{(15-x)^2+81}}+\frac{1}{5}.$$

令 $T'(x)=0$，解得区间 $[0,15]$ 上的唯一驻点 $x=3$，又

$$T(15)=\frac{21}{4},T(0)=\frac{\sqrt{306}}{4}=\frac{\sqrt{7650}}{20},T(3)=\frac{87}{20}=\frac{\sqrt{7569}}{20},$$

而由问题的实际意义可知 $T(x)$ 的最小值是存在的，所以 $T(x)$ 在 $x=3$ 处取得最小值. 即送信人在距司令部 3 km 处上岸时到达司令部的时间最短.

四、曲线的凹凸性

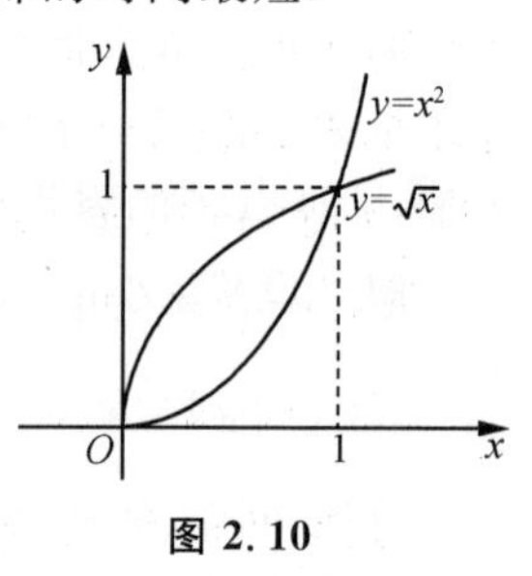

图 2.10

图 2.10 给出的是函数 $y=x^2$ 和 $y=\sqrt{x}$ 在 $[0,+\infty)$ 上的图形. 不难发现，这两个函数在区间 $[0,+\infty)$ 上都是单调递增的，但其图形的弯曲方向却有很大差别. 对此我们给出下列定义：

定义 2.3 设函数 $y=f(x)$ 在区间 (a,b) 内可导.

(1) 若在 (a,b) 内导函数 $f'(x)$ 是递增的，则称曲线 $y=f(x)$ 在 (a,b) 内是**凹**的，区间 (a,b) 称为**凹区间**（如图 2.11 中 $[x_1,x_2]$）；

(2) 若在 (a,b) 内导函数 $f'(x)$ 是递减的，则称曲线 $y=f(x)$ 在 (a,b) 内是**凸**的，区间 (a,b) 称为**凸区间**（如图 2.12 中 $[x_1,x_2]$）.

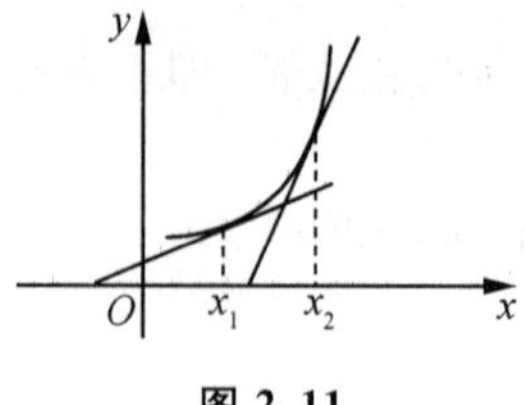

图 2.11

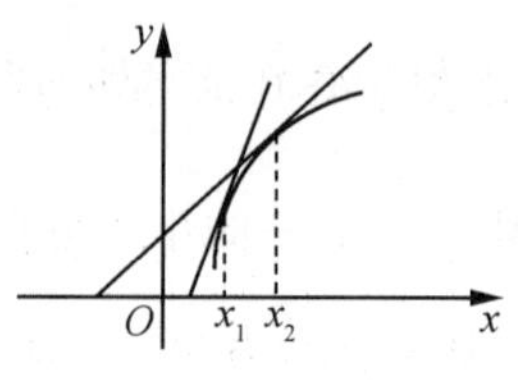

图 2.12

由定义 2.3 不难得出如下定理：

定理 2.6 设函数 $y=f(x)$ 在区间 (a,b) 内具有二阶导数.

(1) 若在 (a,b) 内 $f''(x)>0$，则曲线 $y=f(x)$ 在 (a,b) 内是凹的；

(2) 若在 (a,b) 内 $f''(x)<0$，则曲线 $y=f(x)$ 在 (a,b) 内是凸的.

例 9 判定曲线 $f(x)=x^3$ 的凹凸性.

解 函数 $f(x)=x^3$ 的定义域为 $(-\infty,+\infty)$. 因为 $f'(x)=3x^2$，$f''(x)=6x$，所以当 $x>0$ 时，$f''(x)>0$，即曲线 $f(x)=x^3$ 在 $(0,+\infty)$ 内是凹的；当 $x<0$ 时，$f''(x)<0$，即曲线 $f(x)=x^3$ 在 $(-\infty,0)$ 内是凸的.

我们把连续曲线 $y=f(x)$ 的凹凸分界点叫作曲线 $y=f(x)$ 的**拐点**.

拐点是曲线上的点，必须用坐标表示. 在例 9 中，点 $(0,0)$ 就是曲线 $f(x)=x^3$ 的拐点，且 $f''(0)=0$. 关于拐点，我们有下列结论.

定理 2.7(拐点的必要条件) 若函数 $y=f(x)$ 在点 x_0 处具有二阶导数，且点 $(x_0,f(x_0))$ 为曲线 $y=f(x)$ 的拐点，则 $f''(x_0)=0$.

注意 $f''(x_0)=0$ 是点 $(x_0,f(x_0))$ 为拐点的必要条件，但不是充分条件. 例如，函数 $y=x^4$，其二阶导数 $y''=12x^2$，故 $y''(0)=0$，但点 $(0,0)$ 不是曲线 $y=x^4$ 的拐点，因为在点 $(0,0)$ 两侧曲线都是凹的.

设函数 $y=f(x)$ 在点 x_0 处连续，若 $f''(x)$ 在点 x_0 处的左、右两侧异号，则点 $(x_0,f(x_0))$ 是曲线 $y=f(x)$ 的拐点.

由以上讨论可得求曲线 $y=f(x)$ 的凹凸区间与拐点的一般步骤：

(1) 确定函数 $f(x)$ 的定义域；

(2) 求出使 $f''(x)=0$ 的点及 $f''(x)$ 不存在的点，并以这些点为分界点，将定义域分为若干个子区间；

(3) 列表，确定 $f''(x)$ 在各个子区间内的符号，从而得出曲线的凹凸区间及拐点.

例 10 确定曲线 $f(x)=3x-x^3$ 的凹凸区间与拐点.

解 (1) 函数 $f(x)$ 的定义域为 $(-\infty,+\infty)$.

(2) $f'(x)=3-3x^2$，$f''(x)=-6x$，令 $f''(x)=0$，得 $x=0$.

(3) 列表如下：

x	$(-\infty,0)$	0	$(0,+\infty)$
$f''(x)$	+	0	−
$f(x)$	⌣	拐点 $(0,0)$	⌢

注：上表中，“⌣”“⌢”分别表示曲线的凹和凸.

由上表可知，区间 $(0,+\infty)$ 为曲线的凸区间，区间 $(-\infty,0)$ 为曲线的凹区间，点 $(0,0)$ 是曲线的拐点.

习题 2.3

1. 求出函数 $f(x)=x^2-4$ 的驻点.

2. 求下列函数的单调区间：

(1) $f(x)=x^4-8x^2+5$；　　(2) $f(x)=x+\sqrt{x-1}$.

3. 求下列函数的极值：

(1) $y=x^3-6x^2+9x$；　　(2) $y=\arctan x-\frac{1}{2}\ln(1+x^2)$.

4. 求下列函数在给定区间上的最大值和最小值：

(1) $y=x^2-2x+5,[-2,2]$；　　(2) $f(x)=\sqrt{100-x^2},[-6,8]$；

(3) $y=x^3+(8-x)^3,[0,8]$；　　(4) $f(x)=x^5-5x^4+5x^3+1,[-1,2]$.

5. 有一块长为 8 m、宽为 5 m 的长方形铁皮，在四个角各截去相同的小正方形，把四边折起做成一个无盖箱子，要使箱子的容积最大，问截去的小正方形的边长应为多少？

6. 求乘积为常数 $a(a>0)$，而其和为最小的两个正数.

7. 求出下列曲线的凹凸区间和拐点：

(1) $y=\frac{1}{3}x^3-2x^2+3x$； (2) $y=x^2+\frac{1}{x}$.

8. 资料一：据中央气象台的天气预报员播报，近期以来，受一股强冷空气南下的影响，我国长江以南大部分地区的气温达到了极值.

资料二：假设图 2.13 就是当时萍乡市 12 月 20 日到 1 月 4 日的气温变化图.

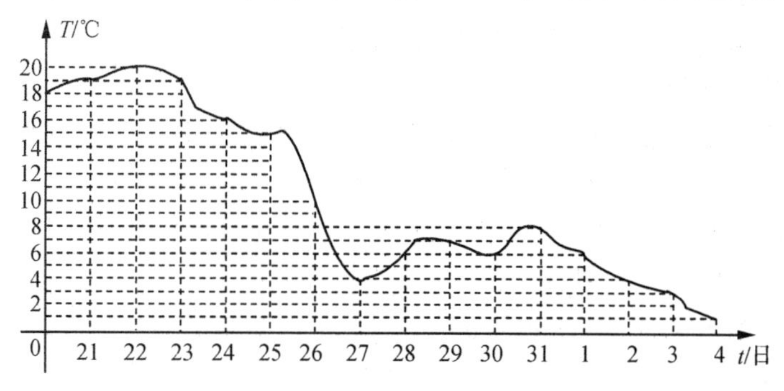

图 2.13

请你根据以上信息资料，回答下列问题：

(1) 预报员所说的极值是极大值还是极小值？

(2) 气温达到预报员所说的极值时，当天萍乡市的气温是多少？当天是几月几日？

(3) 在 12 月 20 日至 1 月 4 日期间，萍乡市的气温哪一天达到了最低？这一天的气温是多少？能说这一天的气温达到了极值吗？为什么？

§2.4 微 分

一、微分的概念

引例 对于边长为 x 的正方形，当边长增加 Δx 时，其面积增加多少？

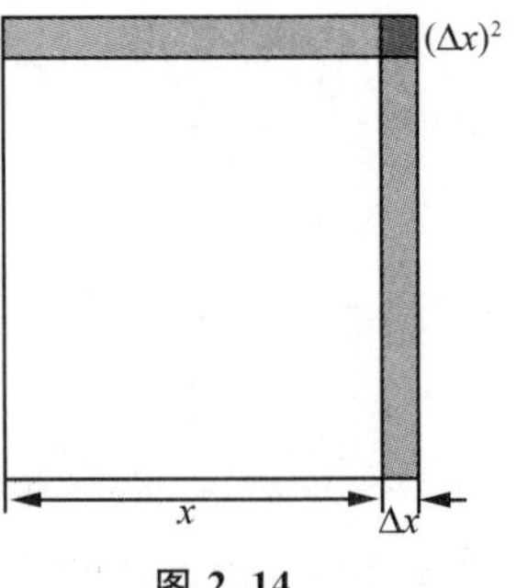

图 2.14

设正方形的面积为 S，面积增加的部分记作 ΔS，则

$$\Delta S=(x+\Delta x)^2-x^2=2x\Delta x+(\Delta x)^2.$$

从上式及图 2.14 可以看出，面积的增量 ΔS 由两部分组成：

第一部分 $2x\Delta x$ 是关于 Δx 的线性函数，它是 ΔS 的主要部分；

第二部分 $(\Delta x)^2$ 是关于 Δx 的高阶无穷小，占极其微小的部分，它是 ΔS 的次要部分.

当 Δx 很小时，如 $x=1$，$\Delta x=0.01$，则 $2x\Delta x=0.02$，而另一部分 $(\Delta x)^2=0.0001$. 当 Δx 越小时，$(\Delta x)^2$ 部分就比 $2x\Delta x$ 小得更多. 因此，如果要取 ΔS 的近似值时，显然 $2x\Delta x$ 是 ΔS 的一个很好的近似值，我们将 $2x\Delta x$ 叫作函数 $S=x^2$ 的微分. 一般地，有下列定义：

定义 2.4 如果函数 $f(x)$ 在点 x 处的增量 $\Delta y=f(x+\Delta x)-f(x)$ 可以表示为

$$\Delta y=A\Delta x+\alpha,$$

其中 A 是与 Δx 无关的量，α 是 Δx 的高阶无穷小量（当 $\Delta x\to 0$ 时），那么称 $A\Delta x$ 为函数 $y=f(x)$ 在点 x 处的**微分**，记作 $\mathrm{d}y$，即

$$\mathrm{d}y=A\Delta x.$$

这时也称函数 $y=f(x)$ 在点 x 处**可微**. $\mathrm{d}y=A\Delta x$ 也叫作函数增量 Δy 的**线性主部**.

对于函数 $y=f(x)$ 在点 x 处的微分应注意以下两点：

(1) $\Delta y\approx \mathrm{d}y$（当 $|\Delta x|$ 很小时）.

(2) 自变量的增量 Δx 与自变量的微分 $\mathrm{d}x$ 相等，即 $\Delta x=\mathrm{d}x$，从而 $\mathrm{d}y=A\mathrm{d}x$.

若函数 $y=f(x)$ 在点 x 处可微，则有 $\Delta y=A\Delta x+\alpha$，其中 $\lim\limits_{\Delta x\to 0}\dfrac{\alpha}{\Delta x}=0$.

于是 $\lim\limits_{\Delta x\to 0}\dfrac{\Delta y}{\Delta x}=\lim\limits_{\Delta x\to 0}\dfrac{A\Delta x+\alpha}{\Delta x}=\lim\limits_{\Delta x\to 0}\left(A+\dfrac{\alpha}{\Delta x}\right)=A$，即 $f(x)$ 在点 x 处可导，且 $f'(x)=A$.

我们可得如下定理：

定理 2.8 设函数 $y=f(x)$ 在点 x 处可微，则函数 $y=f(x)$ 在点 x 处可导，且 $A=f'(x)$；反之，若函数 $y=f(x)$ 在点 x 处可导，则 $f(x)$ 在点 x 处可微.

由上述定理又可以得到下列两个重要结论：

(1) 函数 $f(x)$ 在点 x 处可微的充要条件是函数 $f(x)$ 在 x 处可导，即可微与可导是等价的.

(2) $\mathrm{d}y=f'(x)\mathrm{d}x$，即函数 $y=f(x)$ 的微分 $\mathrm{d}y$ 等于它的导数 $f'(x)$ 乘以自变量的微分 $\mathrm{d}x$.

注意 $\mathrm{d}y=f'(x)\mathrm{d}x$ 也可以写为 $\dfrac{\mathrm{d}y}{\mathrm{d}x}=f'(x)$.

例 1 设 $y=x^3$，求 $x=1$，$\Delta x=0.01$ 时函数的增量和微分.

解 函数 $y=x^3$ 在点 $x=1$ 处的增量

$$\Delta y=(1+\Delta x)^3-1^3=3\Delta x+3(\Delta x)^2+(\Delta x)^3,$$

当 $\Delta x=0.01$ 时，$\Delta y=3\times0.01+3\times(0.01)^2+(0.01)^3=0.030301$.

函数 $y=x^3$ 在点 $x=1$ 处的微分

$$\mathrm{d}y=f'(1)\Delta x=3x^2\Big|_{x=1}\cdot\Delta x=3\Delta x,$$

当 $\Delta x=0.01$ 时，$\mathrm{d}y=3\times0.01=0.03$.

例 2 求函数 $y=\mathrm{e}^x$ 在点 x 处的微分 $\mathrm{d}y$，并求当 $x=0$ 时的微分 $\mathrm{d}y\Big|_{x=0}$.

解 因为 $y'=\mathrm{e}^x$，所以

$$\mathrm{d}y=\mathrm{e}^x\mathrm{d}x,\ \mathrm{d}y\big|_{x=0}=\mathrm{e}^x\mathrm{d}x\big|_{x=0}=\mathrm{d}x.$$

二、微分的基本公式及其运算

1. 基本初等函数的微分公式

(1) $\mathrm{d}(C)=0$（C 为常数）；

(2) $\mathrm{d}(x^\mu)=\mu x^{\mu-1}\mathrm{d}x$；

(3) $\mathrm{d}(\mathrm{e}^x)=\mathrm{e}^x\mathrm{d}x$；

(4) $\mathrm{d}(a^x)=a^x\ln a\mathrm{d}x$；

(5) $\mathrm{d}(\log_a x)=\dfrac{1}{x\ln a}\mathrm{d}x$；

(6) $\mathrm{d}(\ln x)=\dfrac{1}{x}\mathrm{d}x$；

(7) $\mathrm{d}(\sin x)=\cos x\mathrm{d}x$；

(8) $\mathrm{d}(\cos x)=-\sin x\mathrm{d}x$；

(9) $\mathrm{d}(\tan x)=\sec^2x\mathrm{d}x$；

(10) $\mathrm{d}(\cot x)=-\csc^2x\mathrm{d}x$；

(11) $\mathrm{d}(\sec x)=\sec x\tan x\mathrm{d}x$；

(12) $\mathrm{d}(\csc x)=-\csc x\cot x\mathrm{d}x$；

(13) $\mathrm{d}(\arcsin x)=\dfrac{1}{\sqrt{1-x^2}}\mathrm{d}x$；

(14) $\mathrm{d}(\arccos x)=-\dfrac{1}{\sqrt{1-x^2}}\mathrm{d}x$；

(15) $\mathrm{d}(\arctan x)=\dfrac{1}{1+x^2}\mathrm{d}x$；

(16) $\mathrm{d}(\mathrm{arccot}\,x)=-\dfrac{1}{1+x^2}\mathrm{d}x$.

2. 微分的四则运算

设函数 $u=u(x)$，$v=v(x)$ 可微，则

(1) $\mathrm{d}(u\pm v)=\mathrm{d}u\pm\mathrm{d}v$；

(2) $d(uv)=udv+vdu$;

(3) $d\left(\frac{v}{u}\right)=\frac{udv-vdu}{u^2}(u\neq 0)$.

特别地，$d(Cu)=Cdu$(C为常数).

例3 设$y=3x^3-x^2\ln x$,求dy.

解
$$dy=d(3x^3-x^2\ln x)=3d(x^3)-d(x^2\ln x)$$
$$=9x^2dx-[\ln x d(x^2)+x^2d(\ln x)].$$
$$=9x^2dx-\left(2x\ln x dx+x^2\cdot\frac{1}{x}dx\right)=(9x^2-2x\ln x-x)dx$$

例4 设$y=\frac{\sin x}{x}$，求dy .

解
$$dy=d\left(\frac{\sin x}{x}\right)=\frac{xd(\sin x)-\sin x dx}{x^2}$$
$$=\frac{x\cos x dx-\sin x dx}{x^2}=\frac{x\cos x-\sin x}{x^2}dx.$$

3. 复合函数的微分

设函数$y=f(u)$,$u=\varphi(x)$ 均可微,则 $y=f[\varphi(x)]$ 也可微,且
$$dy=f'(u)\varphi'(x)\,dx.$$

由于$du=\varphi'(x)dx$,所以上式可写为$dy=f'(u)du$.

从上式的形式看,它与$y=f(x)$的微分$dy=f'(x)dx$形式一样,这叫**一阶微分形式不变性**.其意义是:不管u是自变量还是中间变量,函数$y=f(u)$的微分总是$dy=f'(u)du$.

例5 设$y=\sin 2x$,求dy.

解 利用微分形式不变,有
$$dy=\cos 2x d(2x)=2\cos 2x dx.$$

例6 设$y=\arctan x^2$,求dy.

解 $dy=d(\arctan x^2)=\frac{1}{1+(x^2)^2}d(x^2)=\frac{2x}{1+x^4}dx.$

注意 在例6中，显然有$y'=\frac{dy}{dx}=\frac{2x}{1+x^4}$.

为了加深对微分概念的理解,我们介绍一下微分的几何意义.

三、微分的几何意义

如图2.15所示,$PN=dx$,$NM=\Delta y$,$NT=PN\tan\alpha=f'(x)dx$,所以$dy=NT$,即函数$y=f(x)$的微分dy就是曲线$y=f(x)$在点P处的切线在相应x处纵坐标的增量,而Δy就是曲线$y=f(x)$在点x处的纵坐标的增量.

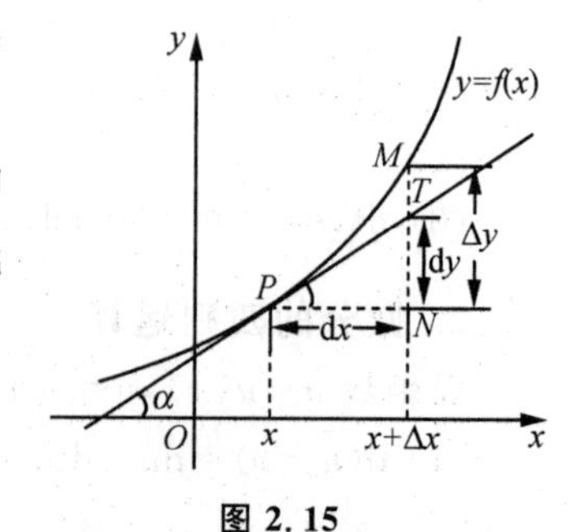

图2.15

习题 2.4

1. 在括号中填入一个函数,使等式成立:

(1) $\cos x\mathrm{d}x=\mathrm{d}(\quad)$;

(2) $x\mathrm{d}x=\mathrm{d}(\quad)$;

(3) $\mathrm{e}^x\mathrm{d}x=\mathrm{d}(\quad)$;

(4) $\frac{1}{\sqrt{x}}\mathrm{d}x=\mathrm{d}(\quad)$;

(5) $\frac{1}{1+x^2}\mathrm{d}x=\mathrm{d}(\quad)$;

(6) $\cos 2x\mathrm{d}x=\mathrm{d}(\quad)$.

2. (1) 求函数 $y=x^3-x$ 在 $x=2$ 处当 $x=0.1$ 时的增量和微分;

(2) 求函数 $y=x^3-x$ 在 $x=2$ 处当 $x=0.01$ 时的增量和微分.

3. 求下列函数的微分:

(1) $y=x^2+\sqrt{x}+1$;

(2) $y=\frac{1}{\sqrt{x^2+1}}$;

(3) $y=\sin x-x\cos x$;

(4) $y=\tan^2(1-x)$;

(5) $y=\frac{1}{x}+2\sqrt{x}$;

(6) $y=x^2\sin 2x$.

本章小结

本章主要介绍了导数和微分的概念及计算方法，并运用导数研究解决了函数的一些重要特性——函数的单调性、极值、最值、曲线的凹凸性和水平渐近线.

1. 基本概念

导数是一种特殊形式的极限，即函数的增量与自变量的增量之比当自变量的增量趋近于零时的极限，它表示函数的变化率，可用于求变量的变化速度.

微分是导数与函数自变量的增量的乘积，即 $\mathrm{d}y=f'(x)\Delta x$.

函数连续、可导、可微三者之间的关系：

(1) 若函数 $y=f(x)$ 在点 x 处可导，则一定在点 x 处可微；反之亦然. 即它们是等价的，但是它们的含义完全不同. 函数的导数与微分之间的关系式为 $\mathrm{d}f(x)=f'(x)\mathrm{d}x$.

(2) 函数在点 x 处可导，则在点 x 处必连续；反之，不一定成立.

2. 基本方法

求初等函数导数的方法：主要是运用基本初等函数的导数公式和四则运算的求导法则以及复合函数的求导法则，并遵循由外往里，逐层求导的原则进行计算.

求高阶导数和微分的方法：与求导数的方法类似.

3. 基本应用

运用导数解决函数的单调性、驻点、极值、最值和曲线的凹凸性、拐点、水平渐近线.

复习题二

1. 当物体的温度高于周围介质的温度时，物体就不断地冷却，若物体的温度 T 与时间 t 的函数关系为 $T=T(t)$，问怎样确定物体在任意时刻 t 的冷却速度？

2. 在化学反应中，物质的质量 m 与时间 t 的关系是 $m=m_0\mathrm{e}^{-kt}$，试证明：物质的分解速度与物质的质量成正比（m_0 是化学反应开始时物体的质量，k 是正的常数）.

3. 求抛物线 $y=x^2$ 在点 $A(1,1)$ 和点 $B(-2,4)$ 处的切线方程.

4. 求曲线 $y=x^3+2x-1$ 在点$(1,2)$处的切线方程.

5. 试确定曲线 $y=\ln x$ 在哪些点的切线平行于下列直线：

(1) $y=x-1$；　　(2) $y=2x-3$.

6. 已知物体做直线运动的方程为 $s=t^3+2t-3$，求物体在 $t=3$ 时的速度和加速度.

7. 求下列函数在给定点的导数值：

(1) $f(x)=1+x-2x^2$，求 $f'(0)$；　　(2) $f(x)=2+\sqrt[3]{x^2}-x$，求 $f'(1)$.

8. 求下列函数的导数：

(1) $y=3x-\dfrac{1}{x}+x^3$；　　(2) $y=x\sin x\ln x$；

(3) $y=\dfrac{1+\sin x}{1+\cos x}$.

9. 求下列函数的导数：

(1) $y=\sqrt{\tan\frac{x}{2}}$；

(2) $y=\sin\sqrt{1+x^2}$；

(3) $y=\ln[\ln(\ln x)]$；

(4) $y=\mathrm{e}^x\sqrt{1-\mathrm{e}^{2x}}+\arcsin\mathrm{e}^x$.

10. 求下列方程确定的隐函数的导数$\frac{\mathrm{d}y}{\mathrm{d}x}$：

(1) $y=1-x\mathrm{e}^y$；

(2) $x^3+y^3-3xy=0$.

11. 求下列函数的二阶导数：

(1) $y=\ln(1-x^2)$；

(2) $y=x\mathrm{e}^{x^2}$；

(3) $y=\frac{\mathrm{e}^x}{x}$.

12. 求 $y=\frac{1}{x}$在 $x=1$ 处的二阶导数值.

13. 求下列函数的 n 阶导数：

(1) $y=x\ln x$；

(2) $y=\sin^2 x$.

14. 设 $f(x)=\begin{cases}x^2, & x\geqslant 3,\\ ax+b, & x<3,\end{cases}$ 试确定 a,b 的值，使 $f(x)$ 在 $x=3$ 处可导.

15. 求下列函数的微分：

(1) $y=\dfrac{x}{\sqrt{x^2+1}}$；

(2) $y=x\ln x-\dfrac{1}{x}$；

(3) $y=\mathrm{e}^{-x}\cos(3-x)$；

(4) $y=\cot^2(1-2x)$.

16. 求下列函数的单调区间：

(1) $f(x)=2x^2-\ln x$；

(2) $f(x)=(2x+1)^2(x-2)^3$.

17. 求下列函数的极值：

(1) $y=(x+1)^2\mathrm{e}^{-x}$；

(2) $y=(x-1)(x+2)^3$.

18. 求下列函数在给定区间上的最大值和最小值：

(1) $f(x)=\mathrm{e}^{x^3}$，$[0,1]$；

(2) $f(x)=\dfrac{1-x+x^2}{1+x-x^2}$，$[0,1]$.

19. 把长为 l 的线段截为两段，问怎样截法才能使以这两段线为边所组成的矩形的面积最大？

20. 将 8 分成两数之和，问如何分才能使两数的立方之和为最小？

21. 甲船位于乙船以东 75 海里，现以 12 海里/时的速度向西行驶，而乙船以 6 海里/时的速度向北行驶. 问经过多少小时，两船相距最近？

22. 求曲线 $y=\frac{1}{1+x^2}$ 的凹凸区间和拐点.

第3章　积分及其应用

上一章我们讨论了一元函数的微分学，本章我们将讨论一元函数的积分学，一元函数积分学包括不定积分与定积分两部分内容．我们将介绍积分学中的基本概念、基本性质、基本公式、基本方法及其应用．

§3.1　定积分

一、两个经典的实例

实例1　曲边梯形的面积

在初等数学中，我们已经学会计算直边图形（如矩形、梯形、正六边形等）及圆的面积，但是，对于任意曲线所围成的平面图形的面积就不会计算了．

事实上，要计算任意曲线所围成的平面图形的面积，首先必须解决曲边梯形的面积的计算问题．什么是曲边梯形呢？如图3.1所示，**曲边梯形**是指在直角坐标系下，由闭区间$[a, b]$上的连续曲线 $y=f(x)\geqslant 0$，直线 $x=a$，$x=b$ 与 x 轴围成的平面图形 $MabN$．

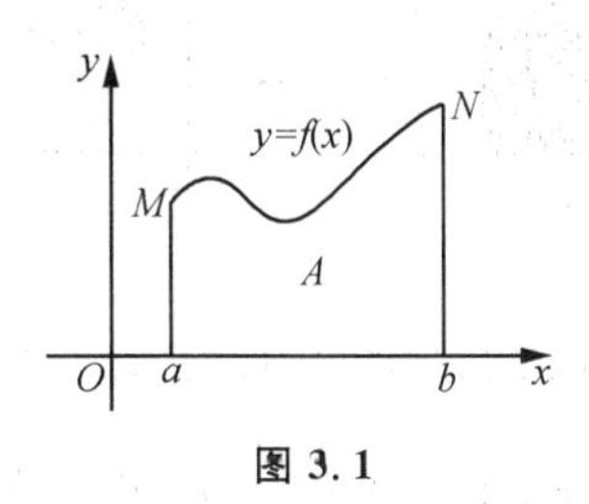

图 3.1

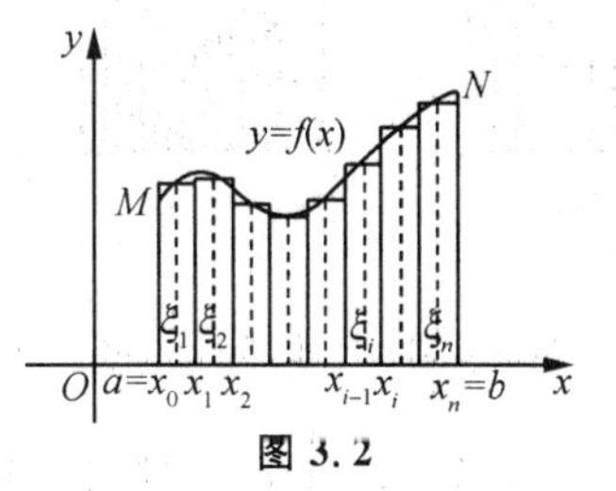

图 3.2

我们可以按照下列四个步骤来计算出曲边梯形的面积 A．

(1) 分割．

在区间$[a, b]$上任意插入 $n+1$ 个分点：

$$a=x_0<x_1<x_2<\cdots<x_{i-1}<x_i<\cdots<x_{n-1}<x_n=b,$$

把区间$[a, b]$分成 n 个小区间：

$$[x_0, x_1],[x_1, x_2],\cdots,[x_{i-1}, x_i],\cdots,[x_{n-1}, x_n],$$

这些小区间的长度分别记为

$$\Delta x_1=x_1-x_0,\Delta x_2=x_2-x_1,\cdots,\Delta x_i=x_i-x_{i-1},\cdots,\Delta x_n=x_n-x_{n-1}.$$

过每个分点作垂直于 x 轴的直线，则把曲边梯形分割成了 n 个小曲边

梯形.

(2) 近似代替.

在每个小区间$[x_{i-1}, x_i]$上取一点$\xi_i(x_{i-1}\leqslant\xi_i\leqslant x_i)$，以$f(\xi_i)$为高，$\Delta x_i$为底作小矩形，用小矩形面积$f(\xi_i)\Delta x_i$近似代替相应的小曲边梯形面积$\Delta A_i$，即

$$\Delta A_i\approx f(\xi_i)\Delta x_i(i=1,2,3,\cdots,n).$$

(3) 求和.

把n个小矩形面积相加，就得到曲边梯形面积A的近似值，即

$$A\approx f(\xi_1)\Delta x_1+f(\xi_2)\Delta x_2+\cdots+f(\xi_n)\Delta x_n=\sum_{i=1}^{n}f(\xi_i)\Delta x_i.$$

(4) 取极限.

我们将上面求得的和式记为$\sum_1$，显然，$\sum_1$是所求面积A的近似值，如图 3.3(a)所示. 为了提高精确度，我们可以重复前面三步“分割、近似代替、求和”，当然必须将曲边梯形分割得更细一些，如图 3.3(b)所示，此时，又求得和式$\sum_2$. 可以看出，$\sum_2$显然比$\sum_1$更接近于面积A，但$\sum_2$还是面积A的近似值. 同样，我们还可以得到和式$\sum_3$，如图 3.3(c)所示，$\sum_3$显然又比$\sum_2$更接近于面积A……如此下去，我们得到的和式$\sum$将越来越接近于面积A. 但如果仅对曲边梯形作有限的分割，得到的和式总是面积A的近似值. 要得到面积A的精确值，就必须进行无限细密的分割，在这个永无止境的分割过程中，如果和式$\sum$有极限，即和式$\sum$无限趋近于一个常数，可以想象，这个常数就是所求面积A的精确值.

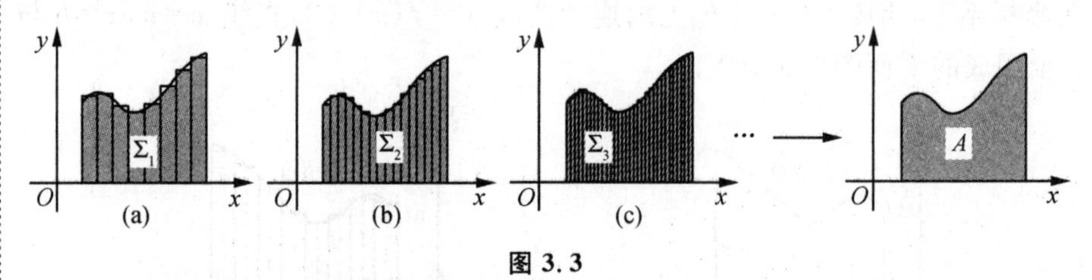

图 3.3

为了使得分割无限细密，我们设小区间的最大长度为λ(即$\lambda=\max\{\Delta x_i\}$)，当$\lambda$趋近于 0 时，若和式$\sum_{i=1}^{n}f(\xi_i)\Delta x_i$有极限，则这个极限值就是曲边梯形面积$A$的精确值，即

$$A=\lim_{\lambda\to 0}\sum_{i=1}^{n}f(\xi_i)\Delta x_i.$$

上面的事实说明，曲边梯形的面积A是一个和式极限，这个极限值就叫作定积分. 积就是积累的意思，普通的加法是一种积累，但定积分是一种无限积累.

实例 2　变速直线运动的路程

设某物体做直线运动，已知速度$v=v(t)$是时间t的连续函数，计算在时

间间隔$[T_1,T_2]$上物体所经过的路程 s.

如果物体做匀速直线运动，显然，路程 $s=v\times(T_2-T_1)$. 但是，如果物体做变速直线运动，路程就不能这样计算了. 此时，我们可以按照下列想法来计算路程 s.

考虑到速度函数 $v=v(t)$是连续变化的，如图 3.4 所示，我们可以把时间区间$[T_1,T_2]$分割成若干个微小段，其实也就是把所求的路程 s 分割成了若干小段. 在每个微小段时间内，虽然物体在做变速运动，但速度的变化很小，我们可以近似地视物体在做匀速运动，并且用匀速运动的路程来代替变速直线运动的路程，从而计算出每一微小段路程的近似值. 再将这些近似值相加得到一个和式，这个和式可以作为路程 s 的近似值. 但要得到路程 s 的精确值，就必须进行无限细密的分割，在这个永无止境的分割过程中，如果和式有极限，即和式无限趋近于一个常数，可以想象，这个常数就是所求路程 s 的精确值.

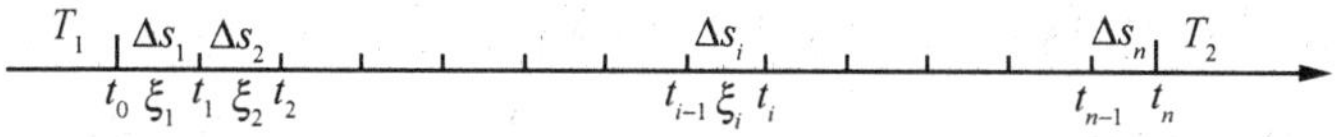

图 3.4

以上解决问题的方法与实例 1 中的方法完全类似，也可以按照下列四个步骤来计算出变速直线运动的路程 s：

(1) 分割.

在区间$[T_1,T_2]$上任意插入 $n+1$ 个分点：$T_1=t_0<t_1<t_2<\cdots<t_{i-1}<t_i<\cdots<t_{n-1}<t_n=T_2$，把区间$[T_1,T_2]$分割成 n 个微小段：$[t_0, t_1]$，$[t_1, t_2]$，$\cdots$，$[t_{i-1}, t_i]$，$\cdots$，$[t_{n-1}, t_n]$. 每小段时间的长记为$(\Delta t_i=t_i-t_{i-1}, i=1,2,\cdots,n)$. 所求的路程 s 也被分割成 n 个微小段路程 $\Delta s_i(i=1,2,\cdots,n)$.

(2) 近似代替.

在每个微小段时间$[t_{i-1}, t_i]$上，近似地视物体在做匀速运动，并任取时刻 $\xi_i\in[t_{i-1},t_i]$，以 $v(\xi_i)$作为匀速运动的平均速度，作乘积 $v(\xi_i)\Delta t_i$，则得到该小段时间内物体所走的路程(s_i 的近似值，即 $\Delta s_i\approx v(\xi_i)\Delta t_i, i=1,2,3,\cdots,n$).

(3) 求和.

将上面所得到的这些近似值相加，就得到整段路程 s 的近似值，即

$$s=\sum_{i=1}^{n}\Delta s_i\approx\sum_{i=1}^{n}v(\xi_i)\Delta t_i.$$

(4) 取极限.

当 $\lambda=\max\{\Delta t_i\}\to 0$ 时，如果和式 $\sum\limits_{i=1}^{n}v(\xi_i)\Delta t_i$ 有极限，则这个极限值就是路程 s 的精确值，即

$$s=\lim_{\lambda\to 0}\sum_{i=1}^{n}v(\xi_i)\Delta t_i.$$

上面的事实说明，变速直线运动的路程 s 也是一个和式的极限.

从上面两个实例可以看出，虽然所要计算的曲边梯形的面积 A 与变速直线运动的路程 s 的实际意义完全不同，但是，它们归结成的数学模型却是完全

一致的.在科学技术方面还有许多问题也都归结于这种和式极限,为此,我们抽象概括出定积分的概念.回顾历史,定积分概念的产生与这两个实例有着密不可分的直接关系.

二、定积分的定义

定义 3.1 设函数 $f(x)$在区间$[a, b]$上有定义,任意取分点

$$a=x_0< x_1< x_2<\cdots< x_{i-1}< x_i< \cdots < x_{n-1}< x_n=b,$$

将区间$[a, b]$分为 n 个小区间$[x_{i-1}, x_i](i=1,2,3,\cdots,n)$,其长度记为

$$\Delta x_i=x_i-x_{i-1}(i=1, 2, 3, \cdots, n).$$

在每个小区间$[x_{i-1}, x_i]$上,任取一点 $\xi_i(x_{i-1}\leqslant\xi_i\leqslant x_i)$,作乘积 $f(\xi_i)\Delta x_i$,得和式

$$f(\xi_1)\Delta x_1+f(\xi_2)\Delta x_2+\cdots+f(\xi_n)\Delta x_n=\sum_{i=1}^{n} f(\xi_i)\Delta x_i.$$

当 n 无限增大,且 $\lambda=\max\{\Delta x_i\}$趋近于零时,如果上述和式的极限存在,那么称此极限值为函数 $f(x)$在区间$[a, b]$上的定积分,记作 $\int_a^b f(x)\mathrm{d}x$,即

$$\int_a^b f(x)\mathrm{d}x=\lim_{\lambda\to 0}\sum_{i=1}^{n} f(\xi_i)\Delta x_i.$$

这时,我们也说函数 $f(x)$在区间 $[a, b]$上**可积**,并且称 $f(x)$为**被积函数**,$f(x)\mathrm{d}x$ 为**被积表达式或被积分式**,x 为**积分变量**,区间$[a, b]$为**积分区间**,a 与 b 分别为**积分下限与积分上限**.

有了这个定义,再回到前面的两个实例,不难得出:

(1) 曲边梯形的面积 $A=\int_a^b f(x)\mathrm{d}x$;

(2) 变速直线运动的路程 $s=\int_{T_1}^{T_2} v(t)\mathrm{d}t$.

关于定积分的定义作以下两点说明:

(1) 定积分是一个数,它只与被积函数和积分上、下限有关,而与$[a, b]$的分割及点 ξ_i 的取法无关,也与积分变量使用什么字母表示无关,即

$$\int_a^b f(x)\mathrm{d}x=\int_a^b f(t)\mathrm{d}t=\int_a^b f(u)\mathrm{d}u.$$

(2) 在定义中积分下限 a 小于积分上限 b,我们补充如下规定:

当 $a>b$ 时,$\int_a^b f(x)\mathrm{d}x=-\int_b^a f(x)\mathrm{d}x$;当 $a=b$ 时,$\int_a^b f(x)\mathrm{d}x=0$.

三、定积分的几何意义

对于定积分 $\int_a^b f(x)\mathrm{d}x$,根据前面的讨论,我们可以得到它的几何意义:

(1) 若在$[a, b]$上 $f(x)\geqslant 0$,即曲边梯形在 x 轴上方,如图 3.5 所示,则定积分等于由曲线 $y=f(x)$,直线 $x=a$,$x=b$ 及 x 轴所围成的曲边梯形的面积

A，即

$$\int_a^b f(x)\mathrm{d}x=A.$$

(2) 若在$[a, b]$上 $f(x)\leqslant 0$，即曲边梯形在 x 轴下方，如图 3.6 所示，则

$$\int_a^b f(x)\mathrm{d}x=-A.$$

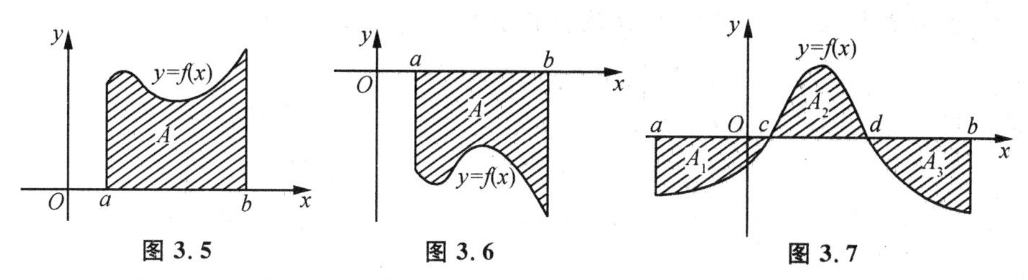

图 3.5　图 3.6　图 3.7

(3) 若 $f(x)$在$[a,b]$上有正有负，如图 3.7 所示，则定积分就等于曲线 $y=f(x)$在 x 轴上方部分与下方部分面积的代数和，即

$$\int_a^b f(x)\mathrm{d}x=-A_1+A_2-A_3,$$

其中 A_1,A_2,A_3 分别表示图 3.7 中所对应的阴影部分的面积.

四、定积分的性质

下面我们介绍定积分的基本性质. 在各性质中积分上、下限的大小，如无特别说明，均不加限制，并假定各性质中所列出的定积分都是存在的.

性质 3.1　函数的和(差)的定积分等于它们的定积分的和(差)，即

$$\int_a^b [f(x)\pm g(x)]\mathrm{d}x=\int_a^b f(x)\mathrm{d}x\pm\int_a^b g(x)\mathrm{d}x.$$

性质 3.1 对于任意有限个函数都是成立的.

性质 3.2　被积函数的常数因子可以提到积分号外面，即

$$\int_a^b kf(x)\mathrm{d}x=k\int_a^b f(x)\mathrm{d}x\ (k\text{ 为常数}).$$

性质 3.3(积分区间的分割性质)　若 $a<c<b$，则

$$\int_a^b f(x)\mathrm{d}x=\int_a^c f(x)\mathrm{d}x+\int_c^b f(x)\mathrm{d}x.$$

注意　当 c 不在 a 与 b 之间，即 $c<a<b$ 或 $a<b<c$ 时，上面的等式仍然成立.

习题 3.1

1. 利用定积分的几何意义,判断下列积分值的正负号:

(1) $\int_0^{\frac{\pi}{2}} \cos x\mathrm{d}x$;　　(2) $\int_0^{\frac{3\pi}{2}} \sin x\mathrm{d}x$;

(3) $\int_{\frac{1}{e}}^1 \ln x\mathrm{d}x$;　　(4) $\int_{-2}^{-1} \frac{1}{x}\mathrm{d}x$.

2. 用定积分表示下列各图中阴影部分的面积:

(1)

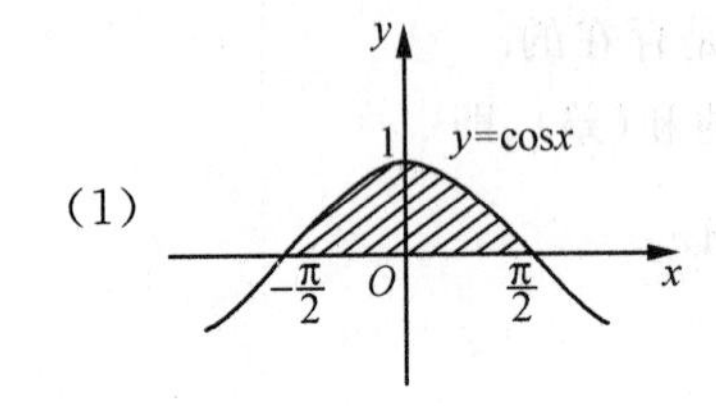

(2)

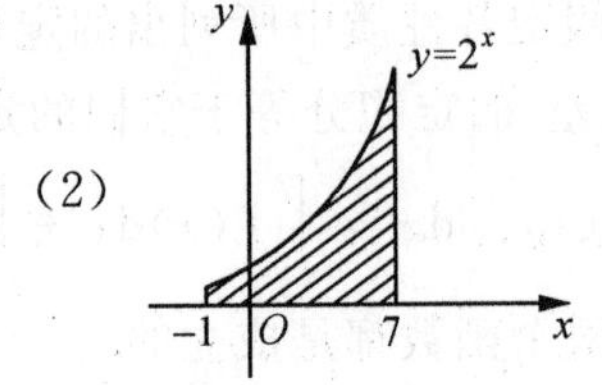

(3)

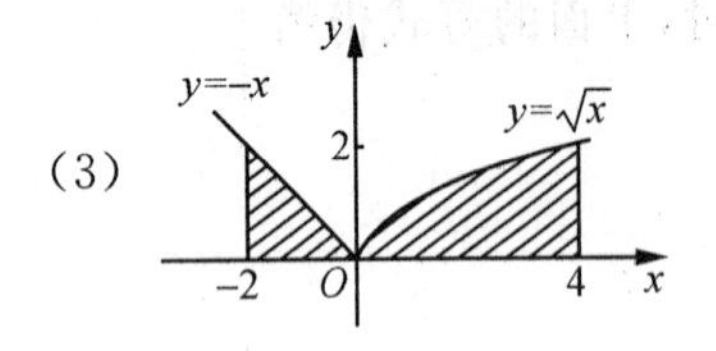

(4)

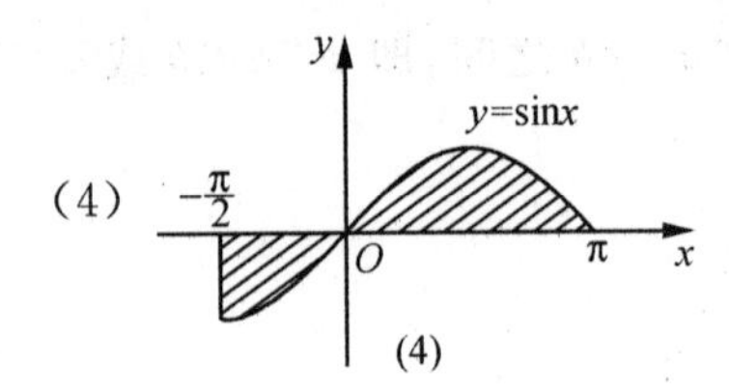

3. 利用定积分的几何意义证明下列各等式：

(1) $\int_0^2 x\mathrm{d}x = 2$；　　(2) $\int_{-\pi}^{\pi} \sin x\mathrm{d}x=0$；

(3) $\int_a^b \mathrm{d}x=b-a$；　　(4) $\int_0^1 \sqrt{1-x^2}\mathrm{d}x=\frac{\pi}{4}$.

4. 设函数 $f(x)$在对称区间$[-a,a]$上连续，利用定积分的几何意义证明：

(1) 当 $f(x)$为偶函数时，则 $\int_{-a}^{a} f(x)\mathrm{d}x = 2\int_0^a f(x)\mathrm{d}x$；

(2) 当 $f(x)$为奇函数时，则 $\int_{-a}^{a} f(x)\mathrm{d}x=0$.

§3.2 不定积分

如果利用定积分的定义来求定积分，会遇到非常麻烦的计算过程. 为了解决定积分的计算问题，找到行之有效的计算方法，必须先学习另外一种积分——不定积分.

一、原函数与不定积分的概念

定义 3.2 设 $f(x)$在区间 I 上有定义，若存在可导函数 $F(x)$，使得对任意的 $x\in I$，有

$$F'(x)=f(x),$$

则称 $F(x)$为 $f(x)$在区间 I 上的一个**原函数**.

例如，因为$(\sin x)'=\cos x$，所以 $\sin x$ 是 $\cos x$ 的一个原函数；因为$(\sin x+1)'=\cos x$，所以 $\sin x+1$ 也是 $\cos x$ 的一个原函数；因为$(\sin x+C)'=\cos x$，所以 $\sin x+C$（C 为任意常数）同样是 $\cos x$ 的原函数.

一般地，如果 $F(x)$是 $f(x)$的一个原函数，那么 $F(x)+C$ 就是 $f(x)$的全部原函数，其中 C 为任意常数.

定义 3.3 设 $F(x)$是 $f(x)$的一个原函数，则称 $f(x)$的全体原函数 $F(x)+C$ 为$f(x)$的不定积分，记为 $\int f(x)\mathrm{d}x$ ，即

$$\int f(x)\mathrm{d}x=F(x)+C.$$

这时也说函数 $f(x)$可积. 另外，$\int$ 为**积分号**，x 叫作**积分变量**，$f(x)$叫作**被积函数**，$f(x)\mathrm{d}x$ 叫作**被积表达式**（或**被积分式**），任意常数 C 叫作**积分常数**.

注意 (1) $\int f(x)\mathrm{d}x=F(x)+C$ 中的积分常数 C 是不可疏漏的.

(2) 要正确区分 $\int f(x)\mathrm{d}x$ 与$\int_a^b f(x)\mathrm{d}x$ 这两个记号，前者是一族函数，而后者是一个实数.

下面我们先来看两个简单的例子.

例 1 求 $\int \cos x\mathrm{d}x$.

解 因为$(\sin x)'=\cos x$，所以 $\int \cos x\mathrm{d}x=\sin x+C$.

例 2 求 $\int x^t\mathrm{d}x\ (t\neq-1)$.

解 因为当 $t\neq-1$ 时，有$\left(\frac{1}{1+t}x^{t+1}\right)'=x^t$，所以 $\int x^t\mathrm{d}x=\frac{1}{1+t}x^{t+1}+C$.

由原函数和不定积分的定义可知，求不定积分的运算与求导数（或微分）的运算正好是逆运算的关系，即

(1) $\left[\int f(x)\mathrm{d}x\right]'=f(x)$ 或 $\mathrm{d}\int f(x)\mathrm{d}x=f(x)\mathrm{d}x$；

(2) $\int f'(x)\mathrm{d}x=f(x)+C$ 或 $\int \mathrm{d}f(x)=f(x)+C$.

求导数的过程是：原函数$\xrightarrow{\text{求导}}$导函数.

求不定积分的过程：导函数$\xrightarrow{\text{积分}}$原函数.

二、不定积分的基本公式

由导数的基本公式及不定积分的定义，可得到不定积分的基本公式：

函数类型	积分的基本公式	
常函数	(1) $\int k\mathrm{d}x=kx+C$	
幂函数	(2) $\int x^t\mathrm{d}x=\frac{1}{1+t}x^{t+1}+C(t\neq -1)$	(3) $\int \frac{1}{x}\mathrm{d}x=\ln\lvert x\rvert+C$
指数函数	(4) $\int a^x\mathrm{d}x=\frac{1}{\ln a}a^x+C$	(5) $\int \mathrm{e}^x\mathrm{d}x=\mathrm{e}^x+C$
三角函数	(6) $\int \sin x\mathrm{d}x=-\cos x+C$	(7) $\int \cos x\mathrm{d}x=\sin x+C$
与三角函数有关的函数	(8) $\int \sec^2 x\mathrm{d}x=\tan x+C$	(9) $\int \csc^2 x\mathrm{d}x=-\cot x+C$
	(10) $\int \sec x\tan x\mathrm{d}x=\sec x+C$	(11) $\int \csc x\cot x\mathrm{d}x=-\csc x+C$
其他函数	(12) $\int \frac{1}{\sqrt{1-x^2}}\mathrm{d}x=\arcsin x+C$	
	(13) $\int \frac{1}{1+x^2}\mathrm{d}x=\arctan x+C$	

上述公式是最基本的积分公式，它的作用类似于算术运算中的“九九表”，如果“九九表”记得不熟，要顺利地进行乘法的手算或心算将是一件很难想象的事情. 同样的道理，如果上述积分基本公式记得不熟，不定积分的计算就无法进行下去. 今后我们在计算不定积分时，最终都要化为积分基本公式表中的形式. 因此，必须熟记上述基本公式.

例3 求下列不定积分：

(1) $\int \frac{1}{x^2}\mathrm{d}x$；　　(2) $\int x^2\sqrt{x}\mathrm{d}x$；

(3) $\int \frac{1}{x\sqrt[3]{x}}\mathrm{d}x$.

解 (1) $\int \frac{1}{x^2}\mathrm{d}x=\int x^{-2}\mathrm{d}x=\frac{x^{-2+1}}{-2+1}+C=-\frac{1}{x}+C$.

(2) $\int x^2\sqrt{x}\mathrm{d}x=\int x^{\frac{5}{2}}\mathrm{d}x=\dfrac{x^{\frac{5}{2}+1}}{\frac{5}{2}+1}+C=\dfrac{2}{7}x^{\frac{7}{2}}+C.$

(3) $\int\dfrac{1}{x\sqrt[3]{x}}\mathrm{d}x=\int x^{-\frac{4}{3}}\mathrm{d}x=\dfrac{x^{-\frac{4}{3}+1}}{-\frac{4}{3}+1}+C=-3x^{-\frac{1}{3}}+C.$

三、不定积分的性质

性质 3.4 $\int kf(x)\mathrm{d}x=k\int f(x)\mathrm{d}x$ (k 为非零常数).

性质 3.5 $\int[f(x)\pm g(x)]\mathrm{d}x=\int f(x)\mathrm{d}x\pm\int g(x)\mathrm{d}x$.

说明 性质 3.5 对于有限个函数的和都是成立的.

请读者思考:在性质 3.4 中,为什么要求常数 k 不等于零? 假设 $k=0$,想一想,性质 3.4 中的等式会成立吗?

例 4 计算下列积分:

(1) $\int(\sin x+x^3-\mathrm{e}^x)\mathrm{d}x$;　　(2) $\int(1+\sqrt[3]{x})^2\mathrm{d}x$;

(3) $\int\cos^2\dfrac{x}{2}\mathrm{d}x$;　　(4) $\int(5^x+\tan^2x)\mathrm{d}x$.

解 (1) $\int(\sin x+x^3-\mathrm{e}^x)\mathrm{d}x=\int\sin\mathrm{d}x+\int x^3\mathrm{d}x-\int\mathrm{e}^x\mathrm{d}x$

$$=-\cos x+\frac{1}{4}x^4-\mathrm{e}^x+C.$$

(2) $\int(1+\sqrt[3]{x})^2\mathrm{d}x=\int(1+2x^{\frac{1}{3}}+x^{\frac{2}{3}})\mathrm{d}x$

$$=x+\frac{3}{2}x^{\frac{4}{3}}+\frac{3}{5}x^{\frac{5}{3}}+C.$$

(3) $\int\cos^2\dfrac{x}{2}\mathrm{d}x=\int\dfrac{1+\cos x}{2}\mathrm{d}x$

$$=\frac{1}{2}\int\mathrm{d}x+\frac{1}{2}\int\cos x\mathrm{d}x$$

$$=\frac{1}{2}x+\frac{1}{2}\sin x+C.$$

(4) $\int(5^x+\tan^2x)\mathrm{d}x=\int5^x\mathrm{d}x+\int(\sec^2x-1)\mathrm{d}x$

$$=\frac{1}{\ln5}5^x+\tan x-x+C.$$

习题 3.2

1. 验证 $e^{\sin x}$ 是 $e^{\sin x}\cos x$ 的一个原函数.

2. 求出下列函数的一个原函数：

(1) x^3；(2) $\sin x$；

(3) x；(4) $\frac{1}{2}x^2$.

3. 求下列不定积分：

(1) $\int x^{2018}\mathrm{d}x$；(2) $\int \frac{1}{x^5}\mathrm{d}x$；

(3) $\int \sqrt{x}\mathrm{d}x$；(4) $\int x^4\sqrt{x}\,\mathrm{d}x$；

(5) $\int \frac{1}{x\sqrt{x}}\mathrm{d}x$；(6) $\int \frac{\sqrt[3]{x}}{x^3\sqrt{x}}\mathrm{d}x$.

4. 求下列不定积分：

(1) $\int 2x^7\mathrm{d}x$；

(2) $\int\left(6x^2-\frac{2}{x^2}\right)\mathrm{d}x$；

(3) $\int(\mathrm{e}^x+5)\mathrm{d}x$；

(4) $\int(2\cos x-7\sin x)\mathrm{d}x$；

(5) $\int(2-3x+4x^3)\mathrm{d}x$；

(6) $\int(3x+1)(x-1)\mathrm{d}x$；

(7) $\int\frac{2x+\sqrt{x}+1}{x}\mathrm{d}x$；

(8) $\int\frac{\cos 2x}{\cos x-\sin x}\mathrm{d}x$；

(9) $\int\frac{2x^2+1}{x^2(1+x^2)}\mathrm{d}x$；

(10) $\int\frac{x^4}{1+x^2}\mathrm{d}x$.

§3.3 积分的计算方法

前面我们已经给出了定积分的定义和性质，也讨论了不定积分的定义、公式和计算，本节再次深入讨论它们的计算问题. 前面我们说过，如果利用定积分的定义来求定积分，会遇到非常麻烦的计算过程. 为了比较方便地将定积分计算出来，英国科学家牛顿和德国数学家莱布尼茨经过各自独立的研究，发现了微积分中的一个基本公式，这就是我们下面将要介绍的内容.

一、微积分基本公式

定理 3.1 如果函数 $F(x)$ 是连续函数 $f(x)$ 在区间 $[a, b]$ 上的一个原函数，那么

$$\int_a^b f(x)\mathrm{d}x = F(b) - F(a).$$

上式称为**微积分的基本公式**，也叫作**牛顿-莱布尼茨公式**.

为了今后使用这个公式方便起见，把公式右端的 $F(b)-F(a)$ 记作 $F(x)\Big|_a^b$ 或 $[F(x)]_a^b$，于是微积分的基本公式还可写成如下形式：

$$\int_a^b f(x)\mathrm{d}x = F(x)\Big|_a^b = [F(x)]_a^b = F(b)-F(a).$$

此公式的重要意义在于：只要求出被积函数 $f(x)$ 在 $[a, b]$ 上的一个原函数 $F(x)$，就可以计算出定积分 $\int_a^b f(x)\mathrm{d}x$.

例 1 计算下列定积分：

(1) $\int_0^1 x^2\,\mathrm{d}x$；　　(2) $\int_1^{\sqrt{3}} \frac{1}{1+x^2}\,\mathrm{d}x$.

解 (1) 因为 $\frac{1}{3}x^3$ 是 x^2 的一个原函数，所以

$$\int_0^1 x^2\mathrm{d}x = \frac{1}{3}x^3\Big|_0^1 = \frac{1}{3}.$$

(2) 由于 $\arctan x$ 是 $\frac{1}{1+x^2}$ 的一个原函数，则

$$\int_1^{\sqrt{3}} \frac{1}{1+x^2}\mathrm{d}x = \arctan x\Big|_1^{\sqrt{3}} = \arctan\sqrt{3} - \arctan 1$$

$$= \frac{\pi}{3} - \frac{\pi}{4} = \frac{\pi}{12}.$$

例 2 计算 $\int_{-1}^1 |x|\,\mathrm{d}x$.

解 由定积分的性质 3.3，得

$$\int_{-1}^1 |x|\,\mathrm{d}x = \int_{-1}^0 |x|\,\mathrm{d}x + \int_0^1 |x|\,\mathrm{d}x$$

$$=\int_{-1}^{0}(-x)\mathrm{d}x+\int_{0}^{1}x\mathrm{d}x$$

$$=\left(-\frac{1}{2}x^2\right)\Big|_{-1}^{0}+\left(\frac{1}{2}x^2\right)\Big|_{0}^{1}=\frac{1}{2}+\frac{1}{2}=1.$$

在上面(包括上一节)的例子中,我们是直接利用积分的基本公式和性质求积分,我们把这种方法叫作**直接积分法**.

其实,我们也看到,直接积分法并不“直接”,还需利用初等数学的知识对被积函数进行恒等变形,如在上一节的例4中,就用到了代数及三角等知识.

积分的计算比导数的计算更难掌握,因为求积分时,通常需要进行恒等变形,它不但会涉及初等数学中的基础知识(关于这一点我们刚才已经提到了),还会涉及高等数学中的微分知识(关于这一点我们在下面的内容中即将介绍).

总之,要掌握好积分的计算,不但需要掌握一定的基础知识,平时还要多练习多总结,方能做到熟能生巧.

▶▶二、换元积分法

1. 第一换元积分法

我们先来看下面的例子.

引例 计算 $\int\cos3x\mathrm{d}x$.

在积分基本公式中只有 $\int\cos x\mathrm{d}x=\sin x+C$. 为了使用这个公式,可进行如下变换:

$$\int\cos3x\mathrm{d}x=\int\cos3x\cdot\frac{1}{3}\mathrm{d}(3x)\xlongequal{\text{令 }3x=u}\frac{1}{3}\int\cos u\mathrm{d}u$$

$$=\frac{1}{3}\sin u+C\xlongequal{\text{回代 }u=3x}\frac{1}{3}\sin3x+C,$$

因为 $\left(\frac{1}{3}\sin3x+C\right)'=\cos3x$,所以 $\int\cos3x\mathrm{d}x=\frac{1}{3}\sin3x+C$ 是正确的.

一般地,可得到如下定理:

定理3.2 若 $f(u)$ 存在原函数 $F(u)$,$u=\varphi(x)$ 存在连续导数 $\varphi'(x)$,则

$$\int f(\varphi(x))\varphi'(x)\mathrm{d}x=\int f(\varphi(x))\mathrm{d}\varphi(x)$$

$$=\int f(u)\mathrm{d}u=F(u)+C=F(\varphi(x))+C.$$

用上式求积分的方法叫作**第一换元积分法**.

下面我们以具体的例子来说明如何使用第一换元积分法.

例3 计算 $\int(x+5)^{10}\mathrm{d}x$.

解 如果注意到 $\mathrm{d}x=\mathrm{d}(x+5)$ 这个微分变形,就可利用第一换元积分法.

$$\int(x+5)^{10}\mathrm{d}x=\int(x+5)^{10}\mathrm{d}(x+5)\xlongequal{令 x+5=u}\int u^{10}\mathrm{d}u$$

$$\xlongequal[本公式(2)]{用积分基}\frac{1}{11}u^{11}+C\xlongequal{回代}\frac{1}{11}(x+5)^{11}+C.$$

需要指出的是：在今后积分的计算过程中，可以根据解题的需要，在微分 $\mathrm{d}x$ 的变量 x 后面加上一个想加的常数 C，使得 $\mathrm{d}x=\mathrm{d}(x+C)$.

例 4 计算 $\int \mathrm{e}^{\sin x}\cos x\mathrm{d}x$.

解 如果把被积表达式中的 $\cos x\mathrm{d}x$ 凑成 $\mathrm{d}(\sin x)$，其恒等关系式为 $\cos x\mathrm{d}x=\mathrm{d}(\sin x)$，则

$$\int \mathrm{e}^{\sin x}\cos x\mathrm{d}x=\int \mathrm{e}^{\sin x}\mathrm{d}(\sin x)\xlongequal{令 \sin x=u}\int \mathrm{e}^{u}\mathrm{d}u$$

$$\xlongequal{用积分基本公式(5)}\mathrm{e}^{u}+C=\mathrm{e}^{\sin x}+C.$$

我们从上面的例子中看到，第一换元积分法的关键在于：必须对被积表达式进行微分的恒等变形，如例 3 中的 $\mathrm{d}x=\mathrm{d}(x+5)$，例 4 中的 $\cos x\mathrm{d}x=\mathrm{d}(\sin x)$，我们把这种恒等变形叫作**凑微分**. 正因为如此，第一换元积分法又形象地被称为**凑微分法**.

总结一下凑微分法的解题思路，主要是要完成下面两个“规定动作”：

第一步凑微分：在被积表达式中凑出一个函数 $\varphi(x)$ 的微分，即 $\mathrm{d}\varphi(x)$，并把微分符号 d 里面的函数 $\varphi(x)$ 作为一个新的积分变量 u.

第二步用公式：在新的积分变量 u 下，使用积分基本公式求出积分.

为了用好凑微分法，我们要记住几个最常用的凑微分式子：

$\mathrm{d}x=\frac{1}{a}\mathrm{d}(ax+b)$（其中 $a\neq 0$）；$x\mathrm{d}x=\frac{1}{2}\mathrm{d}(x^2)$；$\mathrm{e}^x\mathrm{d}x=\mathrm{d}(\mathrm{e}^x)$；

$\sin x\mathrm{d}x=-\mathrm{d}(\cos x)$；$\cos x\mathrm{d}x=\mathrm{d}(\sin x)$.

读者注意到凑微分后得到的微分式子与将其积分后得到的结果是一样的吗？所以上述凑微分式子可以与积分基本公式联系起来记忆.

在对凑微分法比较熟练后，我们可以省略变量 u 的代换过程，从而简化积分的计算过程，使得积分的计算较为简洁.

例 5 计算 $\int\frac{2x}{1+x^2}\mathrm{d}x$.

解 $\int\frac{2x}{x^2+1}\mathrm{d}x=\int\frac{1}{x^2+1}\mathrm{d}(x^2)=\int\frac{1}{x^2+1}\mathrm{d}(x^2+1)=\ln(x^2+1)+C.$

请读者思考：在例 5 中，如果引入变量 u，是 $u=x^2$，还是 $u=x^2+1$ 呢？

例 6 计算 $\int\tan x\mathrm{d}x$.

解 $\int\tan x\mathrm{d}x=\int\frac{\sin x}{\cos x}\mathrm{d}x=-\int\frac{1}{\cos x}\mathrm{d}(\cos x)=-\ln|\cos x|+C.$

读者可以自行推出 $\int\cot x\mathrm{d}x=\ln|\sin x|+C$.

例 7 计算 $\int \frac{1}{a^2+x^2}\mathrm{d}x$.

解 原式 $=\int \frac{1}{a^2}\cdot\frac{1}{1+\left(\frac{x}{a}\right)^2}\mathrm{d}x=\frac{1}{a}\int \frac{1}{1+\left(\frac{x}{a}\right)^2}\mathrm{d}\left(\frac{x}{a}\right)=\frac{1}{a}\arctan\frac{x}{a}+C.$

下面这些凑微分的式子也要了解一下，有时题目中也可能出现：

$\frac{1}{x}\mathrm{d}x=\mathrm{d}(\ln\|x\|)$	$\frac{1}{\sqrt{x}}\mathrm{d}x=2\mathrm{d}(\sqrt{x})$	$\frac{1}{x^2}\mathrm{d}x=-\mathrm{d}\left(\frac{1}{x}\right)$
$\frac{1}{1+x^2}\mathrm{d}x=\mathrm{d}(\arctan x)$	$\frac{1}{\sqrt{1-x^2}}\mathrm{d}x=\mathrm{d}(\arcsin x)$	$\sec^2 x\mathrm{d}x=\mathrm{d}(\tan x)$
$\csc^2 x\mathrm{d}x=-\mathrm{d}(\cot x)$	$\sec x\tan x\mathrm{d}x=\mathrm{d}(\sec x)$	$\csc x\cot x\mathrm{d}x=-\mathrm{d}(\csc x)$

例 8 计算：

(1) $\int \frac{1}{x\ln x}\mathrm{d}x$；　　　　(2) $\int \frac{\arctan x}{1+x^2}\mathrm{d}x$.

解 (1) $\int \frac{1}{x\ln x}\mathrm{d}x=\int \frac{1}{\ln x}\mathrm{d}(\ln x)=\ln|\ln x|+C$；

(2) $\int \frac{\arctan x}{1+x^2}\mathrm{d}x=\int \arctan x\mathrm{d}(\arctan x)=\frac{1}{2}\arctan^2 x+C.$

下面我们对于定积分的计算也使用凑微分法.

例 9 计算 $\int_{\frac{1}{4}}^{\frac{3}{4}} \frac{\mathrm{d}x}{\sqrt{x(1-x)}}$.

解
$$\text{原式}=\int_{\frac{1}{4}}^{\frac{3}{4}} \frac{1}{\sqrt{1-x}}\cdot\frac{1}{\sqrt{x}}\mathrm{d}x=2\int_{\frac{1}{4}}^{\frac{3}{4}} \frac{1}{\sqrt{1-(\sqrt{x})^2}}\mathrm{d}(\sqrt{x})$$
$$=2\arcsin\sqrt{x}\Big|_{\frac{1}{4}}^{\frac{3}{4}}=2\left(\arcsin\frac{\sqrt{3}}{2}-\arcsin\frac{1}{2}\right)$$
$$=2\left(\frac{\pi}{3}-\frac{\pi}{6}\right)=\frac{\pi}{3}.$$

第一换元积分法（即凑微分法）是一种常用的积分方法，但是它的技巧性相当强，这不仅要求熟练掌握积分的基本公式，还要求熟练地进行恒等变形. 这里没有一个可以普遍遵循的东西，即使同一个问题，解决者选择的切入点不同，解决途径也就不同，难易程度和计算量也会大不相同. 总之，要掌握好积分的计算，不但需要掌握一定的基础知识，还要多练习多总结，方能做到熟能生巧.

2. 第二换元积分法

我们已经看到，第一换元积分法可以不必引入新的积分变量. 但是，有些积分的计算必须引入新的积分变量，必须换元才能计算出来.

例 10 计算 $\int_0^4 \frac{\mathrm{d}x}{1+\sqrt{x}}$.

解 首先，求不定积分 $\int \frac{\mathrm{d}x}{1+\sqrt{x}}$，令 $\sqrt{x}=t$，则 $x=t^2$，$\mathrm{d}x=2t\mathrm{d}t$，于是

$$\int \frac{dx}{1+\sqrt{x}} = \int \frac{2t\,dt}{1+t} = 2\int \frac{1+t-1}{1+t}dt = 2\int\left(1-\frac{1}{1+t}\right)dt$$

$$= 2(t-\ln|1+t|)+C \xlongequal{\text{回代 } t=\sqrt{x}} 2[\sqrt{x}-\ln(1+\sqrt{x})]+C.$$

其次，由牛顿-莱布尼茨公式，得

$$\int_0^4 \frac{dx}{1+\sqrt{x}} = 2[\sqrt{x}-\ln(1+\sqrt{x})]\big|_0^4 = 4-2\ln 3.$$

在上面的例题中，我们先对不定积分进行了换元，并求出不定积分，然后再求定积分.

其实，我们可以直接对定积分进行换元来计算定积分. 给出下面的定理：

定理 3.3 若函数 $f(x)$ 在区间 $[a, b]$ 上连续，函数 $x=\varphi(t)$ 满足下列条件：

(1) $x=\varphi(t)$ 在 $[\alpha,\beta]$ 上单调，且有连续导数；

(2) $\varphi(\alpha)=a$，$\varphi(\beta)=b$，且当 t 在以 α 和 β 为端点的闭区间 $[\alpha,\beta]$ $(\alpha<\beta)$ 或 $[\beta,\alpha]$ $(\beta<\alpha)$ 上变化时，$x=\varphi(t)$ 的值在区间 $[a, b]$ 上变化，则

$$\int_a^b f(x)dx = \int_\alpha^\beta f[\varphi(t)]\varphi'(t)dt.$$

这种求积分的方法叫作**第二换元积分法**.

注意 对定积分使用第二换元积分法时，因为引入了新的积分变量，所以要特别记住"换元必换限"，即(原)上限对(新)上限，(原)下限对(新)下限.

我们重新计算例 10 中的定积分 $\int_0^4 \frac{dx}{1+\sqrt{x}}$.

解 令 $\sqrt{x}=t$，则 $x=t^2$，$dx=2t\,dt$. 再注意换限：当 $x=0$ 时，$t=0$；当 $x=4$ 时，$t=2$. 则

$$\int_0^4 \frac{dx}{1+\sqrt{x}} = \int_0^2 \frac{2t\,dt}{1+t} = 2\int_0^2\left(1-\frac{1}{1+t}\right)dt$$

$$= 2[t-\ln(1+t)]\big|_0^2$$

$$= 2(2-\ln 3).$$

显然，比前面的计算要简便.

例 11 计算 $\int_0^{\frac{1}{2}} \frac{x^2}{\sqrt{(1-x^2)^3}}dx$.

解 令 $x=\sin t$，则 $dx=\cos t\,dt$. 注意换限：当 $x=0$ 时，$t=0$；当 $x=\frac{1}{2}$ 时，$t=\frac{\pi}{6}$. 则

$$原式 = \int_0^{\frac{\pi}{6}} \frac{\sin^2 t}{\sqrt{(1-\sin^2 t)^3}}\cdot\cos t\,dt = \int_0^{\frac{\pi}{6}}\tan^2 t\,dt$$

$$= \int_0^{\frac{\pi}{6}}(\sec^2 t-1)dt = (\tan t - t)\big|_0^{\frac{\pi}{6}} = \frac{\sqrt{3}}{3}-\frac{\pi}{6}.$$

三、分部积分法

前面我们介绍了换元积分法，下面我们再介绍一种重要的积分方法——

分部积分法.

1. 不定积分的分部积分法

根据微分的乘积法则:设函数 $u=u(x)$, $v=v(x)$可导,则

$$d(uv)=vdu+udv.$$

对上式两边积分,得

$$\int d(uv)=\int(vdu+udv),$$

即

$$uv=\int vdu+\int udv,$$

则有

$$\int udv=uv-\int vdu.$$

我们把上式叫作不定积分的**分部积分公式**.

分部积分公式的作用在于:将一个难求的积分转化为另一个易求的积分,即公式右边的积分一定要比左边的积分更容易计算.否则,即使利用了这个公式也解决不了问题.注意公式中的两个积分,从形式上看,就是把"微分符号"内外的两个函数 u 与 v 互换了一下位置.

有了这个公式,我们不妨设想一下,如果我们遇到的积分 $\int f(x)dx$ 用以前的方法无法计算,那么我们可以按下面的思路来解决:

$$\int f(x)dx \xlongequal{\text{凑微分}} \int udv \xlongequal{\text{分部积分公式}} uv-\int vdu.$$

而如果积分 $\int vdu$ 可以求出来的话,我们就解决了积分 $\int f(x)dx$ 的计算.我们把这样一种求积分的方法叫作不定积分的**分部积分法**.

例 12 计算 $\int xe^x dx$.

解 $\int xe^x dx \xlongequal{\text{凑微分}} \int xde^x \xlongequal{\text{分部积分公式}} xe^x-\int e^x dx=xe^x-e^x+C.$

在上面这个例题中,我们在使用分部积分公式时,选择了 $u=x, v=e^x$.如果我们采用另一种选法:选择 $u=e^x$, $v=\frac{1}{2}x^2$,那么

$$\begin{aligned}\int xe^x dx &\xlongequal{\text{凑微分}} \int e^x d\left(\frac{1}{2}x^2\right) \xlongequal{\text{分部积分公式}} \frac{1}{2}x^2e^x-\frac{1}{2}\int x^2 de^x \\ &=\frac{1}{2}x^2e^x-\frac{1}{2}\int x^2e^x dx.\end{aligned}$$

这样做非但没有解决问题,反而使得问题更复杂了,并没有发挥出分部积分公式的作用(前面我们提到过这个公式的作用).

这个事实告诉我们,在使用分部积分公式时,必须合理地选择函数 u 和 v,这是用分部积分法解题的关键.在学习中,要注意总结经验,并归纳类型.

例 13 计算 $\int x\sin x dx$.

解 $\int x\sin x dx=-\int xd(\cos x)=-x\cos x+\int \cos x dx$

$$=-x\cos x+\sin x+C.$$

例 14 计算 $\int \ln x \mathrm{d}x$.

解 $\int \ln x \mathrm{d}x = x\ln x - \int x \mathrm{d}(\ln x) = x\ln x - \int x \cdot \frac{1}{x} \mathrm{d}x$

$$= x\ln x - \int \mathrm{d}x = x\ln x - x + C.$$

例 15 计算 $\int x\arctan x \mathrm{d}x$.

解 $\int x\arctan x \mathrm{d}x = \frac{1}{2}\int \arctan x \mathrm{d}(x^2) = \frac{1}{2}x^2\arctan x - \frac{1}{2}\int x^2 \mathrm{d}(\arctan x)$

$$= \frac{1}{2}x^2\arctan x - \frac{1}{2}\int \frac{x^2}{1+x^2}\mathrm{d}x$$

$$= \frac{1}{2}x^2\arctan x - \frac{1}{2}\left(1 - \int \frac{1}{1+x^2}\right)\mathrm{d}x$$

$$= \frac{1}{2}x^2\arctan x - \frac{1}{2}x + \frac{1}{2}\arctan x + C.$$

请读者动手计算 $\int x\ln x \mathrm{d}x$ $\left(正确答案为\frac{1}{2}x^2\ln x - \frac{1}{4}x^2 + C\right)$.

2. 定积分的分部积分法

由不定积分的分部积分公式以及牛顿-莱布尼茨公式，可得到定积分的分部积分公式：

$$\int_a^b u \mathrm{d}v = (uv)\Big|_a^b - \int_a^b v \mathrm{d}u .$$

这个公式与不定积分的分部积分公式不但在形式上相似，而且在方法上相同. 只要注意把先积分出来的那一部分原函数 uv 代入上下限求值，而余下的部分继续积分.

例 16 计算 $\int_0^1 xe^x \mathrm{d}x$.

解 $\int_0^1 xe^x \mathrm{d}x = \int_0^1 x\mathrm{d}e^x = xe^x\Big|_0^1 - \int_0^1 e^x \mathrm{d}x = e - e^x\Big|_0^1 = 1.$

请读者将例题 16 与例题 12 进行比较.

例 17 计算 $\int_0^{\frac{1}{2}} \arcsin x \mathrm{d}x$.

解 $\int_0^{\frac{1}{2}} \arcsin x \mathrm{d}x = x\arcsin x\Big|_0^{\frac{1}{2}} - \int_0^{\frac{1}{2}} \frac{x\mathrm{d}x}{\sqrt{1-x^2}}$

$$= \frac{1}{2}\cdot\frac{\pi}{6} + \frac{1}{2}\int_0^{\frac{1}{2}} \frac{1}{\sqrt{1-x^2}}\mathrm{d}(1-x^2)$$

$$= \frac{\pi}{12} + \sqrt{1-x^2}\Big|_0^{\frac{1}{2}} = \frac{\pi}{12} + \frac{\sqrt{3}}{2} - 1.$$

例 18 计算 $\int_0^3 \arctan\sqrt{x}\mathrm{d}x$.

解 令 $t=\sqrt{x}$,即 $x=t^2$. 注意换限:当 $x=0$ 时,$t=0$;当 $x=3$ 时,$t=\sqrt{3}$. 则

$$\begin{aligned}\int_0^3 \arctan\sqrt{x}\mathrm{d}x &= \int_0^{\sqrt{3}} \arctan t\mathrm{d}(t^2)=t^2\arctan t\Big|_0^{\sqrt{3}}-\int_0^{\sqrt{3}} t^2\mathrm{d}(\arctan t)\\ &=3\cdot\frac{\pi}{3}-\int_0^{\sqrt{3}} t^2\cdot\frac{1}{1+t^2}\mathrm{d}t\\ &=\pi-(t-\arctan t)\Big|_0^{\sqrt{3}}\\ &=\frac{4\pi}{3}-\sqrt{3}.\end{aligned}$$

此例题先使用了第二换元积分法,再使用了分部积分法,还使用了直接积分法.

习题 3.3

1. 求下列定积分：

(1) $\int_0^1 (1+x)\mathrm{d}x$；

(2) $\int_0^{\frac{\pi}{2}} (3\sin x-1)\mathrm{d}x$；

(3) $\int_1^4 (2x+1)\mathrm{d}x$；

(4) $\int_0^{\pi} (4x^2+2\cos x)\mathrm{d}x$；

(5) $\int_0^3 (2-2x)\mathrm{d}x$；

(6) $\int_{-1}^4 |x-3|\mathrm{d}x$；

(7) 已知 $f(x)=\begin{cases} x^3, & 0\leqslant x\leqslant 1, \\ 1+2x, & 1<x\leqslant 2, \end{cases}$ 求定积分 $\int_0^2 f(x)\mathrm{d}x$；

(8) 已知 $f(x)=\begin{cases} x, & -1\leqslant x\leqslant 0, \\ 3x^2, & 1<x\leqslant 3, \end{cases}$ 求定积分 $\int_{-1}^3 f(x)\mathrm{d}x$.

2. 求下列不定积分：

(1) $\int (x-5)^{888}\mathrm{d}x$；

(2) $\int \sqrt{3x+2}\mathrm{d}x$；

(3) $\int \cos\left(2x+\frac{\pi}{3}\right)\mathrm{d}x$；

(4) $\int \frac{1}{4-3x}\mathrm{d}x$；

(5) $\int \mathrm{e}^{1-3x}\mathrm{d}x$；

(6) $\int \frac{1}{1+4x^2}\mathrm{d}x$；

(7) $\int \frac{1}{9+x^2}\mathrm{d}x$；

(8) $\int \frac{1}{\sqrt{4-x^2}}\mathrm{d}x$；

(9) $\int x\sin x^2\mathrm{d}x$；

(10) $\int \frac{\ln x}{x}\mathrm{d}x$；

(11) $\int \frac{x}{1+x^2}\mathrm{d}x$；

(12) $\int \mathrm{e}^x\cos\mathrm{e}^x\mathrm{d}x$；

(13) $\int x\cos x\mathrm{d}x$；

(14) $\int \arcsin x\mathrm{d}x$；

(15) $\int x\ln x\mathrm{d}x$；

(16) $\int xe^{-x}\mathrm{d}x$；

(17) $\int x^2\sin x\mathrm{d}x$；

(18) $\int e^x\sin x\mathrm{d}x$.

3. 求下列定积分：

(1) $\int_0^{\frac{\pi}{2}}\cos 5x\mathrm{d}x$；

(2) $\int_{\frac{1}{2}}^1 (4x-1)^3\mathrm{d}x$；

(3) $\int_{\frac{1}{4}}^{\frac{1}{2}} e^{4x-1}\mathrm{d}x$；

(4) $\int_0^1 \frac{1}{2-x}\mathrm{d}x$；

(5) $\int_0^1 \frac{x}{1+x^4}\mathrm{d}x$；

(6) $\int_1^e \frac{\ln^2 x}{x}\mathrm{d}x$；

(7) $\int_{0}^{\frac{1}{2}} \frac{\arcsin x}{\sqrt{1-x^2}} \mathrm{d}x$.

4. 求下列定积分：

(1) $\int_{1}^{e} x\ln x \mathrm{d}x$；

(2) $\int_{0}^{\frac{\pi}{2}} x\sin x \mathrm{d}x$；

(3) $\int_{e}^{e^2} \ln x \mathrm{d}x$；

(4) $\int_{0}^{1} \arctan x \mathrm{d}x$；

(5) $\int_{0}^{\frac{\pi}{2}} e^x \cos x \mathrm{d}x$.

§3.4 定积分的应用

一、定积分的微元法

在定积分的应用中，经常采用所谓的**微元法**. 为了说明这种方法，我们先回到本章第一节中讨论过的曲边梯形的面积问题：已知函数 $f(x)$ 在区间 $[a,b]$ 上连续且 $f(x)\geqslant 0$，计算由曲线 $y=f(x)$，直线 $x=a$，$x=b$ 及 x 轴围成的曲边梯形的面积 A.

当时，我们已经得到 $A=\int_a^b f(x)\mathrm{d}x$. 现在再来简要回顾一下整个过程，我们是分下列四个步骤来进行的.

第一步，分割：将区间 $[a,b]$ 任意分为 n 个子区间 $[x_{i-1},x_i]$ $(i=1,2,3,\cdots,n)$.

第二步，近似代替：在任意一个子区间 $[x_{i-1},x_i]$ 上，任取一点 ξ_i，求得小曲边梯形的面积 ΔA_i 的近似值：$\Delta A_i\approx f(\xi_i)\Delta x_i$ $(i=1,2,3,\cdots,n)$.

第三步，求和：$A\approx\sum\limits_{i=1}^{n} f(\xi_i)\Delta x_i$.

第四步，取极限：$A=\lim\limits_{\lambda\to 0}\sum\limits_{i=1}^{n} f(\xi_i)\Delta x_i=\int_a^b f(x)\mathrm{d}x$（记 $\lambda=\max\{\Delta x_1,\Delta x_2,\cdots,\Delta x_n\}$）.

在上述四个步骤中，我们发现，第二步近似代替中的 $f(\xi_i)\Delta x_i$ 与第四步积分 $\int_a^b f(x)\mathrm{d}x$ 中的被积分式 $f(x)\mathrm{d}x$ 具有类同的形式，如果把第二步中的 ξ_i 用 x 替代，Δx_i 用 $\mathrm{d}x$ 替代，那么它就是第四步积分中的被积分式，即 $f(\xi_i)\Delta x_i=f(x)\mathrm{d}x$.

基于此，我们将上述四个步骤简化为两个步骤：

第一步，找微元：选积分变量为 $x\in[a,b]$，在 $[a,b]$ 上任意分割出一微小区间 $[x,x+\mathrm{d}x]$，如图 3.8 所示. 在 $[x,x+\mathrm{d}x]$ 上得到以 x 处的 $f(x)$ 为高、$\mathrm{d}x$ 为底的小矩形面积（记作 $\mathrm{d}A$），即 $\mathrm{d}A=f(x)\mathrm{d}x$. 我们把 $\mathrm{d}A$ 叫作**面积微元**（或叫作**面积元素**）.

第二步，取积分：将面积微元 $\mathrm{d}A$ 在 $[a,b]$ 上无限积累（即求 $\mathrm{d}A$ 在 $[a,b]$ 上的定积分），就得到曲边梯形的面积 A，即

$$A=\int_a^b \mathrm{d}A=\int_a^b f(x)\mathrm{d}x.$$

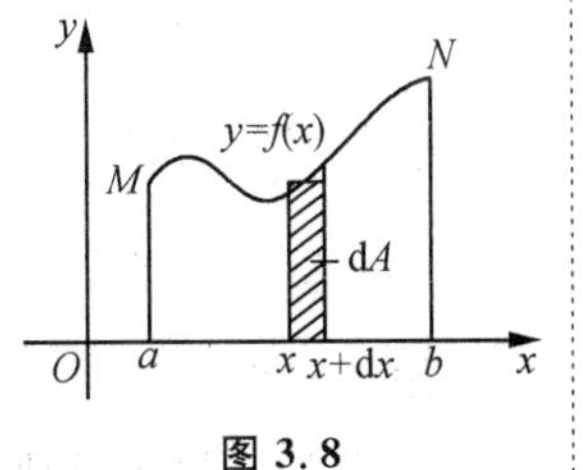

图 3.8

我们把用上述两步来解决问题的方法叫作定积分的**微元法**（或**元素法**）.

可以看出，要用微元法来求曲边梯形的面积 A. 关键的也是最困难的是第一步，要找到所求量面积

的微元 $\mathrm{d}A$. 事实上,$\mathrm{d}A$ 就是分割之后,在近似代替中的那个近似值 $f(\xi_i)\Delta x_i$(即小矩形面积). 有了面积微元 $\mathrm{d}A=f(x)\mathrm{d}x$,再注意一下分割的区间,第二步取积分就容易了.

一般地,用定积分的微元法求实际问题中的某个量 I 的步骤为

第一步,找微元:选取积分变量,根据实际问题来进行分割,找到所求量 I 的微元 $\mathrm{d}I$,注意 $\mathrm{d}I$ 是一个近似值.

第二步,取积分:$I=\int_a^b \mathrm{d}I$,这里要注意分割的区间.

下面我们将应用定积分的微元法来讨论几何和物理等方面的一些问题.

二、几何方面的应用

1. 求平面图形的面积

例 1 计算由两条抛物线 $y^2=x$ 和 $y=x^2$ 所围成的图形的面积 A.

解 这两条抛物线所围成的图形如图 3.9 所示.

选取 x 为积分变量,先求出这两条抛物线的交点,即解方程组 $\begin{cases} y^2=x, \\ y=x^2, \end{cases}$ 得 $\begin{cases} x=0, \\ y=0 \end{cases}$ 或 $\begin{cases} x=1, \\ y=1, \end{cases}$ 则交点为 $O(0,0)$ 及 $P(1,1)$,即 $x\in[0,1]$.

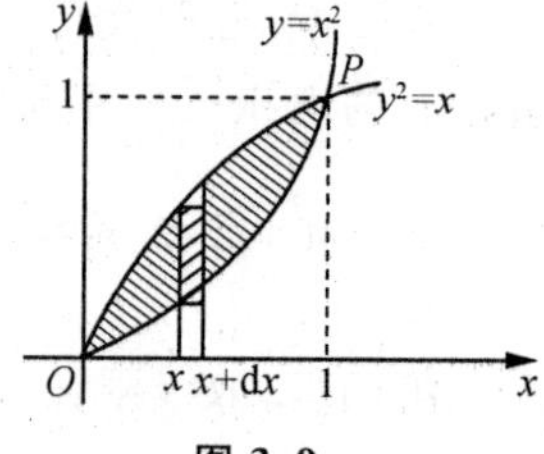

图 3.9

在$[0,1]$上分割出一微小区间$[x,x+\mathrm{d}x]$,则可得到面积微元 $\mathrm{d}A=(\sqrt{x}-x^2)\mathrm{d}x$,于是

$$A=\int_0^1 (\sqrt{x}-x^2)\mathrm{d}x=\left(\frac{2}{3}x^{\frac{3}{2}}-\frac{1}{3}x^3\right)\Big|_0^1=\frac{1}{3}.$$

例 2 计算抛物线 $y^2=2x$ 与直线 $y=x-4$ 所围成的图形的面积.

解 如图 3.10 所示,选择积分变量为 y,先求出所给抛物线与直线的交点,解方程组

$\begin{cases} y^2=2x, \\ y=x-4, \end{cases}$ 得两组解:$\begin{cases} x=2, \\ y=-2 \end{cases}$ 或 $\begin{cases} x=8, \\ y=4, \end{cases}$

则交点为 $A(2,-2)$ 和 $B(8,4)$,即 $y\in[-2,4]$.

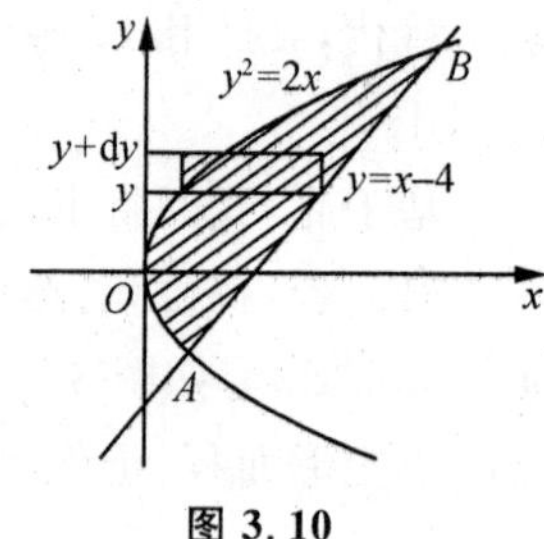

图 3.10

在$[-2,4]$上分割出一微小区间$[y,y+\mathrm{d}y]$,则可得到面积微元 $\mathrm{d}A=\left(y+4-\frac{1}{2}y^2\right)\mathrm{d}y$,于是所求图像的面积为

$$A=\int_{-2}^4 \left(y+4-\frac{1}{2}y^2\right)\mathrm{d}y=\left(\frac{1}{2}y^2+4y-\frac{1}{6}y^3\right)\Big|_{-2}^4=18.$$

请读者思考:对于例题 2,如果选择 x 为积分变量,那么如何计算其面积?

例 3 求椭圆 $\frac{x^2}{a^2}+\frac{y^2}{b^2}=1$ 所围成的图形的面积 S.

解 如图 3.11 所示,由椭圆的对称性可得 $S=4A$,其中 A 为该椭圆在第一象限内与两坐标轴所围成图形的面积,则

$$S=4A=4\int_0^a y\mathrm{d}x=\frac{4b}{a}\int_0^a \sqrt{a^2-x^2}\mathrm{d}x.$$

需要使用第二换元积分法计算 $\int_0^a \sqrt{a^2-x^2}\mathrm{d}x$.

令 $x=a\sin t$，当 $x=0$ 时，$t=0$；当 $x=a$ 时，$t=\frac{\pi}{2}$. 则

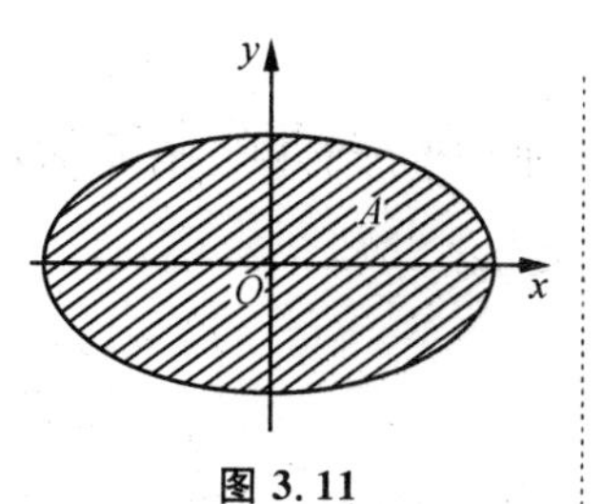

图 3.11

$$\begin{aligned}\int_0^a \sqrt{a^2-x^2}\mathrm{d}x &= \int_0^{\frac{\pi}{2}} \sqrt{a^2-a^2\sin^2 t}\mathrm{d}(a\sin t)\\ &=a^2\int_0^{\frac{\pi}{2}}\cos^2 t\mathrm{d}t=a^2\int_0^{\frac{\pi}{2}}\frac{1+\cos 2t}{2}\mathrm{d}t\\ &=\frac{1}{4}a^2(2t+\sin 2t)\Big|_0^{\frac{\pi}{2}}=\frac{1}{4}\pi a^2.\end{aligned}$$

所以
$$S=\frac{4b}{a}\cdot\frac{1}{4}\pi a^2=\pi ab.$$

特别地，当 $a=b$ 时，就得到我们所熟悉的圆的面积公式 $S=\pi a^2$.

2. 求旋转体的体积

由一个平面图形绕着该平面内的一条直线旋转一周而成的立体叫作**旋转体**，这条直线叫作**旋转轴**. 圆柱、圆锥、圆台、球等都是旋转体.

旋转体也可以看作是由连续曲线 $y=f(x)$，直线 $x=a$，$x=b$ 及 x 轴所围的曲边梯形绕着 x 轴旋转一周而成的立体. 下面我们用定积分的微元法来计算旋转体的体积.

例 4 证明：底面半径为 r、高为 h 的圆锥体积为 $V=\frac{1}{3}\pi r^2 h$.

证 如图 3.12 所示，圆锥是由 Rt$\triangle ABO$ 绕着直角边 OB 旋转而成的，取圆锥的旋转轴 OB 为 x 轴，则 OA 所在直线的方程为 $y=\frac{r}{h}x$，选取积分变量为 $x\in[0,h]$.

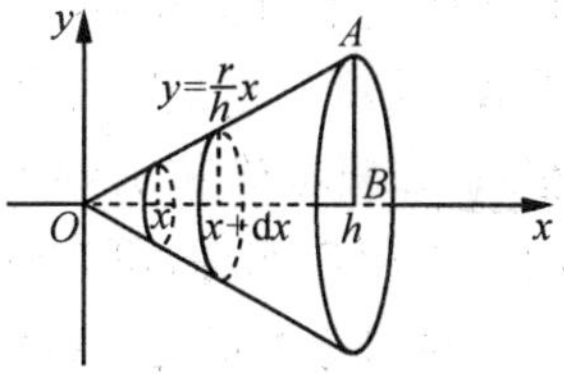

图 3.12

在区间 $[0,h]$ 上任取一微小区间 $[x,x+\mathrm{d}x]$，分割出一块厚度为 $\mathrm{d}x$ 的小圆台，这个小圆台的体积可以用半径为 $\frac{r}{h}x$、高为 $\mathrm{d}x$ 的小圆柱体的体积来近似代替，从而得到体积微元

$$\mathrm{d}V=\pi\left(\frac{r}{h}x\right)^2\mathrm{d}x,$$

则圆锥的体积为

$$\begin{aligned}V&=\int_0^h \mathrm{d}V=\int_0^h \pi\left(\frac{r}{h}x\right)^2\mathrm{d}x\\ &=\frac{\pi r^2}{h^2}\int_0^h x^2\mathrm{d}x=\frac{\pi r^2}{h^2}\cdot\frac{x^3}{3}\Big|_0^h=\frac{1}{3}\pi r^2 h.\end{aligned}$$

例 5 如图 3.13 所示，求由 $x^2+y^2=2$ 和 $x^2=y$ 所围成的图形绕 x 轴旋转而成的旋转体体积.

解 取积分变量为 x，解方程组 $\begin{cases}x^2+y^2=2,\\x^2=y,\end{cases}$ 得到圆与抛物线的两个交点为

$$\begin{cases}x=1,\\y=1\end{cases} \text{和} \begin{cases}x=-1,\\y=1,\end{cases}$$

所以，积分区间为$[-1,1]$.

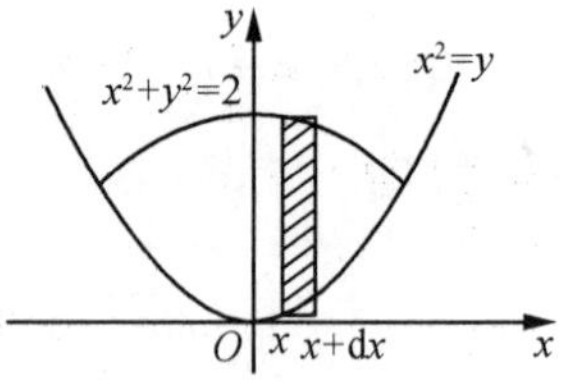

图 3.13

在区间$[-1,1]$上任取一小区间$[x,x+\mathrm{d}x]$，从而得到体积微元

$$\mathrm{d}V=\pi[(2-x^2)-x^4]\mathrm{d}x=\pi(2-x^2-x^4)\mathrm{d}x.$$

故所求旋转体的体积为

$$V=\int_{-1}^{1}\pi(2-x^2-x^4)\mathrm{d}x=2\pi\int_{0}^{1}(2-x^2-x^4)\mathrm{d}x$$

$$=2\pi\left(2x-\frac{1}{3}x^3-\frac{1}{5}x^5\right)\Big|_0^1=\frac{44}{15}\pi.$$

三、物理方面的应用

1. 变力做功问题

例 6 将弹簧一端固定，另一端连一个小球，放在光滑面上，点 O 为小球的平衡位置. 若将小球从点 O 拉到点 $M(OM=s)$，求小球克服弹性力所做的功.

解 如图 3.14 所示，建立数轴 Ox，由物理学知道，弹性力的大小与弹簧伸长的长度 x 成正比，方向指向平衡位置 O，即 $F=-kx$，其中 k 是比例常数，负号表示小球运动方向与弹性力 F 的方向相反. 若把小球从点 $O(x=0)$ 拉到点 $M(OM=s)$，克服弹性力 F，所用外力 f 的大小与 F 相等，但方向相反，即 $f=-F=kx$.

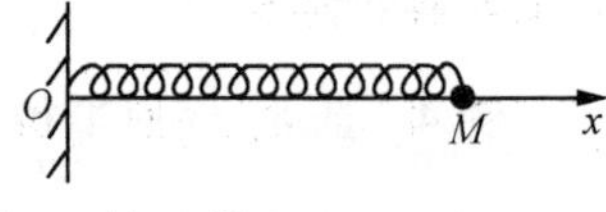

图 3.14

取积分变量为 $x\in[0,s]$，在$[0,s]$上任意分割出一个微小区间$[x,x+\mathrm{d}x]$，则力 f 所做功的微元 $\mathrm{d}W=f\cdot\mathrm{d}x=kx\cdot\mathrm{d}x$，则所求的功

$$W=\int_0^s\mathrm{d}W=\int_0^s kx\cdot\mathrm{d}x=\frac{k}{2}x^2\Big|_0^s=\frac{k}{2}s^2.$$

例 7 一圆柱形蓄水池高为 5 m，底半径为 3 m，池内盛满了水. 问要把池内的水全部吸出，需要做多少功？（已知水的密度 $\rho=1000\ \mathrm{kg/m^3}$，取 $g=9.8\ \mathrm{m/s^2}$）

解 如图 3.15 所示，建立数轴 Ox，取积分变量为 $x\in[0,5]$，在$[0,5]$上任取一个微小区间$[x,x+\mathrm{d}x]$，这一薄层水的重力为 $\pi\cdot3^2\cdot\mathrm{d}x\cdot\rho\cdot g=88200\pi\mathrm{d}x$，则功的微元为 $\mathrm{d}W=88200\pi\cdot x\cdot\mathrm{d}x$，于是功

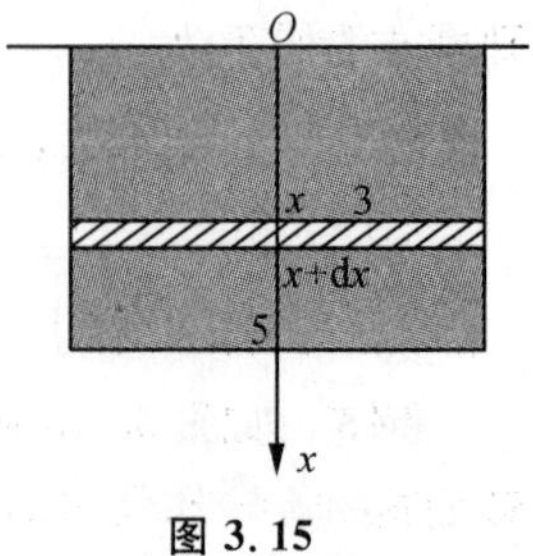

图 3.15

$$W=\int_0^5 \mathrm{d}W=\int_0^5 88200\pi\cdot x\cdot \mathrm{d}x$$

$$=88200\pi\cdot\frac{x^2}{2}\Big|_0^5\approx 3.462\times 10^6(\mathrm{J}).$$

2. 液体的压力问题

在物理学中,液体密度为ρ、深为h处的压强$p=g\rho h$. 面积为A的平板与水面平行时,平板一侧所受的压力$P=pA$. 当平板不与水面平行时,所受侧压力问题就需用积分解决.

例8 如图3.16所示,一个水平横放的半径为R的圆桶,内盛半桶液体,其密度为ρ,求桶的一个端面所受的侧压力.

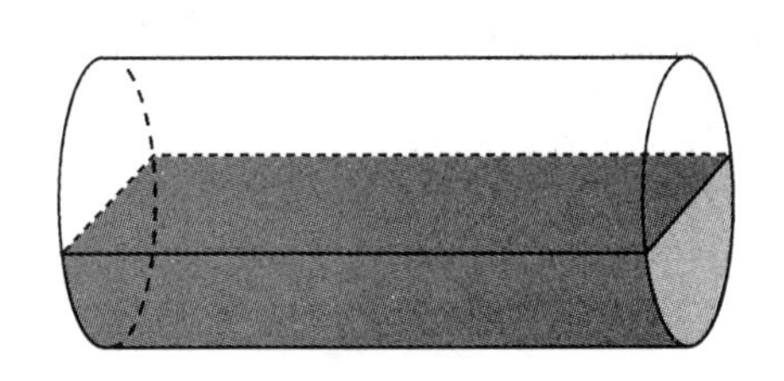

图3.16

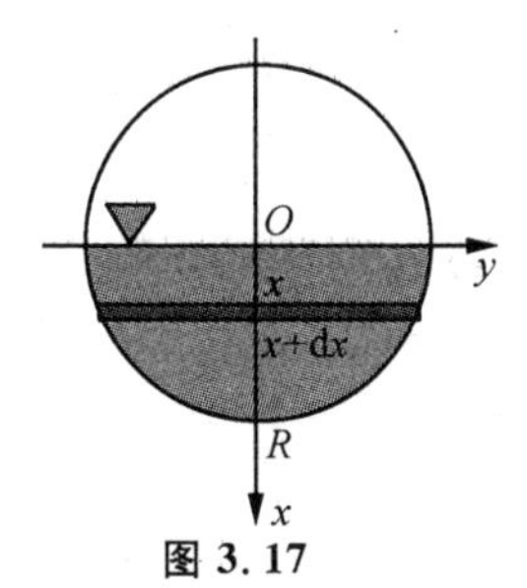

图3.17

解 建立坐标系,如图3.17所示,所讨论的半圆的方程为

$$y=\pm\sqrt{R^2-x^2}\,(0\leqslant x\leqslant R).$$

在水深x处于圆片上取一窄条,其宽为$\mathrm{d}x$,利用对称性,侧压力的微元为

$$\mathrm{d}P=g\rho h\mathrm{d}A=2g\rho x\cdot\sqrt{R^2-x^2}\mathrm{d}x,$$

则端面所受侧压力为

$$P=\int_0^R 2g\rho x\cdot\sqrt{R^2-x^2}\mathrm{d}x=-\int_0^R g\rho\cdot\sqrt{R^2-x^2}\mathrm{d}(R^2-x^2)$$

$$=-g\rho\frac{1}{\frac{1}{2}+1}(R^2-x^2)^{\frac{1}{2}+1}\Big|_0^R=\frac{2}{3}g\rho R^3.$$

习题 3.4

1. 求由下列各曲线所围成的图形的面积：

(1) $y=\frac{1}{x}$与直线 $y=x$ 及 $x=2$；

(2) $y=x^2-25$ 与直线 $y=x-13$；

(3) $y^2=2-x$ 与直线 $x=0$；

(4) $y=e^x, y=e^{-x}$ 与直线 $x=1$；

(5) $y=x^2$ 与 $y=\frac{3}{4}x^2+1$；

(6) $y=\ln x$, y 轴与直线 $y=\ln 2, y=\ln 7$.

2. 用积分方法证明半径为 R 的球的体积为 $V=\frac{4}{3}\pi R^3$.

3. 求下列已知曲线所围成的图形按指定的轴旋转所产生的旋转体的体积：

(1) $y=x^2, x=1, y=0$，绕 x 轴；

(2) $\frac{x^2}{a^2}+\frac{y^2}{b^2}=1$，绕 x 轴.

4. 修建一座大桥的桥墩时要先下一个圆柱形的围图，并且抽尽其中的水以便施工. 如图 3.18 所示，已知围图的直径为 20 m，水深 27 m，围图高出水面 3 m，求抽尽水所做的功.（水的密度 $\rho=10^3\ \mathrm{kg/m^3}$，$g$ 取 $9.8\ \mathrm{m/s^2}$）

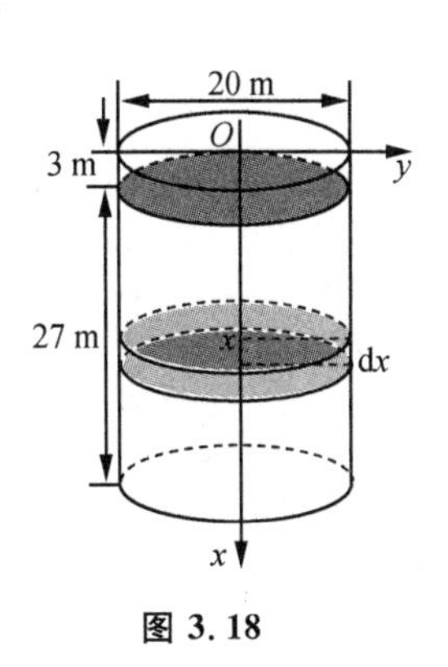

图 3.18

5. 一圆台形容器高为 5 m，上底圆半径为 3 m，下底圆半径为 2 m，试问将容器内盛满的水全部吸出需做多少功？

§3.5 广义积分

前面所讨论的定积分都是在有限的积分区间和被积函数为有界的条件下进行的，但在科学技术和经济管理领域中，常常会遇到积分区间为无穷区间的情形，这就要求我们对定积分进行一些推广，从而就形成了广义积分的概念.

定义 3.4 设函数 $f(x)$ 在区间 $[a,+\infty)$ 上连续，取 $b>a$，如果极限 $\lim\limits_{b\to+\infty}\int_a^b f(x)\mathrm{d}x$ 存在，那么称此极限为函数 $f(x)$ 在无穷区间 $[a,+\infty)$ 上的广义积分，记作 $\int_a^{+\infty} f(x)\mathrm{d}x$，即

$$\int_a^{+\infty} f(x)\mathrm{d}x=\lim_{b\to+\infty}\int_a^b f(x)\mathrm{d}x.$$

这时也称广义积分 $\int_a^{+\infty} f(x)\mathrm{d}x$ **收敛**；如果极限不存在，那么说广义积分 $\int_a^{+\infty} f(x)\mathrm{d}x$ **发散**.

类似地，可以定义函数 $f(x)$ 在区间 $(-\infty,b]$ 上的广义积分：

$$\int_{-\infty}^b f(x)\mathrm{d}x=\lim_{a\to-\infty}\int_a^b f(x)\mathrm{d}x.$$

定义 3.5 设函数 $f(x)$ 在区间 $(-\infty,+\infty)$ 上连续，若广义积分 $\int_{-\infty}^0 f(x)\mathrm{d}x$ 与 $\int_0^{+\infty} f(x)\mathrm{d}x$ 都收敛，则称上述两处广义积分之和为函数 $f(x)$ 在无穷区间 $(-\infty,+\infty)$ 上的广义积分，记作 $\int_{-\infty}^{+\infty} f(x)\mathrm{d}x$，即

$$\int_{-\infty}^{-\infty} f(x)\mathrm{d}x=\int_{-\infty}^0 f(x)\mathrm{d}x+\int_0^{+\infty} f(x)\mathrm{d}x.$$

这时也称广义积分 $\int_{-\infty}^{+\infty} f(x)\mathrm{d}x$ 收敛；否则，就称广义积分 $\int_{-\infty}^{+\infty} f(x)\mathrm{d}x$ 发散.

上述广义积分统称为**无穷区间上的广义积分**.

注意 (1) 定义 3.5 中的常数 0 可改为任何实数 C.

(2)广义积分也叫作**反常积分**，相应地，以前讨论的积分叫作**常义积分**.

由上述定义及牛顿-莱布尼茨公式，可得下列结果：

设 $F(x)$ 为 $f(x)$ 在区间 $[a,+\infty)$ 上的一个原函数，并记 $F(+\infty)=\lim\limits_{x\to+\infty}F(x)$，$F(-\infty)=\lim\limits_{x\to-\infty}F(x)$，则上述广义积分可表示为

$$\int_a^{+\infty} f(x)\mathrm{d}x=F(x)\Big|_a^{+\infty}=F(+\infty)-F(a),$$

$$\int_{-\infty}^b f(x)\mathrm{d}x=F(x)\Big|_{-\infty}^b=F(b)-F(-\infty),$$

$$\int_{-\infty}^{+\infty} f(x)\mathrm{d}x = F(x)\Big|_{-\infty}^{+\infty} = F(+\infty) - F(-\infty).$$

这时，广义积分的收敛或发散就取决于 $F(+\infty)$，$F(-\infty)$ 是否存在. 若存在，则收敛；若不存在，则发散.

例 1 求 $\int_{1}^{+\infty} \frac{1}{x^2}\mathrm{d}x$.

解 $\int_{1}^{+\infty} \frac{1}{x^2}\mathrm{d}x = -\frac{1}{x}\Big|_{1}^{+\infty} = -\left(\lim\limits_{x\to+\infty}\frac{1}{x} - 1\right) = 1.$

例 2 求 $\int_{1}^{+\infty} \frac{1}{\sqrt{x}}\mathrm{d}x$.

解 $\int_{1}^{+\infty} \frac{1}{\sqrt{x}}\mathrm{d}x = 2\sqrt{x}\Big|_{1}^{+\infty} = \lim\limits_{x\to+\infty}(2\sqrt{x} - 2) = +\infty,$

所以该积分发散.

例 3 求 $\int_{-\infty}^{0} \frac{x}{(1+x^2)^2}\mathrm{d}x$.

解
$$\int_{-\infty}^{0} \frac{x}{(1+x^2)^2}\mathrm{d}x = \frac{1}{2}\int_{-\infty}^{0} \frac{1}{(1+x^2)^2}\mathrm{d}(x^2) = \frac{1}{2}\int_{-\infty}^{0} \frac{1}{(1+x^2)^2}\mathrm{d}(1+x^2)$$
$$= -\frac{1}{2(1+x^2)}\Big|_{-\infty}^{0} = -\left[\frac{1}{2} - \lim_{x\to-\infty}\frac{1}{2(1+x^2)}\right]$$
$$= -\frac{1}{2}.$$

例 4 求 $\int_{0}^{+\infty} \mathrm{e}^{-x}\mathrm{d}x$.

解
$$\int_{0}^{+\infty} \mathrm{e}^{-x}\mathrm{d}x = -\int_{0}^{+\infty} \mathrm{e}^{-x}\mathrm{d}(-x)$$
$$= -\mathrm{e}^{-x}\Big|_{0}^{+\infty} = -(\lim_{x\to+\infty}\mathrm{e}^{-x} - \mathrm{e}^{0}) = 1.$$

例 5 求 $\int_{-\infty}^{+\infty} \frac{1}{1+x^2}\mathrm{d}x$.

解
$$\int_{-\infty}^{+\infty} \frac{1}{1+x^2}\mathrm{d}x = \arctan x\Big|_{-\infty}^{+\infty} = \lim_{x\to+\infty}\arctan x - \lim_{x\to-\infty}\arctan x$$
$$= \frac{\pi}{2} - \left(-\frac{\pi}{2}\right) = \pi.$$

习题 3.5

计算下列广义积分：

(1) $\int_0^{+\infty}\frac{1}{1+x^2}\mathrm{d}x$； (2) $\int_0^{+\infty}x\mathrm{e}^{-x^2}\mathrm{d}x$；

(3) $\int_4^{+\infty}\frac{\mathrm{d}x}{2\sqrt{x}}$； (4) $\int_{-\infty}^{0}\cos x\mathrm{d}x$；

(5) $\int_{-\infty}^{+\infty}\frac{2x\mathrm{d}x}{x^2+1}$； (6) $\int_2^{+\infty}\frac{\mathrm{d}x}{x^2-x}$.

本章小结

本章主要介绍了不定积分与定积分的概念、计算方法及其应用.

1. 基本概念

原函数、不定积分、定积分、广义积分.

2. 基本方法

求积分的具体方法有：直接积分法，第一换元积分法(也叫凑微分法)，第二换元积分法，分部积分法.

注意 (1) 求积分的运算要比求导数的运算困难得多，且技巧性也较强.

(2) 在定积分的换元积分法中，如果用新的积分变量替代原来的积分变量，那么定积分的上、下限也要相应变换；如果不写出新的积分变量，而是直接用凑微分法计算，那么定积分的上、下限不需变换.

3. 基本公式

(1) 不定积分的基本公式：要求熟练掌握的共有 13 个积分基本公式.

(2) 定积分的计算公式：牛顿-莱布尼茨公式(也叫微积分的基本公式)

$$\int_a^b f(x)\mathrm{d}x = F(x)\Big|_a^b = F(b) - F(a).$$

牛顿-莱布尼茨公式揭示了定积分与不定积分之间的联系，即

$$\int_b^a f(x)\mathrm{d}x = \left[\int f(x)\mathrm{d}x\right]_b^a,$$

也指出了计算定积分的两个步骤：先求出不定积分 $\int f(x)\mathrm{d}x$ 的一个原函数 $F(x)$，再计算原函数 $F(x)$ 在 b 与 a 的函数值之差.

4. 基本应用

利用定积分的微元法解决了几何方面（如平面图形的面积、旋转体的体积等）和物理方面（如变力做功、液体的压力等）的一些实际问题. 事实上，定积分在自然科学、社会科学、应用科学等领域都有着较为广泛的应用.

复习题三

1. 求下列不定积分：

(1) $\int \frac{\mathrm{d}x}{x^2}$；　　(2) $\int \frac{\mathrm{d}x}{x^2\sqrt{x}}$；

(3) $\int (\mathrm{e}^x + \sqrt[3]{x})\mathrm{d}x$；　　(4) $\int (\cos x - \sin x)\mathrm{d}x$；

(5) $\int \left(\cos\frac{x}{2} - \sin\frac{x}{2}\right)^2 \mathrm{d}x$；　　(6) $\int \frac{\sqrt{x^4 + x^{-4} + 2}}{x^4}\mathrm{d}x$；

(7) $\int (x-2)^2 \, dx$；　　(8) $\int \left(2e^x + \frac{3}{x}\right) dx$；

(9) $\int \frac{x^2}{1+x^2} \, dx$；　　(10) $\int \frac{2 \cdot 3^x - 5 \cdot 2^x}{3^x} dx$；

(11) $\int \frac{\cos 2x}{\cos^2 x \sin^2 x} \, dx$；　　(12) $\int \frac{1}{x^2(1+x^2)} \, dx$；

(13) $\int \frac{3x^4 + 3x^2 + 1}{x^2 + 1} \, dx$；　　(14) $\int \frac{1}{1+\cos 2x} \, dx$；

(15) $\int \sec x(\sec x - \tan x) \, dx$.

2. 计算下列定积分：

(1) $\int_1^4 \frac{x+1}{\sqrt{x}} dx$；　　(2) $\int_0^1 (3e^x + x^3 - \sin x) dx$；

(3) $\int_0^1 (2x+3) dx$；　　(4) $\int_0^1 \frac{1}{1+x} dx$；

(5) $\int_{0}^{\frac{\pi}{3}} \tan^2 x \mathrm{d}x$；

(6) $\int_{4}^{9} \left(\sqrt{x}+\frac{1}{\sqrt{x}}\right)\mathrm{d}x$；

(7) $\int_{0}^{1} \frac{1-x^2}{1+x^2}\mathrm{d}x$；

(8) $\int_{1}^{\sqrt{3}} \frac{1+2x^2}{x^2(1+x^2)}\mathrm{d}x$；

(9) $\int_{-1}^{0} \frac{3x^4+3x^2+1}{x^2+1}\mathrm{d}x$；

(10) $\int_{0}^{2\pi} |\sin x|\mathrm{d}x$.

3. 求下列不定积分：

(1) $\int (3-2x)^3\mathrm{d}x$；

(2) $\int \frac{\mathrm{d}x}{\sqrt[3]{2-3x}}$；

(3) $\int \sin\left(3x-\frac{\pi}{4}\right)\mathrm{d}x$；

(4) $\int (2x-1)^{12}\mathrm{d}x$；

(5) $\int 3^{2-5x}\mathrm{d}x$；

(6) $\int \frac{1}{\sqrt{9-x^2}}\mathrm{d}x$；

(7) $\int \frac{\sin\sqrt{t}}{\sqrt{t}}\mathrm{d}t$；　　(8) $\int \frac{x}{\sqrt{x^2-2}}\mathrm{d}x$；

(9) $\int \sqrt{2+\mathrm{e}^x}\,\mathrm{e}^x\mathrm{d}x$；　　(10) $\int \sin x\cos x\mathrm{d}x$；

(11) $\int \frac{1}{x\ln^2 x}\mathrm{d}x$；　　(12) $\int \cos^2 x\mathrm{d}x$；

(13) $\int \frac{1}{\mathrm{e}^x+\mathrm{e}^{-x}}\mathrm{d}x$；　　(14) $\int \frac{1}{a^2-x^2}\,\mathrm{d}x$.

4．已知函数 $f(x)=\begin{cases}\mathrm{e}^{3x}, & x\leqslant 1,\\ \frac{\ln x}{x}, & x>1,\end{cases}$ 计算 $\int_{-1}^{3} f(x)\mathrm{d}x$.

5．计算下列定积分：

(1) $\int_{\mathrm{e}}^{\mathrm{e}^2} \frac{\mathrm{d}x}{x\ln x}$；　　(2) $\int_{\frac{1}{\mathrm{e}}}^{\mathrm{e}} \frac{1}{x}(\ln x)^2\mathrm{d}x$；

(3) $\int_{1}^{e}\frac{dx}{x\sqrt{1-\ln^{2}x}}$;

(4) $\int_{0}^{1}\frac{x}{x^{2}+1}dx$;

(5) $\int_{1}^{2}\frac{e^{\frac{1}{x}}}{x^{2}}dx$;

(6) $\int_{0}^{1}\frac{e^{x}}{1+e^{x}}dx$.

6. 计算下列定积分:

(1) $\int_{0}^{8}\frac{1}{1+\sqrt[3]{x}}dx$;

(2) $\int_{1}^{5}\frac{\sqrt{x-1}}{x}dx$;

(3) $\int_{-1}^{1}\frac{x}{\sqrt{5-4x}}dx$;

(4) $\int_{0}^{1}\sqrt{4-x^{2}}dx$;

(5) $\int_{1}^{\sqrt{3}}\frac{dx}{x^{2}\sqrt{1+x^{2}}}$;

(6) $\int_{1}^{2}\frac{\sqrt{x^{2}-1}}{x}dx$.

7. 求下列不定积分:

(1) $\int\ln(1+x^{2})dx$;

(2) $\int x^{2}\arctan x dx$;

(3) $\int x^2\sin x\mathrm{d}x$；　　(4) $\int \ln^2 x\mathrm{d}x$；

(5) $\int x^2\cos^2\frac{x}{2}\mathrm{d}x$；　　(6) $\int x^2\mathrm{e}^{3x}\mathrm{d}x$；

(7) $\int \mathrm{e}^x\cos x\mathrm{d}x$；　　(8) $\int \mathrm{e}^{2x}\cos 3x\mathrm{d}x$；

(9) $\int \cos\sqrt{x}\mathrm{d}x$；　　(10) $\int \arctan\sqrt{x+1}\mathrm{d}x$.

8. 计算下列定积分：

(1) $\int_0^{\frac{\pi}{2}}\mathrm{e}^x\sin x\mathrm{d}x$；　　(2) $\int_{\frac{1}{e}}^{e}|\ln x|\mathrm{d}x$；

(3) $\int_0^1\mathrm{e}^{\sqrt{x}}\mathrm{d}x$；　　(4) $\int_0^{\frac{1}{2}}\arcsin x\mathrm{d}x$；

(5) $\int_0^{\pi} x^2\cos 2x\mathrm{d}x$；

(6) $\int_1^4 \frac{\ln x}{\sqrt{x}}\mathrm{d}x$.

(7) $\int_0^{\frac{\pi}{2}} \mathrm{e}^x\sin 2x\mathrm{d}x$；

(8) $\int_1^{\mathrm{e}} \sin(\ln x)\mathrm{d}x$.

9. 求由下列各曲线所围成的图形的面积：

(1) $y=\sin x, y=\cos x$ 与直线 $x=0$ 及 $x=\pi$；

(2) $y=x^2+2$ 与直线 $y=5-2x$；

(3) $y=x-2$ 与抛物线 $y=4-x^2$.

10. 求由下列已知曲线所围成的图形按指定的轴旋转所产生的旋转体的体积：

(1) $y-x^2, y^2=8x$，绕 x 轴或 y 轴；

(2) $x^2+(y-5)^2=16$，绕 x 轴.

11. 有一锥形贮水池，深 15 m，口径 20 m，盛满水，今以唧筒（从前抽水用的器具，亦称“泵”“抽水机”）将水吸尽，问要做多少功？（水的密度 $\rho=10^3\ \mathrm{kg/m^3}$，$g$ 取 $9.8\ \mathrm{m/s^2}$）

12. 有一水闸的门为矩形，宽为 20 m，高为 16 m，垂直立于水中，如果闸门的上边恰好与水面相齐，求水作用在闸门上的压力.（水的密度 $\rho=10^3\ \mathrm{kg/m^3}$）

13. 如图 3.19 所示，设有一长为 l、质量为 M 的均匀细杆，另有一质量为 m 的质点与杆在一条直线上，它到杆的近端距离为 a，求细杆与质点之间的引力.

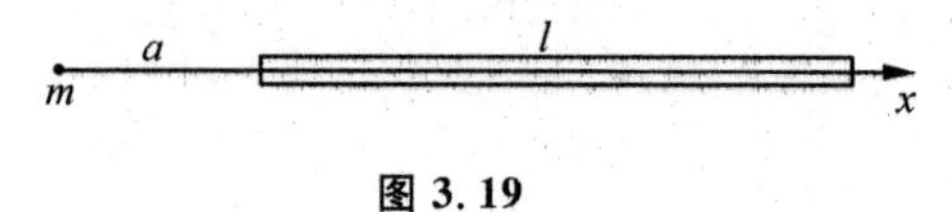

图 3.19

14. 计算下列广义积分：

(1) $\int_1^{+\infty}\frac{1}{x^4}\mathrm{d}x$；　　(2) $\int_0^{+\infty}\mathrm{e}^{-ax}\mathrm{d}x\ (a>0)$；

(3) $\int_{\mathrm{e}}^{+\infty}\frac{\mathrm{d}x}{x(\ln x)^2}$；　　(4) $\int_{-\infty}^{+\infty}\frac{\mathrm{d}x}{x^2+4x+5}$.

第4章 微分方程

在科学技术和实际生活中，我们在求解函数时，往往不能直接写出所求函数的关系式，但可以得到含有所求函数的导数或微分的等式(即微分方程). 微分方程是描述客观事物的数量关系的一种重要数学模型. 本章将介绍微分方程中最基本的一些概念、最常见的一些微分方程及其解法，并介绍它在科学技术和实际生活中一些简单的应用.

§4.1 微分方程的基本概念

本节将介绍微分方程的定义及微分方程的阶、解、通解、特解、初始条件等基本概念.

一、微分方程的概念

引例 已知一条曲线上任意一点(x,y)处的切线斜率等于该点横坐标x的2倍，且曲线经过点$(1,3)$，求该曲线的方程.

解 设所求曲线的方程为$y=f(x)$. 由导数的几何意义，得

$$y'=2x \text{ 或 } \frac{\mathrm{d}y}{\mathrm{d}x}=2x \text{ 或 } \mathrm{d}y=2x\mathrm{d}x,$$

两边积分，得
$$y=x^2+C,$$
由已知条件$y|_{x=1}=3$得$C=2$，则所求曲线方程为$y=x^2+2$.

凡含有未知函数的导数(或微分)的等式称为**微分方程**. 在微分方程中，所含未知函数的导数的最高阶数叫作该微分方程的**阶**.

例如，在引例中出现的方程$\frac{\mathrm{d}y}{\mathrm{d}x}=2x$就是一阶微分方程，而方程$y''+4y'+3y=0$是二阶微分方程.

如果将一个函数$y=y(x)$代入微分方程后能使方程两边恒等，则函数$y=y(x)$叫作该微分方程的**解**.

显然，函数$y=x^2+2$及$y=x^2+C$都是微分方程$\frac{\mathrm{d}y}{\mathrm{d}x}=2x$的解. 微分方程的解有两种形式：一种不含任意常数；一种含有任意常数.

如果微分方程的解中含有任意常数，且独立的任意常数的个数与微分方程的阶数相同，那么这样的解叫作微分方程的**通解**. 而把不含有任意常数的解

叫作微分方程的**特解**.

例如,在引例中,$y=x^2+C$ 与 $y=x^2+2$ 都是微分方程 $\frac{dy}{dx}=2x$ 的解,又因为在 $y=x^2+C$ 中含有一个任意常数 C,且微分方程 $\frac{dy}{dx}=2x$ 是一阶的,所以 $y=x^2+C$ 是微分方程 $\frac{dy}{dx}=2x$ 的通解.而在 $y=x^2+2$ 中因为不含有任意常数,所以 $y=x^2+2$ 是微分方程 $\frac{dy}{dx}=2x$ 的特解.

注意 一阶微分方程的通解中必须含有一个任意常数,而二阶微分方程的通解中必须含有两个独立的任意常数.

用来确定微分方程通解中的任意常数的条件叫作**初始条件**(也可以叫作**定解条件**).

例如在引例中的已知条件 $y|_{x=1}=3$ 就是初始条件.

一阶微分方程的初始条件可表示为

$$y|_{x=x_0}=y_0 \text{ 或 } y(x_0)=y_0\text{,其中 } x_0,y_0 \text{ 是两个已知数.}$$

二阶微分方程的初始条件可表示为

$$\begin{cases} y(x_0)=y_0, \\ y'(x_0)=y_0', \end{cases}$$

其中 x_0,y_0,y_0' 是三个已知数.

求微分方程满足初始条件的解的问题叫作**初值问题**(也可以叫作**定解问题**).

例 1 验证函数 $y=C_1\sin x+C_2\cos x$(其中 C_1,C_2 为任意常数)是二阶微分方程 $y''+y=0$ 的通解.

解 由 $y=C_1\sin x+C_2\cos x$,得

$$y'=C_1\cos x-C_2\sin x,y''=-C_1\sin x-C_2\cos x,$$

将 y,y'' 代入微分方程 $y''+y=0$ 的左端,得

$$(-C_1\sin x-C_2\cos x)+(C_1\sin x+C_2\cos x)=0,$$

则函数 $y=C_1\sin x+C_2\cos x$ 是所给微分方程的解,又这个解中有两个独立的任意常数,且与微分方程的阶数相同,所以 $y=C_1\sin x+C_2\cos x$ 是微分方程的通解.

二、线性相关与线性无关

在前面的讨论中,多次提到过独立的任意常数,那么什么是独立的任意常数呢?

对于例 1,可以验证函数 $y=C_1\sin x+2C_2\sin x$ 也是微分方程 $y''+y=0$ 的解,但其中的 C_1 和 C_2 就不是两个独立的任意常数,因为 $C_1\sin x+2C_2\sin x=(C_1+2C_2)\sin x=C\sin x$,这时能将 C_1,C_2 合并成一个任意常数 C,则 $y=C_1\sin x+2C_2\sin x$ 中的 C_1 和 C_2 就不是两个独立的任意常数了.而 $y=C_1\sin x+$

$C_2\cos x$ 中的 C_1,C_2 就不能合并成一个任意常数,则 $y=C_1\sin x+C_2\cos x$ 中的 C_1 和 C_2 就是两个独立的任意常数.

为了确定任意常数是否独立这一问题,我们引入下面的定义:

定义 4.1 设函数 $y_1=y_1(x)$ 和 $y_2=y_2(x)$ 在区间 (a,b) 内有定义,若存在一个不为零的常数 k,使得在 (a,b) 内

$$\frac{y_1}{y_2}=k$$

恒成立,则称函数 y_1,y_2 在 (a,b) 内**线性相关**,否则称为**线性无关**.

例 2 判别下列各组函数是线性相关还是线性无关:

(1) $\sin x$ 与 $\cos x$; (2) $\sin x$ 与 $2\sin x$; (3) e^x 与 xe^x.

解 (1) 因为 $\frac{y_1}{y_2}=\frac{\sin x}{\cos x}=\tan x\neq$ 常数,所以 $\sin x$ 与 $\cos x$ 线性无关.

(2) 因为 $\frac{y_1}{y_2}=\frac{\sin x}{2\sin x}=\frac{1}{2}$(常数),所以 $\sin x$ 与 $2\sin x$ 线性相关.

(3) 因为 $\frac{y_1}{y_2}=\frac{xe^x}{e^x}=x\neq$ 常数,所以 e^x 与 xe^x 线性无关.

因为 $\sin x$ 与 $\cos x$ 线性无关,显然在 $y=C_1\sin x+C_2\cos x$ 中的 C_1 和 C_2 就是两个独立的任意常数(即 C_1,C_2 不能合并成一个任意常数).而因为 $\sin x$ 与 $2\sin x$ 线性相关,所以在 $y=C_1\sin x+2C_2\sin x$ 中的 C_1 和 C_2 就不是两个独立的任意常数(即 C_1,C_2 能合并成一个任意常数).一般地,我们有下面的定理:

定理 4.1 若 y_1 与 y_2 线性无关,则函数 $y=C_1y_1+C_2y_2$ 中的 C_1 和 C_2 就是两个独立的任意常数;若 y_1 与 y_2 线性相关,则函数 $y=C_1y_1+C_2y_2$ 中的 C_1 和 C_2 就不是两个独立的任意常数.

在本章的第三节中将会用到这一结论.

习题 4.1

1. 指出下列方程哪些是微分方程：

(1) $y'=2x$；

(2) $y=2x+1$；

(3) $(y-2xy)\mathrm{d}x+x^2\mathrm{d}y=0$；

(4) $y''-4y'+5y=0$；

(5) $\sin y=1$；

(6) $\dfrac{\mathrm{d}^2\theta}{\mathrm{d}t^2}+\dfrac{g}{l}\sin\theta=0$.

2. 指出下列微分方程的阶数(其中 y 为未知函数)：

(1) $x\mathrm{d}x-y^2\mathrm{d}y=0$；

(2) $y'+2y=x^2$；

(3) $\mathrm{d}y=\dfrac{2y}{100+x}\mathrm{d}x$；

(4) $y''+8y'=4x^3+1$；

(5) $y'y''-x^2y=1$；

(6) $y'''-3x^2=\mathrm{e}^x$.

3. 判别下列各组函数是线性相关还是线性无关：

(1) $3x$ 与 x^3；

(2) x^2 与 $\dfrac{1}{2}x^2$；

(3) e^x 与 $3e^x$；　　　　(4) $\sin x$ 与 $\sin 2x$；

(5) e^x 与 e^{-x}；　　　　(6) $2e^x$ 与 e^{2x}.

4. 验证 $y=Cx^2$（C 为任意常数）是一阶微分方程 $2y-xy'=0$ 的通解，并求满足初始条件 $y|_{x=1}=2$ 的特解.

5. (1) 验证函数 $y_1=\sin 2x$，$y_2=3\sin 2x$ 是微分方程 $y''+4y=0$ 的两个解.

(2) $y=C_1y_1+C_2y_2$ 是该微分方程的通解吗？为什么？

(3) 又 $y_3=\cos 2x$ 满足该微分方程，则 $y=C_1y_1+C_2y_3$ 是该方程的通解吗？为什么？

6. 已知一质点沿 x 轴做变速运动，其速度为 $v(t)=3t^2+1$，且当 $t=0$ 时该质点的坐标为 1. 试求该质点的运动规律 $s=s(t)$.

§4.2 一阶微分方程

本节将研究一阶微分方程中最常见的两类方程:可分离变量的微分方程和一阶线性微分方程.

一、可分离变量的微分方程

定义 4.2 形如 $\frac{dy}{dx}=f(x)g(y)$ 的方程称为**可分离变量的微分方程**.

该微分方程的特点是:可以将微分方程中的两个变量 x(包括 dx)和 y(包括 dy)分离在等式的两端.若该微分方程中出现 y' 时,注意将 y' 化为$\frac{dy}{dx}$.

求解可分离变量微分方程的一般步骤是:

(1) 分离变量,$\frac{dy}{g(y)}=f(x)dx$,其中 $g(y)\neq 0$;

(2) 对两边积分,$\int\frac{dy}{g(y)}=\int f(x)dx$;

(3) 计算出不定积分,得到微分方程的通解 $G(y)=F(x)+C$(C 为任意常数).

以上这种求解方法叫作**分离变量法**.

例 1 求微分方程 $y'-2xy=0$ 的通解.

解 原方程可变形为

$$\frac{dy}{dx}=2xy,$$

分离变量得

$$\frac{dy}{y}=2xdx(\text{假定 } y\neq 0),$$

两边积分得

$$\int\frac{1}{y}\,dy=2\int xdx,$$

求积分得

$$\ln|y|=x^2+C_1,$$

所以

$$|y|=e^{x^2+C_1}=e^{C_1}e^{x^2},$$

即

$$y=\pm e^{C_1}e^{x^2}=Ce^{x^2}\,(C=\pm e^{C_1}).$$

由于 $y=0$ 也是微分方程的解,所以上式中的 C 也可以等于零,则微分方程的通解为

$$y=Ce^{x^2}\,(C\text{ 为任意常数}).$$

注意 在上例中,对积分$\int \frac{1}{y}\mathrm{d}y$的计算今后可简化成$\int \frac{1}{y}\mathrm{d}y=\ln y$,这样求出来的通解还是$y=Ce^{x^2}$,这给我们的运算带来了方便,也请读者学会这样去处理.

例2 求微分方程$(y-2xy)\mathrm{d}x+x^2\mathrm{d}y=0$满足初始条件$y\big|_{x=1}=\mathrm{e}$的特解.

解 这是一个可分离变量的微分方程,分离变量得

$$\frac{1}{y}\mathrm{d}y=\frac{2x-1}{x^2}\mathrm{d}x,$$

两边积分得

$$\int \frac{1}{y}\mathrm{d}y=\int \frac{2x-1}{x^2}\mathrm{d}x,$$

则得到该微分方程的通解为

$$\ln y=2\ln x+\frac{1}{x}+C.$$

将初始条件$y(1)=\mathrm{e}$代入上式,得$C=0$,则所求特解为

$$\ln y=2\ln x+\frac{1}{x},$$

即

$$y=x^2\mathrm{e}^{\frac{1}{x}}.$$

二、一阶线性微分方程

定义4.3 形如

$$y'+P(x)y=Q(x) \tag{4.1}$$

的方程称为**一阶线性微分方程**,其中$P(x)$,$Q(x)$为已知函数.

这里线性的含义是指在微分方程中对含有y或y'的项来说,y或y'都必须是一次的,且不含有yy'这样的项.

当$Q(x)=0$时,有

$$y'+P(x)y=0, \tag{4.2}$$

此时,方程(4.2)叫作**齐次方程**;当$Q(x)\neq 0$时,方程(4.1)叫作**非齐次方程**.微分方程(4.2)也叫作微分方程(4.1)所对应的齐次方程.

例如,下列微分方程

$$2y'+y=x^2,$$

$$y'+\frac{1}{x}y=\frac{\sin x}{x},$$

$$y'+(\cos x)y=0$$

都是一阶线性微分方程,并且前两个是非齐次的,而最后一个是齐次的.

又如,下列一阶微分方程

$$y'-y^2=0(因为\ y^2\ 是\ y\ 的二次式),$$

$$yy'+y=x(含有\ yy'\ 项),$$

$$y'-\sin y=0(\sin y\text{ 不是 }y\text{ 的一次式})$$

都不是一阶线性微分方程.

1. 一阶齐次线性微分方程

为了求一阶非齐次线性微分方程(4.1)的通解,我们先讨论一阶齐次线性微分方程(4.2)的通解.

显然方程(4.2)是可分离变量的微分方程,分离变量得

$$\frac{\mathrm{d}y}{y}=-P(x)\mathrm{d}x,$$

两边积分得

$$\ln y=-\int P(x)\mathrm{d}x+C_1,$$

即

$$y=\mathrm{e}^{-\int P(x)\mathrm{d}x+C_1}=\mathrm{e}^{C_1}\cdot\mathrm{e}^{-\int P(x)\mathrm{d}x}=C\mathrm{e}^{-\int P(x)\mathrm{d}x}\text{(其中 }C=\mathrm{e}^{C_1}\text{)}.$$

从而得到微分方程(4.2)的通解公式为

$$y=C\mathrm{e}^{-\int P(x)\mathrm{d}x}. \tag{4.3}$$

说明 在式(4.3)中,因为将不定积分中的任意常数 C 先写出来了,所以在进行具体计算时,其中的不定积分 $\int P(x)\mathrm{d}x$ 就不需要再加任意常数 C 了,即不定积分 $\int P(x)\mathrm{d}x$ 仅表示 $P(x)$的一个确定的原函数.

例 3 求微分方程 $y'+(\cos x)y=0$ 的通解.

解 所给微分方程是一阶线性齐次微分方程,且 $P(x)=\cos x$,代入通解公式(4.3)中,则得到该微分方程的通解为

$$y=C\mathrm{e}^{-\int P(x)\mathrm{d}x}=C\mathrm{e}^{-\int\cos x\mathrm{d}x}=C\mathrm{e}^{-\sin x}.$$

2. 一阶非齐次线性微分方程

一阶非齐次线性微分方程 $y'+P(x)y=Q(x)$与其对应的齐次微分方程 $y'+P(x)y=0$ 的差异在于 $Q(x)\neq 0$,我们可以猜想它们的通解之间会存在一定的联系,下面来求一阶非齐次线性微分方程(4.1)的通解.

我们已经知道一阶齐次线性微分方程(4.2)的通解为 $y=C\mathrm{e}^{-\int P(x)\mathrm{d}x}$,此时设 $y_1=\mathrm{e}^{-\int P(x)\mathrm{d}x}$(显然,$y_1$ 是微分方程(4.2)的一个解),则一阶齐次线性微分方程(4.2)的通解为 $y=Cy_1$,但 $y=Cy_1$ 不是一阶非齐次线性微分方程(4.1)的解. 我们将 $y=Cy_1$ 中的常数 C 变成 x 的函数 $C(x)$,得到 $y=C(x)y_1$,并把 $y=C(x)y_1$ 视为一阶非齐次线性微分方程(4.1)的解,其中$C(x)$为待定函数. 根据解的意义,我们将 $y=C(x)y_1$ 代入微分方程(4.1)中,会有怎样的结果呢?

先对 $y=C(x)y_1$ 求导,可得 $y'=C'(x)y_1+C(x)y_1'$,再将 y 和 y'代入(4.1)中,得

$$[C'(x)y_1+C(x)y_1']+P(x)\cdot C(x)y_1=Q(x),$$

整理得

$$C'(x)y_1+C(x)[y_1'+P(x)y_1]=Q(x).$$

因为 y_1 是微分方程(4.2)的一个解，即 $y_1'+P(x)y_1=0$，所以

$$C'(x)y_1=Q(x),$$

即

$$C'(x)=\frac{Q(x)}{y_1}=\frac{Q(x)}{\mathrm{e}^{-\int P(x)\mathrm{d}x}}=Q(x)\mathrm{e}^{\int P(x)\mathrm{d}x},$$

两边积分得

$$C(x)=\int Q(x)\ \mathrm{e}^{\int P(x)\mathrm{d}x}\mathrm{d}x+C.$$

显然，我们把函数 $C(x)$ 计算出来了. 于是得到微分方程(4.1)的通解为

$$y=\mathrm{e}^{-\int P(x)\mathrm{d}x}\left[\int Q(x)\mathrm{e}^{\int P(x)\mathrm{d}x}\mathrm{d}x+C\right]. \tag{4.4}$$

式(4.4)就是一阶非齐次线性微分方程(4.1)的通解公式.

注意　在式(4.4)中，对每个不定积分的要求与式(4.3)相同，都不需要再加任意常数 C 了，请读者再看一看前面对式(4.3)的说明.

上述求解方法叫作**常数变易法**.

用常数变易法求一阶非齐次线性微分方程通解的一般步骤为

(1) 先求出非齐次线性微分方程所对应的齐次线性微分方程的通解 $y=C\mathrm{e}^{-\int P(x)\mathrm{d}x}$；

(2) 将所求出的齐次线性微分方程的通解中的任意常数 C 变为待定函数 $C(x)$，假设出非齐次线性微分方程的解 $y=C(x)\mathrm{e}^{-\int P(x)\mathrm{d}x}$；

(3) 将所假设的解代入非齐次线性微分方程，求出 $C(x)$，最后写出一阶非齐次线性微分方程的通解.

例 4　求微分方程 $2y'-y=\mathrm{e}^x$ 的通解.

解　直接利用通解公式(4.4)求解.

将所给的方程写成一阶非齐次线性微分方程的标准形式：

$$y'-\frac{1}{2}y=\frac{1}{2}\mathrm{e}^x,$$

这是一个一阶线性非齐次微分方程，显然 $P(x)=-\frac{1}{2}$，$Q(x)=\frac{1}{2}\mathrm{e}^x$，将其代入通解公式(4.4)中，得

$$\begin{aligned}y&=\mathrm{e}^{-\int(-\frac{1}{2})\mathrm{d}x}\left[\int\frac{1}{2}\mathrm{e}^x\mathrm{e}^{\int(-\frac{1}{2})\mathrm{d}x}\mathrm{d}x+C\right]\\&=\mathrm{e}^{\frac{1}{2}x}\left(\int\frac{1}{2}\mathrm{e}^x\mathrm{e}^{-\frac{1}{2}x}\mathrm{d}x+C\right)=\mathrm{e}^{\frac{1}{2}x}\left(\int\frac{1}{2}\mathrm{e}^{\frac{1}{2}x}\mathrm{d}x+C\right)\\&=\mathrm{e}^{\frac{1}{2}x}(\mathrm{e}^{\frac{1}{2}x}+C)=\mathrm{e}^x+C\mathrm{e}^{\frac{1}{2}x},\end{aligned}$$

则原微分方程的通解为 $y=\mathrm{e}^x+C\mathrm{e}^{\frac{1}{2}x}$.

请读者尝试着使用常数变易法求上述微分方程的通解.

3. 一阶线性微分方程的应用

例 5 图 4.1 是一阶 RC 电路图，其中 e_i 为输入电压，电容两端的电压 U_C 为输出电压，电阻 R 和电容 C 均为正常数，当 $t=0$ 时，$U_C=0$. 试求电压 U_C 随时间 t 的变化规律. 假设输入电压 $e_i=E$(常数).

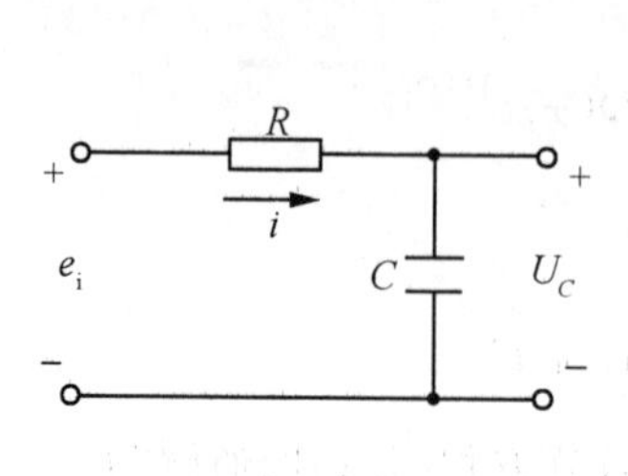

图 4.1

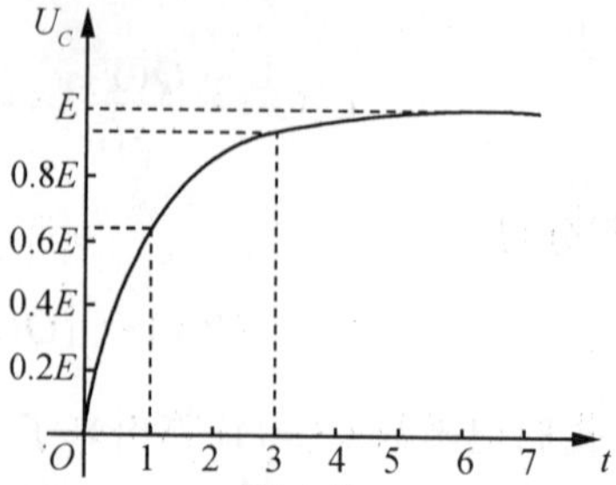

图 4.2

解 这是一个关于电工学的问题.

第一步，先利用电工学知识建立微分方程.

由基尔霍夫电压定律可知，$e_i=U_R+U_C$，其中电容两端的电压 $U_C=U_C(t)$ 是时间 t 的函数，它就是所要求的未知函数. 显然，电阻两端的电压 $U_R=Ri$，其中 R 是常数，电流 i 是变量，且 $i=\frac{\mathrm{d}Q}{\mathrm{d}t}$，而电容上的电荷量 $Q=CU_C$，所以 $i=\frac{\mathrm{d}Q}{\mathrm{d}t}=C\frac{\mathrm{d}U_C}{\mathrm{d}t}$，从而 $U_R=RC\frac{\mathrm{d}U_C}{\mathrm{d}t}$.

又 $e_i=E$，于是得到 U_C 应满足的微分方程

$$RC\frac{\mathrm{d}U_C}{\mathrm{d}t}+U_C=E.$$

另外，由题意知，U_C 满足初始条件 $U_C|_{t=0}=0$. 则可得到下列初值问题：

$$\begin{cases}\frac{\mathrm{d}U_C}{\mathrm{d}t}+\frac{1}{RC}U_C=\frac{E}{RC},\\ U_C|_{t=0}=0.\end{cases}$$

第二步，再求解上述初值问题.

显然，方程是一阶非齐次线性微分方程，求得其通解为

$$\begin{aligned}U_C&=\mathrm{e}^{-\int\frac{1}{RC}\mathrm{d}t}\left(\int\frac{E}{RC}\mathrm{e}^{\int\frac{1}{RC}\mathrm{d}t}\,\mathrm{d}t+A\right)=\mathrm{e}^{-\frac{1}{RC}t}\left(\frac{E}{RC}\int\mathrm{e}^{\frac{1}{RC}t}\,\mathrm{d}t+A\right)\\&=\mathrm{e}^{-\frac{1}{RC}t}\left(E\mathrm{e}^{\frac{1}{RC}t}+A\right)=E+A\mathrm{e}^{-\frac{1}{RC}t},\end{aligned}$$

即 $U_C=E+A\mathrm{e}^{-\frac{t}{RC}}$，其中 A 为任意常数. 由初始条件 $U_C|_{t=0}=0$，可得 $A=-E$.

所以 U_C 随时间 t 的变化规律为 $U_C=E-E\mathrm{e}^{-\frac{t}{RC}}=E(1-\mathrm{e}^{-\frac{t}{\tau}})$，其中 $\tau=RC$ 叫作**时间常数**.

这就是 RC 电路的充电原理公式，其图形如图 4.2 所示.

在上面的例子中，我们假设输入电压 $e_i=E$(常数)，即输入的电源是直流电. 请读者自行思考：如果输入的电源是交流电(如 $e_i=E\sin\omega t$)，该问题如何解决?

例 6 设降落伞从跳伞塔下落,所受空气阻力与速度成正比,降落伞离开塔顶($t=0$)时的速度为零,求降落伞下落速度与时间 t 的函数关系.

解 如图 4.3 所示,设 t 时刻降落伞下落速度为 $v(t)$,伞所受空气阻力为 $-kv$(负号表示阻力与运动方向相反,k 为正的常数),另外,伞在下降过程中还受重力 $G=mg$ 作用,则由牛顿第二定律,得 $m\frac{\mathrm{d}v}{\mathrm{d}t}=mg-kv$,且有初始条件$v|_{t=0}=0$.

于是所给问题归结为求解初值问题:

$$\begin{cases}\frac{\mathrm{d}v}{\mathrm{d}t}+\frac{k}{m}v=g,\\ v|_{t=0}=0.\end{cases}$$

显然,方程是一阶非齐次线性微分方程.求得其通解为

$$v=\mathrm{e}^{-\int\frac{k}{m}\mathrm{d}t}\left(\int g\mathrm{e}^{\int\frac{k}{m}\mathrm{d}t}\mathrm{d}t+C\right)$$

$$=\mathrm{e}^{-\frac{k}{m}t}\left(\int g\mathrm{e}^{\frac{k}{m}t}\mathrm{d}t+C\right)$$

$$=\mathrm{e}^{-\frac{k}{m}t}\left(\frac{mg}{k}\mathrm{e}^{\frac{k}{m}t}+C\right)=\frac{mg}{k}+C\mathrm{e}^{-\frac{k}{m}t}.$$

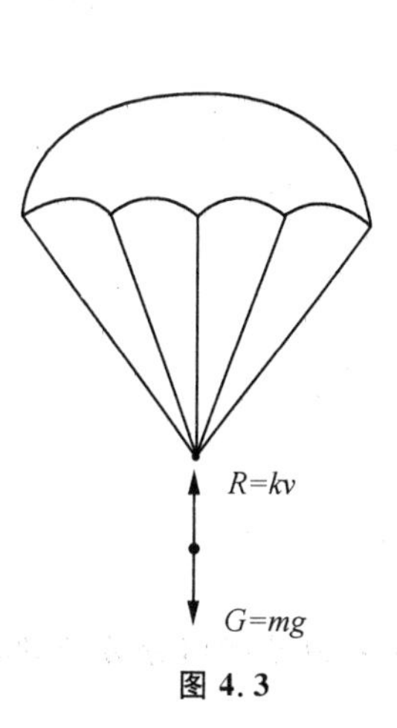

图 4.3

由初始条件 $v|_{t=0}=0$,可得

$$C=-\frac{mg}{k}.$$

则所求函数关系式为

$$v=\frac{mg}{k}\left(1-\mathrm{e}^{-\frac{k}{m}t}\right).$$

由此可见,随着 t 的增大,速度 v 逐渐趋于常数$\frac{mg}{k}$,但不会超过$\frac{mg}{k}$,这说明跳伞下落过程,开始阶段是加速运动,以后逐渐趋于匀速运动.因此,只要降落伞能正常打开,并且掌握好方向,落地时避开山崖、海面、树木等,一般不会有生命危险.

习题 4.2

1. 用分离变量法求下列微分方程的通解：

(1) $y'-y=0$；

(2) $\frac{\mathrm{d}y}{\mathrm{d}x}=\frac{x}{y}$；

(3) $2xyy'=y^2+1$；

(4) $y'-(\sin x)y=0$；

(5) $y'=\mathrm{e}^{x-y}$；

(6) $y'=xy^2+x+y^2+1$.

2. 求下列一阶线性微分方程的通解：

(1) $y'+\frac{y}{x}=x$；

(2) $y'+y=\mathrm{e}^{-x}$；

(3) $y'-\frac{y}{x}=x^2$；

(4) $y'+\frac{y}{x}-\sin x=0$.

3. 解下列初值问题 $\begin{cases} y'=-\frac{y}{x}, \\ y|_{x=-2}=4. \end{cases}$

4. 将一个温度为 100 ℃的物体放在 20 ℃的恒温环境中进行冷却，已知物体冷却的速度与温差成正比. 求该物体温度变化的规律.

§4.3 二阶常系数线性微分方程

二阶常系数线性微分方程在科学技术中有着广泛的应用，本节将重点讨论求解二阶常系数齐次线性微分方程的特征方程法和求解二阶非线性微分方程某一特解的待定系数法.

一、二阶常系数齐次线性微分方程解的结构

定义 4.4 形如

$$y''+py'+qy=0 \tag{4.5}$$

的方程称为**二阶常系数齐次线性微分方程**，其中 p,q 为常数.

例如，微分方程 $y''+4y'+3y=0$ 和 $y''-4y=0$ 都是二阶常系数齐次线性微分方程.

根据微分方程的解的定义，可以得到下面的定理.

定理 4.2 若 y_1,y_2 是微分方程(4.5)的两个解，则 $y=C_1y_1+C_2y_2$ 也是微分方程(4.5)的解，其中 C_1 和 C_2 为任意常数.

注意 根据微分方程通解的定义以及定理 4.1 可知，$y=C_1y_1+C_2y_2$ 不一定是二阶微分方程(4.5)的通解. 只有当 y_1 与 y_2 线性无关时，$y=C_1y_1+C_2y_2$ 中的 C_1 和 C_2 才是两个独立的任意常数，即解 $y=C_1y_1+C_2y_2$ 中所含独立的任意常数的个数与二阶微分方程(4.5)的阶数相同，此时 $y=C_1y_1+C_2y_2$ 才是微分方程(4.5)的通解. 于是得到下面的定理.

定理 4.3 若 y_1,y_2 是微分方程(4.5)的两个线性无关的解，则 $y=C_1y_1+C_2y_2$ 是微分方程(4.5)的通解，其中 C_1 和 C_2 为任意常数.

二、二阶常系数齐次线性微分方程的解法

由定理 4.3 可知，欲求微分方程(4.5)的通解，只需求出它的两个线性无关的特解即可. 根据微分方程(4.5)具有的特点，我们假设 $y=e^{rx}$（其中 r 为待定常数）是微分方程(4.5)的解，并将 $y=e^{rx}$ 代入微分方程(4.5)中，得

$$e^{rx}(r^2+pr+q)=0.$$

因为 $e^{rx}\neq 0$，所以有

$$r^2+pr+q=0. \tag{4.6}$$

方程(4.6)是一个关于 r 的一元二次方程，显然，只要 r 满足方程(4.6)，函数 $y=e^{rx}$ 就是微分方程(4.5)的解.

我们把方程(4.6)叫作微分方程(4.5)的**特征方程**，方程(4.6)的根叫作**特征根**.

例如，微分方程 $y''+4y'+3y=0$ 的特征方程是 $r^2+4r+3=0$，微分方程 $y''-4y=0$ 的特征方程是 $r^2-4=0$.

根据特征方程(4.6)的三种不同特征根的情况，我们来讨论二阶常系数齐次线性微分方程(4.5)的通解.

(1) 当特征方程(4.6)有两个不同的实根 r_1 和 r_2 时，微分方程(4.5)有两个线性无关的解 $y_1=e^{r_1x}$，$y_2=e^{r_2x}$，此时，微分方程(4.5)的通解为

$$y=C_1e^{r_1x}+C_2e^{r_2x}.$$

(2) 当特征方程(4.6)有两个相等的实根时，即 $r_1=r_2=r$，这时微分方程(4.5)有一个解 $y_1=e^{rx}$，可以验证 $y_2=xe^{rx}$ 也是方程(4.5)的一个解，且 y_1 与 y_2 线性无关，所以，微分方程(4.5)的通解为

$$y=C_1e^{rx}+C_2xe^{rx}=(C_1+C_2x)e^{rx}.$$

(3) 当特征方程(4.6)有一对共轭复数根时，即 $r=\alpha\pm i\beta$(其中 α 与 β 均为实常数，且 $\beta\neq0$)，此时，微分方程(4.5)的通解为

$$y=Ae^{\alpha x+i\beta x}+Be^{\alpha x-i\beta x}=e^{\alpha x}(Ae^{i\beta x}+Be^{-i\beta x}).$$

利用欧拉公式 $e^{i\theta}=\cos\theta+i\sin\theta$，还可得到实数形式的通解

$$y=e^{\alpha x}(C_1\cos\beta x+C_2\sin\beta x),$$

其中 $C_1=A+B$，$C_2=(A-B)i$.

通常情况下，如无特别说明，要求写出实数形式的通解.

根据上面的讨论，求二阶常系数齐次线性微分方程(4.5)的通解的一般步骤为

(1) 写出微分方程的特征方程 $r^2+pr+q=0$；

(2) 求出特征根；

(3) 根据特征根的情况按下表写出微分方程的通解.

特征方程的解的情况	微分方程的通解公式
特征根是两个不相等的实根 $r_1\neq r_2$	$y=C_1e^{r_1x}+C_2e^{r_2x}$
特征根是两个相等的实根 $r_1=r_2=r$	$y=(C_1+C_2x)e^{rx}$
特征根是一对共轭复数根 $r=\alpha\pm i\beta$	$y=e^{\alpha x}(C_1\cos\beta x+C_2\sin\beta x)$

此方法叫作**特征方程法**.

例 1 求微分方程 $y''-2y'-3y=0$ 的通解.

解 微分方程 $y''-2y'-3y=0$ 的特征方程为

$$r^2-2r-3=0,$$

其特征根为 $r_1=-1$，$r_2=3$，则微分方程的通解为

$$y=C_1e^{-x}+C_2e^{3x}(C_1,C_2\text{ 为任意常数}).$$

例 2 求微分方程 $y''-2y'+y=0$ 的通解.

解 微分方程 $y''-2y'+y=0$ 的特征方程为

$$r^2-2r+1=0,$$

其特征根为 $r_1=r_2=1$，则微分方程的通解为

$$y=(C_1+C_2x)e^{x}(C_1,C_2\text{ 为任意常数}).$$

例 3 求微分方程 $y''-4y'+5y=0$ 满足初始条件 $y(0)=1$，$y'(0)=1$ 的特解.

解 微分方程的特征方程为

$$r^2-4r+5=0,$$

其特征根为 $r_1=2+\mathrm{i}, r_2=2-\mathrm{i}$,

即 $\alpha=2,\beta=1$,则微分方程的通解为

$$y=\mathrm{e}^{2x}(C_1\cos x+C_2\sin x)(C_1,C_2\text{ 为任意常数}).$$

由初始条件 $y(0)=1$ 得 $C_1=1$,即

$$y=\mathrm{e}^{2x}(\cos x+C_2\sin x).$$

又因为

$$y'=2\mathrm{e}^{2x}(\cos x+C_2\sin x)+\mathrm{e}^{2x}(-\sin x+C_2\cos x),$$

由初始条件 $y'(0)=1$,得 $C_2=-1$,所以微分方程满足初始条件的特解为

$$y=\mathrm{e}^{2x}(\cos x-\sin x).$$

三、二阶常系数非齐次线性微分方程的解法

定义 4.5 形如

$$y''+py'+qy=f(x) \tag{4.7}$$

的方程称为**二阶常系数线性微分方程**,其中 p,q 为常数.

当 $f(x)\neq 0$ 时,方程(4.7)叫作**非齐次的微分方程**.

而当 $f(x)=0$ 时,方程(4.7)就变为

$$y''+py'+qy=0,$$

显然,这个微分方程就是我们前面讨论的二阶常系数齐次线性微分方程(4.5).微分方程 $y''+py'+qy=0$ 也叫作微分方程(4.7)所对应的齐次方程.

定理 4.4 若 y^* 是非齐次微分方程(4.7)的一个特解,且 Y 是方程(4.7)所对应的齐次方程的通解,则 $y=Y+y^*$ 为非齐次微分方程(4.7)的通解.

定理 4.4 告诉我们,只要求出非齐次微分方程(4.7)的一个特解 y^*,并求出对应的齐次微分方程的通解 Y,就可求出非齐次微分方程(4.7)的通解 y.对二阶常系数齐次线性方程通解 Y 的求解方法前面已经解决,所以求非齐次线性微分方程的通解关键在于求出它的一个特解 y^*.而求非齐次微分方程(4.7)的特解 y^* 与 $f(x)$属于何种类型的函数有关.

本书仅介绍当 $f(x)$为多项式 $P_n(x)$时,如何求非齐次微分方程(4.7)的特解 y^*.

设二阶常系数非齐次线性微分方程为

$$y''+py'+qy=P_n(x), \tag{4.8}$$

其中 $P_n(x)$为 x 的 n 次多项式.

因为方程中 p,q 均为常数,且多项式的导数仍为多项式,所以我们不妨假设微分方程(4.8)的特解为

$$y^*=x^kQ_n(x),$$

其中 $Q_n(x)$与 $P_n(x)$是同次多项式.

当 $q\neq 0$ 时,取 $k=0$;当 $q=0$ 但 $p\neq 0$ 时,取 $k=1$;当 $p=0,q=0$ 时,

取$k=2$.

将所假设的特解 y^* 代入方程(4.8)中,比较等式两端,利用 x 同次幂的系数必须相等,从而确定 $Q_n(x)$ 中各项的系数,得到所求的特解 y^*.

以上这种求特解的方法叫作**待定系数法**.

例 4 求微分方程 $y''-2y'+y=x^2+1$ 的一个特解.

解 因为 $f(x)=x^2+1$ 是 x 的二次多项式,且 $q=1\neq0$,取 $k=0$,所以设特解为

$$y^*=Ax^2+Bx+C,$$

则

$$y^{*\prime}=2Ax+B,y^{*\prime\prime}=2A.$$

代入微分方程,得

$$Ax^2+(-4A+B)x+(2A-2B+C)=x^2+1.$$

比较上式两端 x 同次幂的系数,得

$$\begin{cases}A=1,\\-4A+B=0,\\2A-2B+C=1,\end{cases}$$

解得

$$A=1,B=4,C=7.$$

则所求的特解为

$$y^*=x^2+4x+7.$$

例 5 求微分方程 $y''-2y'+y=x^2+1$ 的通解.

解 首先,求出对应齐次方程 $y''-2y'+y=0$ 的通解 Y,在例 2 中已经求得

$$Y=(C_1+C_2x)\mathrm{e}^x.$$

其次,求出原微分方程的一个特解 y^*,在例 4 中已经求得

$$y^*=x^2+4x+7.$$

最后得到原微分方程的通解为

$$y=y^*+Y=x^2+4x+7+(C_1+C_2x)\mathrm{e}^x.$$

习题 4.3

1. 写出下列微分方程的特征方程：

(1) $y''-3y'+2y=0$；　　(2) $y''-y'=0$；

(3) $2y''+y'-y=0$；　　(4) $y''-y=0$.

2. 写出特征方程 $r^2-3r-3=0$ 所对应的微分方程.

3. 验证函数 $y_1=\mathrm{e}^x, y_2=\mathrm{e}^{-x}$ 是微分方程 $y''-y=0$ 的两个解，并直接写出该微分方程的通解.

4. 验证函数 $y=C_1\mathrm{e}^{x^2}+C_2x\mathrm{e}^{x^2}$ 是二阶微分方程 $y''-4xy'+(4x^2-2)y=0$ 的通解.

5. 求下列微分方程的通解：

(1) $y''+5y'+4y=0$；　　(2) $y''-3y'=0$；

(3) $y''+2y'+y=0$；　　　　(4) $y''-10y'+25y=0$；

(5) $3y''-2y'-8y=0$；　　　　(6) $y''+4y=0$.

本章小结

1. 基本概念

微分方程、微分方程的阶、解、通解、特解、初始条件、初值问题、线性相关、线性无关、可分离变量的微分方程、齐次线性微分方程、非齐次线性微分方程、特征方程、特征根.

2. 基本公式

一阶线性微分方程 $y'+P(x)y=Q(x)$ 的通解公式为

$$y=e^{-\int P(x)dx}\left[\int Q(x)e^{\int P(x)dx}dx+C\right].$$

特别地，当 $Q(x)=0$ 时，微分方程 $y'+P(x)y=0$ 的通解公式为

$$y=Ce^{-\int P(x)dx}.$$

二阶常系数齐次线性微分方程 $y''+py'+qy=0$ 的通解公式见下表：

特征方程 $r^2+pr+q=0$ 的特征根的情况	微分方程 $y''+py'+qy=0$ 的通解公式
特征根为两个不相等的实根 $r_1\neq r_2$	$y=C_1e^{r_1x}+C_2e^{r_2x}$
特征根为两个相等的实根 $r_1=r_2=r$	$y=(C_1+C_2x)e^{rx}$
特征根为一对共轭复数根 $r=\alpha\pm i\beta$	$y=e^{\alpha x}(C_1\cos\beta x+C_2\sin\beta x)$

3. 基本方法

对不同类型微分方程的求解有不同方法，具体见下表：

微分方程的名称	微分方程的标准形式	求通解的方法
可分离变量的微分方程	$y'=f(x)g(y)$	分离变量法
一阶线性微分方程	$y'+P(x)y=Q(x)$	常数变易法或通解公式(4.4)
二阶常系数齐次线性微分方程	$y''+py'+qy=0$	特征方程法

求二阶常系数非齐次线性微分方程 $y''+py'+qy=f(x)$（$f(x)$为多项式）的特解的方法：待定系数法.

4. 基本应用

微分方程早期在天体力学和机械力学领域发挥着重要的作用,如今,它在自动控制和电子设备的设计、飞机和导弹飞行的稳定性研究、弹道的计算等方面得到广泛的应用.例如,我们介绍过的最简单的一阶 RC 电路图.

复习题四

1. 指出下列微分方程的阶数:

(1) $y\frac{\mathrm{d}y}{\mathrm{d}x}=x$;　　(2) $(y')^3+y'=y''$;

(3) $xy'''+y''+x^2y=0$;　　(4) $(x^2+y^2)\mathrm{d}y=(y^2-x^2)\mathrm{d}x$;

(5) $L\frac{\mathrm{d}^2u}{\mathrm{d}t^2}+R\frac{\mathrm{d}u}{\mathrm{d}t}+\frac{1}{C}u=0$;　　(6) $a\frac{\mathrm{d}^4y}{\mathrm{d}x^4}=\frac{\mathrm{d}^2y}{\mathrm{d}^2x}$.

2. 判断下列各组函数是线性相关还是线性无关:

(1) x 与 $\sin x$;　　(2) $2x^2$ 与 $5x^2$;

(3) $\mathrm{e}^x\sin x$ 与 $\mathrm{e}^x\cos x$;　　(4) $\frac{x}{2}$ 与 $\frac{2}{x}$;

(5) $2x$ 与 $2x^2$;　　(6) $\ln(x^2+1)$ 与 $\ln(x^2+1)^2$.

3. 验证 $y=Cx^3$ 是方程 $3y-xy'=0$ 的通解(C 为任意常数),并求满足初始条件 $y(1)=\frac{1}{3}$ 的特解.

4. 用分离变量法解下列微分方程：

(1) $\frac{dy}{dx}=\frac{x^2}{y^2}$；　　(2) $y'=e^{x+y}$；

(3) $(1+e^x)yy'=e^x$；　　(4) $\frac{dy}{dx}=(2x+3x^2)y$，且 $y(0)=e$；

(5) $2x^2yy'-y^2-1=0$；　　(6) $y'=e^{2x-3y}$.

5. 解下列初值问题：$\begin{cases} y'-x^2y=0, \\ y|_{x=0}=1. \end{cases}$

6. 求下列微分方程的通解：

(1) $xy'-y\ln y=0$；　　(2) $y'+y+1=0$；

(3) $y'-\frac{2}{x}y=x^2$；　　(4) $x\ln x dy+(y-x\ln x-x)dx=0$.

7. 解下列初值问题：$\begin{cases} y'+2xy=xe^{-x^2}, \\ y|_{x=0}=4. \end{cases}$

8. 一条曲线经过原点，并且它在点(x,y)处的切线斜率等于$2x+y$，求此曲线的方程.

9. 写出下列微分方程的特征方程：

(1) $y''+y'-y=0$；

(2) $2y''+3y'-4y=0$；

(3) $y''-4y=0$；

(4) $y''-4y'=0$.

10. 已知特征方程的根为$r_1=2$和$r_2=3$，试写出特征方程及所对应的微分方程.

11. 求下列微分方程的通解：

(1) $y''-y=0$；

(2) $y''-y'=0$；

(3) $y''+y=0$；

(4) $y''-2y'+y=0$；

(5) $y''+4y'+13y=0$；

(6) $3y''-7y'+2y=0$.

12. 求下列微分方程的通解：

(1) $y''+4y'+4y=4$；　　(2) $y''+2y'=-x+3$.

13. 由原子物理学可知，放射性元素铀在衰变过程中，其衰变的速度与当时未衰变的铀的含量 M 成正比. 已知当 $t=0$ 时铀的含量为 M_0，求在衰变过程中铀的含量 $M(t)$ 随时间 t 变化的规律.

第5章　空间向量与空间解析几何

本章介绍的知识是平面向量和平面解析几何的延续，其中的一些概念、结论和方法与平面向量及平面解析几何相类似．它为多元函数微积分的研究提供了几何图形上的帮助．空间向量和空间解析几何在科学技术中都有着较为广泛的应用．

本章将介绍空间直角坐标系与向量的有关概念和运算，并以向量为工具建立了空间中的平面方程和直线方程，最后简要介绍了一些常见的二次曲面和空间曲线．

§5.1　空间直角坐标系

一、空间直角坐标系

如图5.1所示，经过空间中一定点O作三条互相垂直的数轴（都以O为原点，且通常取相同的单位长度），这三条数轴分别叫作x轴（横轴）、y轴（纵轴）、z轴（竖轴）．并且规定三个坐标轴正向符合右手系：即伸开右手，让拇指与四指垂直，先右手四指指向x轴正向，并以逆时针旋转$90°$角指向y轴的正向，这时大拇指所指的方向就是z轴的正向，这样就构成了**空间直角坐标系**．点O叫作**坐标原点**，每两个坐标轴确定的平面叫作**坐标面**，x轴与y轴所确定的坐标面叫作xOy坐标面．

类似地，还有yOz坐标面，zOx坐标面，如图5.2所示，这些坐标面把空间分成八个部分，叫作八个**卦限**．位于x轴、y轴、z轴的正半轴的卦限叫作第Ⅰ卦限，从第Ⅰ卦限开始，按逆时针方向，在xOy坐标面上方，先后出现的卦限分别叫作第Ⅱ、Ⅲ、Ⅳ卦限，而对应着第Ⅰ、Ⅱ、Ⅲ、Ⅳ卦限下面的卦限分别叫作第Ⅴ、Ⅵ、Ⅶ、Ⅷ卦限．

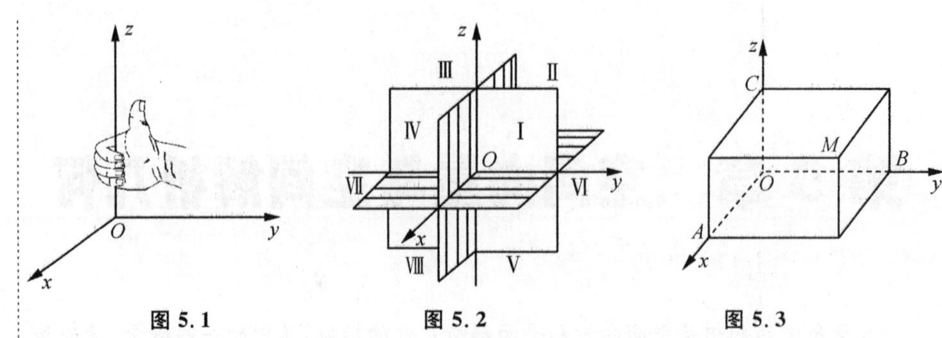

图 5.1　　图 5.2　　图 5.3

建立了空间直角坐标系后，空间中的点与有序实数组(x,y,z)之间就形成了一一对应关系.有序实数组(x,y,z)叫作点M的坐标，记为$M(x,y,z)$，而x,y,z分别叫作点M的x坐标(横坐标)、y坐标(纵坐标)和z坐标(竖坐标)，如图 5.3 所示.

二、空间中两点间的距离公式

将平面解析几何中两点间的距离公式推广到空间中，就可得到空间中两点间的距离公式.已知空间中的两个点$M_1(x_1,y_1,z_1)$和$M_2(x_2,y_2,z_2)$，则它们之间的距离为

$$d=|M_1M_2|=\sqrt{(x_2-x_1)^2+(y_2-y_1)^2+(z_2-z_1)^2}.$$

例　已知两点$A(2,-2,1)$，$B(-1,0,4)$，求A,B间的距离.

解　由两点间距离公式，可得

$$|AB|=\sqrt{(2+1)^2+(-2-0)^2+(1-4)^2}=\sqrt{22}.$$

特别地，点$M(x,y,z)$与原点$O(0,0,0)$的距离为

$$d=|OM|=\sqrt{x^2+y^2+z^2}.$$

习题 5.1

1. 指出下列各点在第几卦限：

(1) $M_1(1,1,-2)$；　　(2) $M_2(-1,1,1)$；

(3) $M_3(2,-1,4)$；　　(4) $M_4(-2,-2,-2)$.

2. 判断下列各点在哪个坐标轴上或哪个坐标面上：

(1) $A(0,0,1)$；　　(2) $B(1,1,0)$；

(3) $C(1,0,1)$；　　(4) $D(0,1,1)$.

3. 求下列两点之间的距离：

(1) $A(5,-1,2)$与$B(3,-2,0)$；　　(2) $M(3,2,-3)$与原点O.

4. 在x轴上求一点，使得它到点$M(2,-4,3)$的距离等于13.

§5.2 空间向量的基本概念及其运算

一、向量的概念及其运算

1. 向量的有关概念

在实际生活中，存在这样两类量：一类是既有大小又有方向的量，如力、位移、速度、加速度、力矩等，这类量叫作**向量**(或**矢量**)；另一类是只有大小的量，如长度、面积、体积、时间等，这类量叫作**数量**(或**标量**).

如图 5.4 所示，通常用一条有向线段来表示向量，记为 $\boldsymbol{a}$ 或$\overrightarrow{AB}$，手写时，用$\vec{a}$ 来表示.

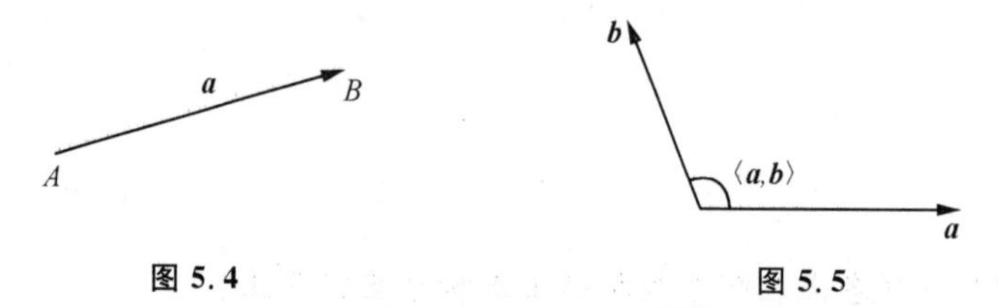

图 5.4　　　　图 5.5

有向线段的长度叫作向量的**模**，记作$|\boldsymbol{a}|$或$|\overrightarrow{AB}|$. 模等于 1 的向量叫作**单位向量**. 模等于 0 的向量叫作**零向量**，记为 $\mathbf{0}$，我们规定零向量的方向可以是任意的.

如图 5.5 所示，我们把两个向量 $\boldsymbol{a},\boldsymbol{b}$ 的正方向之间不超过 180°的夹角叫作向量 $\boldsymbol{a}$ 与 $\boldsymbol{b}$ 的夹角，记为$\langle\boldsymbol{a},\boldsymbol{b}\rangle$或$\langle\boldsymbol{b},\boldsymbol{a}\rangle$.

我们把方向相同或相反的非零向量叫作**平行向量**(或**共线向量**). 规定零向量与任意向量平行. 若两个向量 $\boldsymbol{a}$ 与 $\boldsymbol{b}$ 的模相等，且方向相同，则称它们是相等的向量，记为 $\boldsymbol{a}=\boldsymbol{b}$. 对于两个相等的向量来说，经过平移之后，两个向量会完全重合.

本章所讨论的向量可以在空间中自由而平行地移动，与向量的起点无关.

2. 用有向线段来进行向量的运算

(1) 向量的加法运算.

设有两个非零向量 $\boldsymbol{a},\boldsymbol{b}$，以 $\boldsymbol{a},\boldsymbol{b}$ 为边的平行四边形的对角线所表示的向量叫作向量 $\boldsymbol{a}$ 与 $\boldsymbol{b}$ 的**和向量**，记为 $\boldsymbol{a}+\boldsymbol{b}$，如图 5.6 所示，这就是向量加法的平行四边形法则.

在物理学中，力的合成以及速度的分解都是使用了平行四边形法则.

如图 5.7 所示，若以向量 $\boldsymbol{a}$ 的终点作为向量 $\boldsymbol{b}$ 的起点，则由 $\boldsymbol{a}$ 的起点到 $\boldsymbol{b}$ 的终点的向量就是 $\boldsymbol{a}$ 与 $\boldsymbol{b}$ 的和向量，这就是向量加法的三角形法则. 三角形法则可以推广到有限个向量相加的情形，如图 5.8 所示.

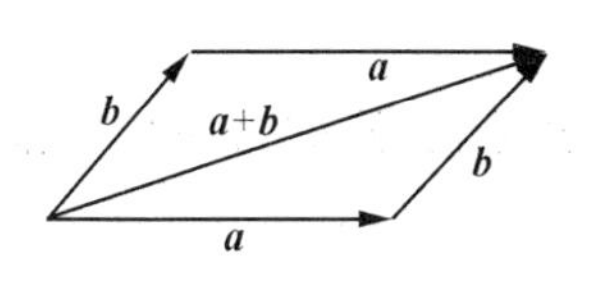

图 5.6

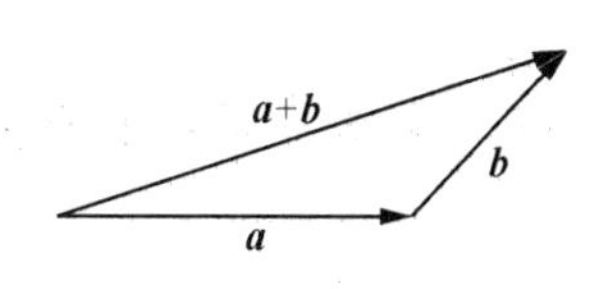

图 5.7

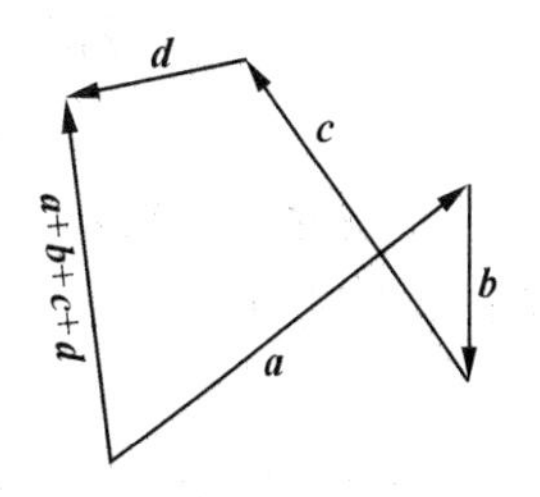

图 5.8

(2) 向量与数的乘法(即数乘运算).

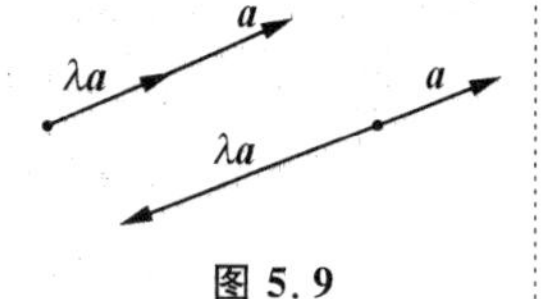

图 5.9

设 $\boldsymbol{a}$ 是一个非零向量,λ 是一个非零实数,则 $\boldsymbol{a}$ 与 λ 的乘积仍是一个向量,记作 $\lambda\boldsymbol{a}$,且向量 $\lambda\boldsymbol{a}$ 满足:

① $|\lambda\boldsymbol{a}|=|\lambda||\boldsymbol{a}|$.

② 当 $\lambda>0$ 时,$\lambda\boldsymbol{a}$ 与 $\boldsymbol{a}$ 同向;当 $\lambda<0$ 时,$\lambda\boldsymbol{a}$ 与 $\boldsymbol{a}$ 反向,如图 5.9 所示.

如果 $\lambda=0$ 或 $\boldsymbol{a}=\boldsymbol{0}$,规定 $\lambda\boldsymbol{a}=\boldsymbol{0}$.

与平面向量一样,由向量平行及数乘向量的定义可得:两个非零向量 $\boldsymbol{a}/\!/\boldsymbol{b}$ 的充要条件是 $\boldsymbol{a}=\lambda\boldsymbol{b}(\lambda\neq0)$.

向量的加法满足交换律和结合律:$\boldsymbol{a}+\boldsymbol{b}=\boldsymbol{b}+\boldsymbol{a}$;$(\boldsymbol{a}+\boldsymbol{b})+\boldsymbol{c}=\boldsymbol{a}+(\boldsymbol{b}+\boldsymbol{c})$.

向量的数乘满足结合律和分配律:$\mu(\lambda\boldsymbol{a})=(\lambda\mu)\boldsymbol{a}$;$\lambda(\boldsymbol{a}+\boldsymbol{b})=\lambda\boldsymbol{a}+\lambda\boldsymbol{b}$;$(\lambda+\mu)\boldsymbol{a}=\lambda\boldsymbol{a}+\mu\boldsymbol{a}$(其中 $\boldsymbol{a},\boldsymbol{b},\boldsymbol{c}$ 是向量,λ,μ 是实数).

(3) 向量的减法运算.

如果向量 $\boldsymbol{b}$ 与 $\boldsymbol{a}$ 的模相等,方向相反,就称 $\boldsymbol{b}$ 是 $\boldsymbol{a}$ 的负向量(或相反向量),记为 $\boldsymbol{b}=-\boldsymbol{a}$.

而把向量 $\boldsymbol{a}$ 与向量 $-\boldsymbol{b}$ 的和向量叫作向量 $\boldsymbol{a}$ 与 $\boldsymbol{b}$ 的**差向量**,记为 $\boldsymbol{a}-\boldsymbol{b}$,即

$$\boldsymbol{a}-\boldsymbol{b}=\boldsymbol{a}+(-\boldsymbol{b}).$$

两个向量的减法也可以按三角形法则进行:

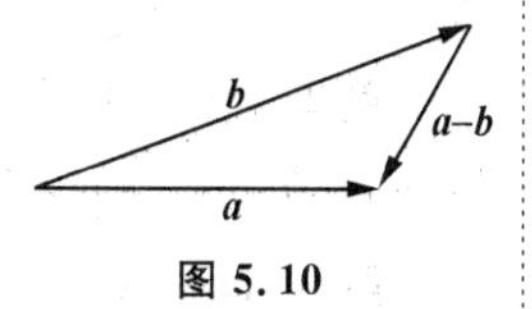

图 5.10

如图 5.10 所示,把 $\boldsymbol{a}$ 与 $\boldsymbol{b}$ 的起点重合,以减向量 $\boldsymbol{b}$ 的终点为起点,被减向量 $\boldsymbol{a}$ 的终点为终点的向量就是 $\boldsymbol{a}-\boldsymbol{b}$.

二、向量的坐标表达式及其运算

1. 向量坐标的定义

如图 5.11 所示,在空间直角坐标系中,分别与 x 轴、y 轴、z 轴的正方向同向的单位向量 $\boldsymbol{i},\boldsymbol{j},\boldsymbol{k}$ 叫作**基本单位向量**.

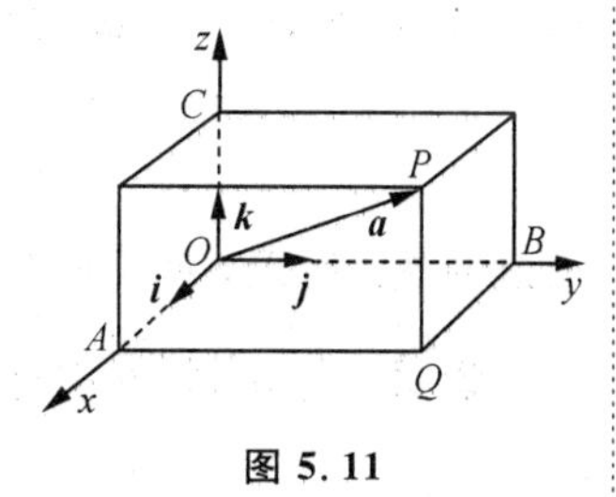

图 5.11

通常把向量 $\boldsymbol{a}$ 的起点放在坐标原点 O 上,设其终点为 $P(x,y,z)$,过 a 的终点 $P(x,y,z)$ 作三个平面分别垂直于三条坐标轴,垂足依次为 A,B,C,则点 A 在 x 轴上的坐标为 x,根据向量的数乘运算,得向量 $\overrightarrow{OA}=x\boldsymbol{i}$. 同理,$\overrightarrow{OB}=y\boldsymbol{j}$,$\overrightarrow{OC}=z\boldsymbol{k}$. 于是,由向量的三角形法则,得

$$\begin{aligned}\boldsymbol{a}&=\overrightarrow{OP}=\overrightarrow{OQ}+\overrightarrow{QP}=\overrightarrow{OA}+\overrightarrow{OB}+\overrightarrow{OC}\\&=x\boldsymbol{i}+y\boldsymbol{j}+z\boldsymbol{k}.\end{aligned}$$

定义 5.1 称 $\boldsymbol{a}=x\boldsymbol{i}+y\boldsymbol{j}+z\boldsymbol{k}$ 为向量 $\boldsymbol{a}$ 的坐标表达式，简称为向量的**坐标**，也可记为

$$\boldsymbol{a}=\{x,y,z\}\text{或}\boldsymbol{a}=\{a_x,a_y,a_z\}.$$

例 1 如图 5.12 所示，设向量 $\boldsymbol{a}=\overrightarrow{AB}$ 的起点为 $A(x_1,y_1,z_1)$，终点为 $B(x_2,y_2,z_2)$，求向量 $\boldsymbol{a}$ 的坐标.

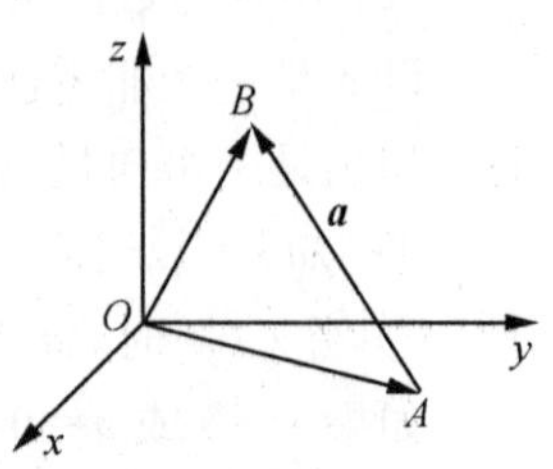

图 5.12

解
$$\begin{aligned}\boldsymbol{a}&=\overrightarrow{AB}=\overrightarrow{OB}-\overrightarrow{OA}\\&=(x_2\boldsymbol{i}+y_2\boldsymbol{j}+z_2\boldsymbol{k})-(x_1\boldsymbol{i}+y_1\boldsymbol{j}+z_1\boldsymbol{k})\\&=(x_2-x_1)\boldsymbol{i}+(y_2-y_1)\boldsymbol{j}+(z_2-z_1)\boldsymbol{k},\end{aligned}$$

即 $\boldsymbol{a}=\{x_2-x_1,y_2-y_1,z_2-z_1\}$.

若已知向量 $\boldsymbol{a}$ 的起点和终点坐标，则可以用上式求出向量 $\boldsymbol{a}$ 的坐标.

2. 用向量的坐标来进行向量的运算

如图 5.11 所示，设向量 $\boldsymbol{a}$ 的坐标表达式为 $\boldsymbol{a}=\{a_x,a_y,a_z\}$，因为向量 $\boldsymbol{a}$ 的起点为原点，终点 P 的坐标为(a_x,a_y,a_z)，由两点间距离公式，得

$$|\boldsymbol{a}|=|OP|=\sqrt{a_x^2+a_y^2+a_z^2}.$$

若已知向量 $\boldsymbol{a}=\{a_x,a_y,a_z\}$，则可以用上式求出向量的模$|\boldsymbol{a}|$.

设向量 $\boldsymbol{a}=a_x\boldsymbol{i}+a_y\boldsymbol{j}+a_z\boldsymbol{k}$，$\boldsymbol{b}=b_x\boldsymbol{i}+b_y\boldsymbol{j}+b_z\boldsymbol{k}$，则

$$\boldsymbol{a}\pm\boldsymbol{b}=(a_x\pm b_x)\boldsymbol{i}+(a_y\pm b_y)\boldsymbol{j}+(a_z\pm b_z)\boldsymbol{k}$$

或
$$\boldsymbol{a}\pm\boldsymbol{b}=\{a_x\pm b_x,a_y\pm b_y,a_z\pm b_z\},$$

$$\lambda\boldsymbol{a}=\lambda a_x\boldsymbol{i}+\lambda a_y\boldsymbol{j}+\lambda a_z\boldsymbol{k}(\lambda\text{ 为数量})$$

或
$$\lambda\boldsymbol{a}=\{\lambda a_x,\lambda a_y,\lambda a_z\}.$$

例 2 已知向量 $\boldsymbol{a}=\{3,0,-4\}$，$\boldsymbol{b}=\{2,-1,-2\}$，求 $|\boldsymbol{a}|$，$\boldsymbol{a}+\boldsymbol{b}$，$\boldsymbol{a}-\boldsymbol{b}$，$3\boldsymbol{a}-2\boldsymbol{b}$.

解 $|\boldsymbol{a}|=\sqrt{3^2+0^2+(-4)^2}=5$.

$$\begin{aligned}\boldsymbol{a}+\boldsymbol{b}&=\{3,0,-4\}+\{2,-1,-2\}=\{3+2,0-1,-4-2\}\\&=\{5,-1,-6\},\end{aligned}$$

$$\boldsymbol{a}-\boldsymbol{b}=\{3-2,0+1,-4+2\}=\{1,1,-2\},$$

$$3\boldsymbol{a}-2\boldsymbol{b}=\{9,0,-12\}-\{4,-2,-4\}=\{5,2,-8\}.$$

对于向量 $\boldsymbol{a}=\{a_x,a_y,a_z\}$ 和 $\boldsymbol{b}=\{b_x,b_y,b_z\}$，若 $\boldsymbol{a}/\!/\boldsymbol{b}$，则 $\boldsymbol{a}=\lambda\boldsymbol{b}$，即$\{a_x,a_y,a_z\}=\lambda\{b_x,b_y,b_z\}=\{\lambda b_x,\lambda b_y,\lambda b_z\}$，则

$$\frac{a_x}{b_x}=\frac{a_y}{b_y}=\frac{a_z}{b_z}=\lambda;$$

反之亦然. 所以，两个向量平行的充要条件是 $\frac{a_x}{b_x}=\frac{a_y}{b_y}=\frac{a_z}{b_z}$.

说明 若 b_x,b_y,b_z 中有一个或两个为零，则约定相应的分子也为零. 例如，

$$\frac{a_x}{0}=\frac{a_y}{b_y}=\frac{a_z}{b_z},$$

应理解为 $$a_x=0,\frac{a_y}{b_y}=\frac{a_z}{b_z}.$$

例 3 已知向量 $\boldsymbol{a}=\{4,-2,1\}$，$\boldsymbol{b}=\{2,-1,m\}$，且 $\boldsymbol{a}/\!/\boldsymbol{b}$，求实数 m.

解 因为 $\boldsymbol{a}/\!/\boldsymbol{b}$，由两个向量平行的充要条件知

$$\frac{a_x}{b_x}=\frac{a_y}{b_y}=\frac{a_z}{b_z}，即\frac{4}{2}=\frac{-2}{-1}=\frac{1}{m},$$

所以 $$m=\frac{1}{2}.$$

三、向量的点积

前面我们介绍了向量的加减法及数乘运算.下面我们将介绍向量的两种乘法运算：向量的点积与叉积.先来介绍向量的点积.

1. 点积的定义

如图 5.13 所示，若有一物体在恒力(大小与方向均不变)$\boldsymbol{F}$ 的作用下，由点 A 沿直线移动到点 B，则位移 $\boldsymbol{s}=\overrightarrow{AB}$、由物理学的知识，力 $\boldsymbol{F}$ 所做的功为

$$\boldsymbol{W}=|\boldsymbol{F}||\boldsymbol{s}|\cos\theta\ (其中\ \theta\ 为\ \boldsymbol{F}\ 与\ \boldsymbol{s}\ 的夹角).$$

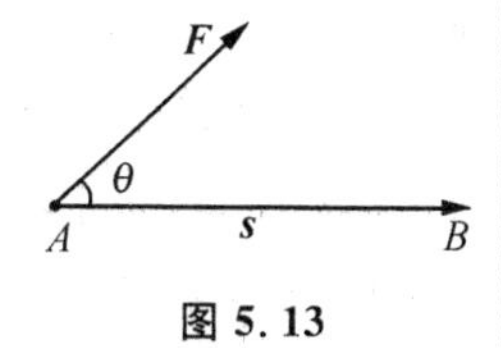

图 5.13

根据以上物理模型，我们得到下面的定义：

定义 5.2 设 $\boldsymbol{a},\boldsymbol{b}$ 为任意两个向量，则称 $|\boldsymbol{a}||\boldsymbol{b}|\cos\langle\boldsymbol{a},\boldsymbol{b}\rangle$ 为向量 $\boldsymbol{a},\boldsymbol{b}$ 的点积(或数量积或内积)，记为 $\boldsymbol{a}\cdot\boldsymbol{b}$，即

$$\boldsymbol{a}\cdot\boldsymbol{b}=|\boldsymbol{a}||\boldsymbol{b}|\cos\langle\boldsymbol{a},\boldsymbol{b}\rangle.$$

有了点积的定义，上述做功问题就可以表示为 $\boldsymbol{W}=\boldsymbol{F}\cdot\boldsymbol{s}$.

由点积的定义可得：

(1) $\boldsymbol{a}^2=\boldsymbol{a}\cdot\boldsymbol{a}=|\boldsymbol{a}|^2$.显然，对于基本单位向量，有

$$\boldsymbol{i}\cdot\boldsymbol{i}=\boldsymbol{j}\cdot\boldsymbol{j}=\boldsymbol{k}\cdot\boldsymbol{k}=1.$$

(2) 向量 $\boldsymbol{a}\perp\boldsymbol{b}$ 的充要条件是 $\boldsymbol{a}\cdot\boldsymbol{b}=0$.显然，对于基本单位向量，有

$$\boldsymbol{i}\cdot\boldsymbol{j}=\boldsymbol{j}\cdot\boldsymbol{k}=\boldsymbol{k}\cdot\boldsymbol{i}=0.$$

(3) 点积满足：

交换律：$\boldsymbol{a}\cdot\boldsymbol{b}=\boldsymbol{b}\cdot\boldsymbol{a}$；

结合律：$\lambda(\boldsymbol{a}\cdot\boldsymbol{b})=(\lambda\boldsymbol{a})\cdot\boldsymbol{b}=\boldsymbol{a}\cdot(\lambda\boldsymbol{b})$；

分配律：$\boldsymbol{a}\cdot(\boldsymbol{b}+\boldsymbol{c})=\boldsymbol{a}\cdot\boldsymbol{b}+\boldsymbol{a}\cdot\boldsymbol{c}$.

(其中 $\boldsymbol{a},\boldsymbol{b},\boldsymbol{c}$ 是向量，λ 是实数)

请读者思考：$(\boldsymbol{a}\cdot\boldsymbol{b})\cdot\boldsymbol{c}$ 与 $\boldsymbol{a}\cdot(\boldsymbol{b}\cdot\boldsymbol{c})$ 是否相等?

2. 点积的坐标计算公式

设向量 $\boldsymbol{a}=a_x\boldsymbol{i}+a_y\boldsymbol{j}+a_z\boldsymbol{k}$，$\boldsymbol{b}=b_x\boldsymbol{i}+b_y\boldsymbol{j}+b_z\boldsymbol{k}$，则由点积的运算得

$$\begin{aligned}\boldsymbol{a}\cdot\boldsymbol{b}&=(a_x\boldsymbol{i}+a_y\boldsymbol{j}+a_z\boldsymbol{k})\cdot(b_x\boldsymbol{i}+b_y\boldsymbol{j}+b_z\boldsymbol{k})\\&=a_xb_x\boldsymbol{i}\cdot\boldsymbol{i}+a_xb_y\boldsymbol{i}\cdot\boldsymbol{j}+a_xb_z\boldsymbol{i}\cdot\boldsymbol{k}+a_yb_x\boldsymbol{j}\cdot\boldsymbol{i}+a_yb_y\boldsymbol{j}\cdot\boldsymbol{j}+\\&\quad a_yb_z\boldsymbol{j}\cdot\boldsymbol{k}+a_zb_x\boldsymbol{k}\cdot\boldsymbol{i}+a_zb_y\boldsymbol{k}\cdot\boldsymbol{j}+a_zb_z\boldsymbol{k}\cdot\boldsymbol{k}\\&=a_xb_x+a_yb_y+a_zb_z,\end{aligned}$$

即
$$\boldsymbol{a}\cdot\boldsymbol{b}=a_xb_x+a_yb_y+a_zb_z.$$

因此,两向量的点积等于它们的对应坐标乘积之和.

有了点积的坐标计算公式,可知向量 $\boldsymbol{a}\perp\boldsymbol{b}$ 的充要条件是 $a_xb_x+a_yb_y+a_zb_z=0$,且两个非零向量 $\boldsymbol{a}$ 和 $\boldsymbol{b}$ 之间夹角的余弦为

$$\cos\langle\boldsymbol{a},\boldsymbol{b}\rangle=\frac{a_xb_x+a_yb_y+a_zb_z}{\sqrt{a_x^2+a_y^2+a_z^2}\cdot\sqrt{b_x^2+b_y^2+b_z^2}}.$$

有了点积的坐标计算公式,则向量 $a\perp b$ 的充要条件是 $a_xb_x+a_yb_y+a_zb_z=0$.

例 4 已知向量 $\boldsymbol{a}=\boldsymbol{i}+\boldsymbol{j},\boldsymbol{b}=-\boldsymbol{i}+\boldsymbol{k}$,求 $\boldsymbol{a}\cdot\boldsymbol{b}$ 和 $\langle\boldsymbol{a},\boldsymbol{b}\rangle$.

解 由点积的坐标计算公式得

$$\boldsymbol{a}\cdot\boldsymbol{b}=\{1,1,0\}\cdot\{-1,0,1\}=1\times(-1)+1\times0+0\times1=-1,$$

又
$$\cos\langle\boldsymbol{a},\boldsymbol{b}\rangle=\frac{\boldsymbol{a}\cdot\boldsymbol{b}}{|\boldsymbol{a}|\cdot|\boldsymbol{b}|}=\frac{-1}{\sqrt{1^2+1^2+0^2}\cdot\sqrt{(-1)^2+0^2+1^2}}=-\frac{1}{2},$$

则
$$\langle\boldsymbol{a},\boldsymbol{b}\rangle=120°.$$

例 5 已知向量 $\boldsymbol{a}=\{3,-2,-1\},\boldsymbol{b}=\{-1,m,1\}$,且 $\boldsymbol{a}\perp\boldsymbol{b}$,求实数 m.

解 因为 $\boldsymbol{a}\perp\boldsymbol{b}$,所以 $\boldsymbol{a}\cdot\boldsymbol{b}=0$,即

$$\boldsymbol{a}\cdot\boldsymbol{b}=\{3,-2,-1\}\cdot\{-1,m,1\}=3\times(-1)+(-2)\times m+(-1)\times1=0,$$

则
$$m=-2.$$

四、向量的叉积

1. 叉积的定义

如图 5.14 所示,恒力 $\boldsymbol{F}$ 作用于轴 L 上的一点 A,使轴 L 绕支点 O 转动,由物理学知识可知,此时所产生的力矩 $\boldsymbol{M}$ 是一个向量. 力矩 $\boldsymbol{M}$ 的模等于力的大小与力臂的乘积,即

$$|\boldsymbol{M}|=|\boldsymbol{F}|\cdot|\overrightarrow{OA}|\sin\theta(\text{其中 }\theta\text{ 为 }\boldsymbol{F}\text{ 与}\overrightarrow{OA}\text{的夹角}).$$

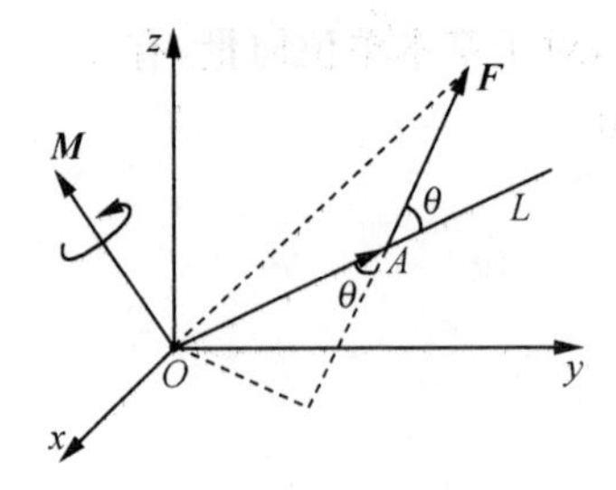

图 5.14

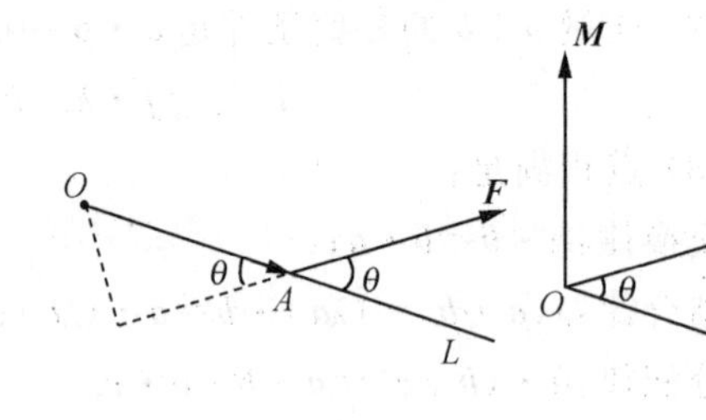

图 5.15

力矩 $\boldsymbol{M}$ 的方向垂直于$\overrightarrow{OA}$与 $\boldsymbol{F}$ 所在的平面,其正方向按右手法则确定,如图 5.15 所示.

根据以上物理模型,我们得到下面的定义:

定义 5.3 设 $\boldsymbol{a},\boldsymbol{b}$ 为任意两个向量,则它们的叉积 $\boldsymbol{c}$ 是一个向量,用 $\boldsymbol{a}\times\boldsymbol{b}$ 表示,即 $\boldsymbol{c}=\boldsymbol{a}\times\boldsymbol{b}$,并且向量 $\boldsymbol{c}$ 满足:

(1) $|\boldsymbol{c}|=|\boldsymbol{a}||\boldsymbol{b}|\sin\langle\boldsymbol{a},\boldsymbol{b}\rangle$;

(2) $\boldsymbol{c}$ 垂直于 $\boldsymbol{a}$ 和 $\boldsymbol{b}$,且 $\boldsymbol{a},\boldsymbol{b},\boldsymbol{c}$ 符合右手法则.

叉积也叫作**向量积**或**外积**.

有了叉积的定义,上述力矩问题就可表示为

$$\boldsymbol{M}=\overrightarrow{OA}\times\boldsymbol{F}.$$

由叉积的定义可得:

(1) 向量 $\boldsymbol{a}/\!/\boldsymbol{b}$ 的充要条件是 $\boldsymbol{a}\times\boldsymbol{b}=\boldsymbol{0}$. 显然,对基本单位向量,有

$$\boldsymbol{i}\times\boldsymbol{i}=\boldsymbol{0},\boldsymbol{j}\times\boldsymbol{j}=\boldsymbol{0},\boldsymbol{k}\times\boldsymbol{k}=\boldsymbol{0},$$

并且

$$\boldsymbol{i}\times\boldsymbol{j}=\boldsymbol{k},\boldsymbol{j}\times\boldsymbol{k}=\boldsymbol{i},\boldsymbol{k}\times\boldsymbol{i}=\boldsymbol{j}.$$

(2) 叉积满足:

结合律:$\lambda(\boldsymbol{a}\times\boldsymbol{b})=(\lambda\boldsymbol{a})\times\boldsymbol{b}=\boldsymbol{a}\times(\lambda\boldsymbol{b})$;

分配律:$\boldsymbol{a}\times(\boldsymbol{b}+\boldsymbol{c})=\boldsymbol{a}\times\boldsymbol{b}+\boldsymbol{a}\times\boldsymbol{c}$.

(其中 $\boldsymbol{a},\boldsymbol{b},\boldsymbol{c}$ 是向量,λ 是实数)

我们知道,点积满足交换律,即 $\boldsymbol{a}\cdot\boldsymbol{b}=\boldsymbol{b}\cdot\boldsymbol{a}$. 但是,叉积不满足交换律,即 $\boldsymbol{a}\times\boldsymbol{b}\neq\boldsymbol{b}\times\boldsymbol{a}$.

由叉积的定义可得 $\boldsymbol{a}\times\boldsymbol{b}=-\boldsymbol{b}\times\boldsymbol{a}$. 因此,对基本单位向量,有

$$\boldsymbol{j}\times\boldsymbol{i}=-\boldsymbol{k},\boldsymbol{k}\times\boldsymbol{j}=-\boldsymbol{i},\boldsymbol{i}\times\boldsymbol{k}=-\boldsymbol{j}.$$

2. 叉积的坐标计算公式

设向量 $\boldsymbol{a}=a_x\boldsymbol{i}+a_y\boldsymbol{j}+a_z\boldsymbol{k}$,$\boldsymbol{b}=b_x\boldsymbol{i}+b_y\boldsymbol{j}+b_z\boldsymbol{k}$,则由叉积的运算,得

$$\begin{aligned}\boldsymbol{a}\times\boldsymbol{b}&=(a_x\boldsymbol{i}+a_y\boldsymbol{j}+a_z\boldsymbol{k})\times(b_x\boldsymbol{i}+b_y\boldsymbol{j}+b_z\boldsymbol{k})\\&=a_xb_x\boldsymbol{i}\times\boldsymbol{i}+a_xb_y\boldsymbol{i}\times\boldsymbol{j}+a_xb_z\boldsymbol{i}\times\boldsymbol{k}+a_yb_x\boldsymbol{j}\times\boldsymbol{i}+a_yb_y\boldsymbol{j}\times\boldsymbol{j}+\\&\quad a_yb_z\boldsymbol{j}\times\boldsymbol{k}+a_zb_x\boldsymbol{k}\times\boldsymbol{i}+a_zb_y\boldsymbol{k}\times\boldsymbol{j}+a_zb_z\boldsymbol{k}\times\boldsymbol{k}\\&=(a_yb_z-a_zb_y)\boldsymbol{i}+(a_zb_x-a_xb_z)\boldsymbol{j}+(a_xb_y-a_yb_x)\boldsymbol{k},\end{aligned}$$

即

$$\boldsymbol{a}\times\boldsymbol{b}=(a_yb_z-a_zb_y)\boldsymbol{i}+(a_zb_x-a_xb_z)\boldsymbol{j}+(a_xb_y-a_yb_x)\boldsymbol{k}.$$

例 6 已知向量 $\boldsymbol{a}=\{1,-1,0\}$,$\boldsymbol{b}=\{2,0,3\}$,求 $\boldsymbol{a}\times\boldsymbol{b}$.

解 由叉积的坐标计算公式,得

$$\begin{aligned}\boldsymbol{a}\times\boldsymbol{b}&=(a_yb_z-a_zb_y)\boldsymbol{i}+(a_zb_x-a_xb_z)\boldsymbol{j}+(a_xb_y-a_yb_x)\boldsymbol{k}\\&=(-1\times3-0\times0)\boldsymbol{i}+(0\times2-1\times3)\boldsymbol{j}+[1\times0-(-1)\times2]\boldsymbol{k}\\&=-3\boldsymbol{i}-3\boldsymbol{j}+2\boldsymbol{k}.\end{aligned}$$

对于例 6,请读者自行解决下面两个问题:

(1) 求出 $\boldsymbol{b}\times\boldsymbol{a}$,并与 $\boldsymbol{a}\times\boldsymbol{b}$ 比较;

(2) 验证 $\boldsymbol{a}\times\boldsymbol{b}\perp\boldsymbol{a}$,且 $\boldsymbol{a}\times\boldsymbol{b}\perp\boldsymbol{b}$.

通过上述讨论,可以得出:要求一个同时垂直于向量 $\boldsymbol{a}$ 和 $\boldsymbol{b}$ 的向量,只要求这两个向量的叉积 $\boldsymbol{a}\times\boldsymbol{b}$ 即可.

习题 5.2

1. 已知向量 $\boldsymbol{a}=\{1,-1,3\}$，$\boldsymbol{b}=\{2,-2,-1\}$，求：

(1) $|\boldsymbol{a}|$；　　(2) $\boldsymbol{a}+\boldsymbol{b}$；

(3) $\boldsymbol{a}-\boldsymbol{b}$；　　(4) $2\boldsymbol{a}-3\boldsymbol{b}$.

2. 已知点 $A(2,0,-1)$ 和 $B(1,-2,1)$，求：

(1) 向量 $\boldsymbol{a}=\overrightarrow{AB}$ 及 $\boldsymbol{b}=\overrightarrow{BA}$；　　(2) $|\boldsymbol{a}|$ 及 $|\boldsymbol{b}|$.

3. 若向量 $\boldsymbol{a}=\{2,k,-2\}$，$\boldsymbol{b}=\left\{\frac{1}{3},-\frac{1}{6},-\frac{1}{3}\right\}$，且 $\boldsymbol{a}/\!/\boldsymbol{b}$，求实数 k.

4. 设向量 $\boldsymbol{a}=\{2,-1,2\}$，$\boldsymbol{b}=\{-1,1,0\}$，求：

(1) $\boldsymbol{a}\cdot\boldsymbol{b}$；　　(2) $\boldsymbol{b}\cdot\boldsymbol{a}$；

(3) $\boldsymbol{a}^2$；　　(4) $\langle\boldsymbol{a},\boldsymbol{b}\rangle$.

5. 证明：向量 $\boldsymbol{a}=\{3,2,-3\}$ 垂直于向量 $\boldsymbol{b}=-\boldsymbol{i}+3\boldsymbol{j}+\boldsymbol{k}$.

6. 已知向量 $\boldsymbol{a}=\{3,-2,1\}$，$\boldsymbol{b}=\{4,m,-2\}$，且 $\boldsymbol{a}\perp\boldsymbol{b}$，求实数 m.

7. 判断下列各组向量是平行还是垂直：

(1) $\boldsymbol{a}=\{2,-1,0\}$ 与 $\boldsymbol{b}=\{-1,-2,1\}$；

(2) $\boldsymbol{a}=3\boldsymbol{i}+2\boldsymbol{j}-\boldsymbol{k}$ 与 $\boldsymbol{b}=6\boldsymbol{i}+4\boldsymbol{j}-2\boldsymbol{k}$.

8. 设向量 $\boldsymbol{a}=\{3,-2,1\}$ 和向量 $\boldsymbol{b}=\{2,1,-1\}$，求：

(1) $\boldsymbol{a}\times\boldsymbol{b}$；

(2) $\boldsymbol{b}\times\boldsymbol{a}$.

9. 已知向量 $\boldsymbol{a}=\{3,-2,1\}$ 和向量 $\boldsymbol{b}=\{2,1,-1\}$，试求一个同时垂直于 $\boldsymbol{a}$ 和 $\boldsymbol{b}$ 的向量.

10. 已知向量 $\boldsymbol{a}=\{1,-1,1\}$，$\boldsymbol{b}=\{0,2,-1\}$，求 $2\boldsymbol{a}\times(-3\boldsymbol{b})$.

§5.3 平面方程和空间直线方程

一、平面方程

1. 平面的点法式方程

与平面 π 垂直的非零向量叫作平面 π 的**法向量**.

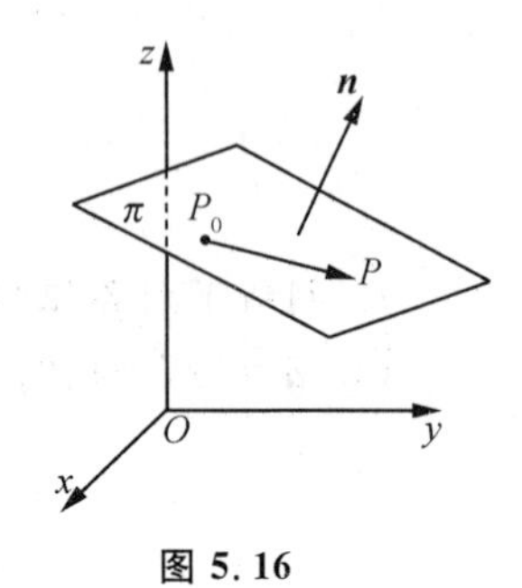

图 5.16

如图 5.16 所示,设平面 π 过点 $P_0(x_0,y_0,z_0)$,且 $\boldsymbol{n}=\{A,B,C\}$ 是平面 π 的法向量,下面来建立平面 π 的方程.

在平面 π 上任取一点 $P(x,y,z)$,则向量 $\overrightarrow{P_0P}=\{x-x_0,y-y_0,z-z_0\}$,由立体几何的知识得 $\boldsymbol{n}\perp\overrightarrow{P_0P}$,即 $\boldsymbol{n}\cdot\overrightarrow{P_0P}=0$,所以

$$A(x-x_0)+B(y-y_0)+C(z-z_0)=0. \tag{5.1}$$

方程(5.1)叫作平面 π 的**点法式方程**.

例 1 求过点 $P(1,2,-1)$ 且与向量 $\boldsymbol{a}=2\boldsymbol{i}+\boldsymbol{j}+3\boldsymbol{k}$ 垂直的平面方程.

解 显然,所求平面的法向量 $\boldsymbol{n}=\boldsymbol{a}=\{2,1,3\}$,又平面过点 $P(1,2,-1)$,则由平面的点法式方程,得

$$2(x-1)+(y-2)+3(z+1)=0,$$

即所求平面方程为

$$2x+y+3z-1=0.$$

2. 平面的一般方程

将平面的点法式方程(5.1)展开,得

$$Ax+By+Cz+(-Ax_0-By_0-Cz_0)=0,$$

令 $D=-Ax_0-By_0-Cz_0$,则平面方程变为

$$Ax+By+Cz+D=0, \tag{5.2}$$

所以平面方程是一个关于 x,y,z 的三元一次方程.

我们把三元一次方程(5.2)叫作平面的**一般方程**.其中系数 A,B,C 就是该平面法向量的坐标.

3. 平面的截距式方程

$$\frac{x}{a}+\frac{y}{b}+\frac{z}{c}=1. \tag{5.3}$$

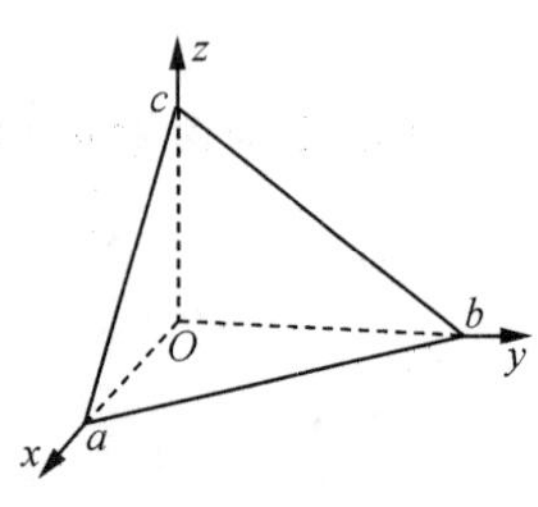

图 5.17

方程(5.3)叫作平面的**截距式方程**,其中 $abc\neq0$. a,b,c 分别叫作平面在 x 轴、y 轴、z 轴上的截距.若设 a,b,c 均为正数,则平面图形如图 5.17 所示.

例 2 写出平面 $10x-6y+15z-30=0$ 的截距

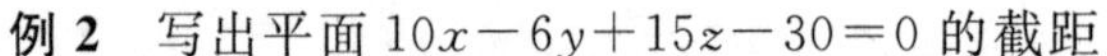

式方程，并画出该平面的图形.

解 将原方程化为平面的截距式方程

$$\frac{x}{3}+\frac{y}{-5}+\frac{z}{2}=1,$$

则此平面在 x 轴、y 轴、z 轴上的截距分别为 3，−5 和 2，即平面通过点 $A(3,0,0)$，$B(0,-5,0)$ 和 $C(0,0,2)$，如图 5.18 所示.

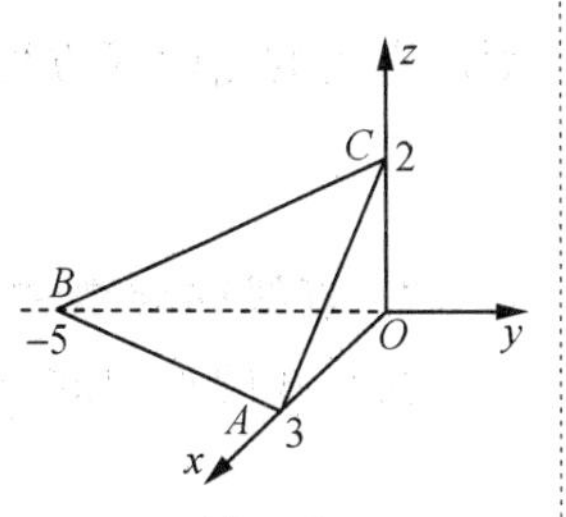

图 5.18

例 3 求过 $A(0,1,-2)$，$B(1,-1,1)$，$C(-1,1,0)$ 三点的平面方程.

解 因为向量 $\overrightarrow{AB}=\{1,-2,3\}$，$\overrightarrow{AC}=\{-1,0,2\}$，所以所求平面的法向量可取为

$$\begin{aligned}\boldsymbol{n}&=\overrightarrow{AB}\times\overrightarrow{AC}=(a_yb_z-a_zb_y)\boldsymbol{i}+(a_zb_x-a_xb_z)\boldsymbol{j}+(a_xb_y-a_yb_x)\boldsymbol{k}\\&=[(-2)\times2-3\times0]\boldsymbol{i}+[3\times(-1)-1\times2]\boldsymbol{j}+[1\times0-(-2)\times(-1)]\boldsymbol{k}\\&=-4\boldsymbol{i}-5\boldsymbol{j}-2\boldsymbol{k},\end{aligned}$$

由平面的点法式方程，得

$$-4(x-0)-5(y-1)-2(z+2)=0,$$

简化，即得所求平面方程为

$$4x+5y+2z-1=0.$$

请读者思考：此例用平面的一般方程或截距式方程如何求解？

二、空间直线方程

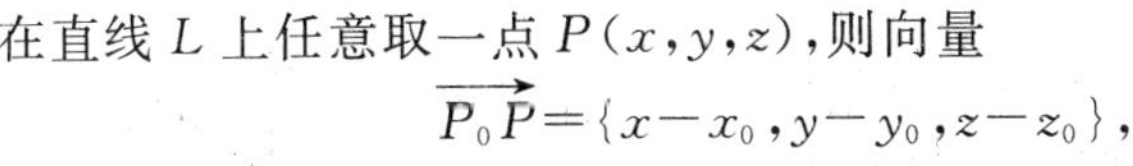

1. 直线的点向式方程

同平面直线类似，与空间直线 L 平行的非零向量 $\boldsymbol{s}$ 叫作空间直线 L 的**方向向量**，如图 5.19 所示.

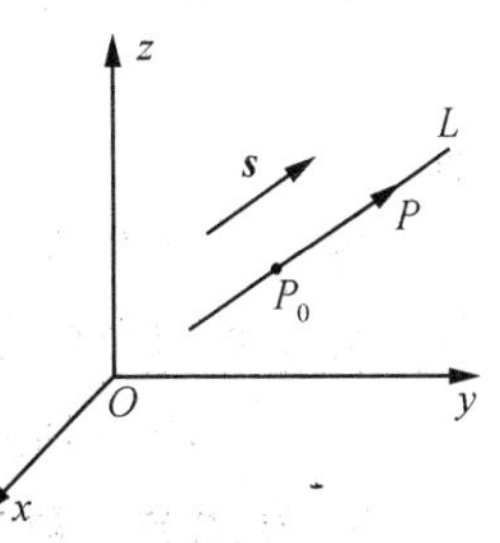

图 5.19

注意 研究直线可关注它的方向向量，而研究平面可关注它的法向量，且它们都不是唯一的.

设直线 L 过点 $P_0(x_0,y_0,z_0)$，且 $\boldsymbol{s}=\{m,n,p\}$ 是直线 L 的方向向量，下面来建立该空间直线的方程.

在直线 L 上任意取一点 $P(x,y,z)$，则向量

$$\overrightarrow{P_0P}=\{x-x_0,y-y_0,z-z_0\},$$

显然 $\overrightarrow{P_0P}\,/\!/\,\boldsymbol{s}$，由向量平行的充要条件，得

$$\frac{x-x_0}{m}=\frac{y-y_0}{n}=\frac{z-z_0}{p},\tag{5.4}$$

方程组(5.4)叫作空间直线 L 的**点向式方程**.

说明 在方程组(5.4)中，若 m,n,p 中有一个或两个为零，则相应的分子也为零.

例 4 过点 $P(2,-5,1)$ 作平面 π：$3x-2y+z-3=0$ 的垂线 L，求直线 L 的方程.

解 因为 $L\perp\pi$，所以平面 π 的法向量 $\boldsymbol{n}$ 就是直线 l 的方向向量 $\boldsymbol{s}$，即

$$\boldsymbol{s}=\boldsymbol{n}=\{3,-2,1\},$$

则由直线的点向式方程，得直线 L 的方程为

$$\frac{x-2}{3}=\frac{y+5}{-2}=\frac{z-1}{1}.$$

2. 直线的参数方程

在直线的点向式方程(5.4)中，设其比值为 t，即

$$\frac{x-x_0}{m}=\frac{y-y_0}{n}=\frac{z-z_0}{p}=t,$$

则直线方程可变为

$$\begin{cases}x=x_0+mt,\\ y=y_0+nt,\\ z=z_0+pt.\end{cases}\tag{5.5}$$

方程组(5.5)叫作空间直线的**参数方程**，其中变量 t 为参数.

例 5 求点 $P(2,-5,1)$ 到平面 $\pi:3x-2y+z-3=0$ 的距离 d.

解 由上例知，过点 P 作平面 π 的垂线 L 的方程为

$$\frac{x-2}{3}=\frac{y+5}{-2}=\frac{z-1}{1}.$$

利用直线的参数方程可以求出直线 L 与平面 π 的交点(即垂足)Q.

令
$$\frac{x-2}{3}=\frac{y+5}{-2}=\frac{z-1}{1}=t,$$

则
$$x=3t+2,y=-2t-5,z=t+1.$$

将 $x=3t+2,y=-2t-5,z=t+1$ 代入平面 π 的方程，得

$$3(3t+2)-2(-2t-5)+(t+1)-3=0,$$

即
$$t=-1.$$

将 $t=-1$ 代入 $x=3t+2,y=-2t-5,z=t+1$，得 $x=-1,y=-3,z=0$，即垂足 Q 点的坐标为 $(-1,-3,0)$，则

$$d=|PQ|=\sqrt{(2+1)^2+(-5+3)^2+(1-0)^2}=\sqrt{14}.$$

3. 直线的一般方程

方程组
$$\begin{cases}A_1x+B_1y+C_1z+D_1=0,\\ A_2x+B_2y+C_2z+D_2=0\end{cases}\tag{5.6}$$

表示这两个平面的交线，如图 5.20 所示. 我们把方程组(5.6)叫作空间直线的**一般方程**.

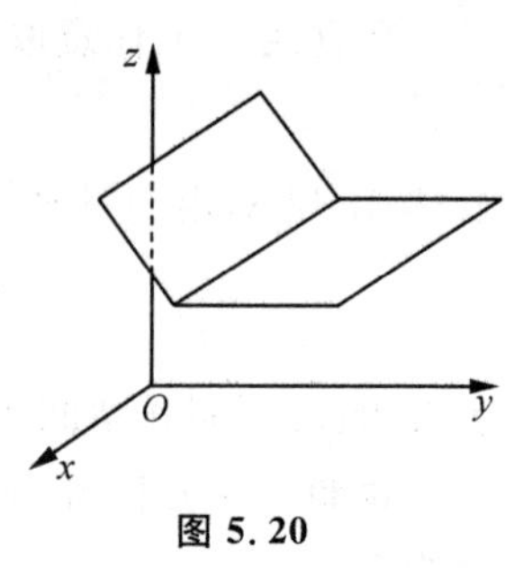

图 5.20

说明 空间直线的一般方程并不是唯一的.

例 6 将直线的一般方程 $\begin{cases}2x-y+3z-6=0,\\ 3x+2y-4z+5=0\end{cases}$ 化为点向式方程及参数方程.

解 先在直线上求一点. 令 $z=0$，并代入原方程，得

$$\begin{cases}2x-y-6=0,\\3x+2y+5=0,\end{cases}$$

解得 $x=1, y=-4$，即点 $(1,-4,0)$ 在所求直线上.

再求直线的方向向量. 因为所求直线的方向向量 $\boldsymbol{s}$ 分别垂直于两平面的法向量 $\boldsymbol{n}_1=\{2,-1,3\}$ 和 $\boldsymbol{n}_2=\{3,2,-4\}$，所以

$$\begin{aligned}\boldsymbol{s}&=\boldsymbol{n}_1\times\boldsymbol{n}_2=(a_yb_z-a_zb_y)\boldsymbol{i}+(a_zb_x-a_xb_z)\boldsymbol{j}+(a_xb_y-a_yb_x)\boldsymbol{k}\\&=[-1\times(-4)-3\times2]\boldsymbol{i}+[3\times3-2\times(-4)]\boldsymbol{j}+[2\times2-(-1)\times3]\boldsymbol{k}\\&=-2\boldsymbol{i}+17\boldsymbol{j}+7\boldsymbol{k},\end{aligned}$$

则直线的点向式方程为

$$\frac{x-1}{-2}=\frac{y+4}{17}=\frac{z}{7}.$$

令上式等于 t，则得到直线的参数方程为

$$\begin{cases}x=1-2t,\\y=-4+17t,\\z=7t.\end{cases}$$

习题 5.3

1. 判断下列各平面是否通过原点：

(1) $x-y+2z-1=0$；　(2) $x+2y-z=0$；　(3) $z=0$.

2. 已知平面经过点 $A(2,-1,3)$，且法向量 $\boldsymbol{n}=\{1,3,-2\}$，求此平面的方程.

3. 试写出下列各平面的法向量：

(1) $x-2y+4z+5=0$；　(2) $x+y+z=0$；

(3) $x-1=0$；　(4) $x-y-2=0$.

4. 已知两点 $A(0,-1,1)$ 和 $B(2,-4,-1)$，求过点 A 且与 AB 垂直的平面方程.

5. 求过点 $A(-2,0,3)$ 且平行于平面 $x+3y-2z+4=0$ 的平面方程.

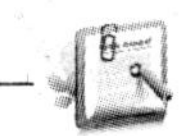

6. 写出直线$\frac{x-2}{3}=\frac{y+1}{-2}=\frac{z-1}{0}$的方向向量.

7. 已知直线经过原点，且方向向量$\boldsymbol{s}=\{-2,1,4\}$.

(1) 求此直线的方程；

(2) 此直线通过点$A(10,-5,-20)$吗？

8. 已知点$M(-3,1,0)$与平面π:$2x-2y+3z-6=0$.

(1) 求过点M且与平面π垂直的直线方程；

(2) 求点M到平面π的距离.

§5.4 二次曲面与空间曲线

一、曲面方程的概念

2012年伦敦奥运会采集圣火用的凹面聚光镜[图5.21(a)]、卫星接收天线[图5.21(b)]和聚光式太阳灶[图5.21(c)]等曲面的设计，都利用了旋转抛物面的聚焦原理来取火、接收信号或加热.本节将介绍这一曲面的方程，再介绍一些其他常见曲面的方程.

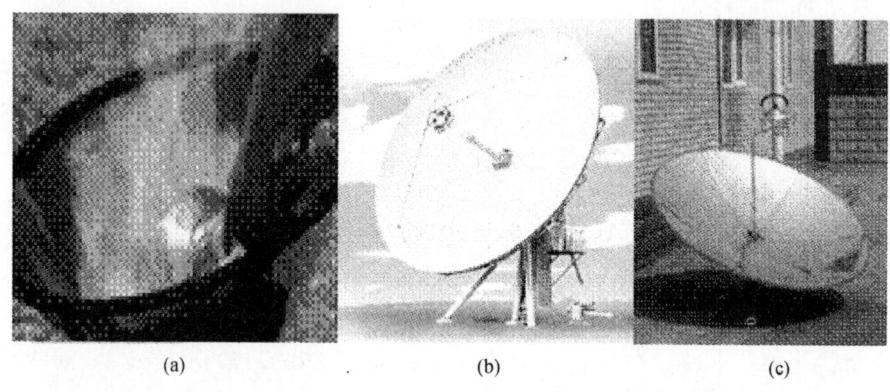

(a) (b) (c)

图5.21

我们知道，在平面解析几何中，若一条曲线C与一个方程$F(x,y)=0$之间有下列关系：

(1) 曲线C上的点的坐标都满足方程$F(x,y)=0$；

(2) 坐标满足方程$F(x,y)=0$的点一定都在曲线C上，则称方程$F(x,y)=0$为曲线C的方程，而曲线C就称为方程$F(x,y)=0$的图形.

类似地，若一张曲面Σ与一个方程$F(x,y,z)=0$之间有下列关系：

(1) 曲面Σ上的点的坐标都满足方程$F(x,y,z)=0$；

(2) 坐标满足方程$F(x,y,z)=0$的点一定都在曲面Σ上.

则称方程$F(x,y,z)=0$为曲面Σ的方程，而曲面Σ就称为方程$F(x,y,z)=0$的图形.

二、几种常见的二次曲面

1. 球面方程

已知球面的球心为点$M_0(x_0,y_0,z_0)$，半径为R，则球面的方程为

$$(x-x_0)^2+(y-y_0)^2+(z-z_0)^2=R^2.$$

特别地，球心在原点，半径为R的球面方程为

$$x^2+y^2+z^2=R^2.$$

2. 母线平行于坐标轴的柱面方程

如图5.22所示，一条动直线L沿着给定的曲线C平行移动而形成的曲面叫作**柱面**，其中定曲线C叫作柱面的**准线**，动直线L叫作柱面的**母线**.

下面我们来建立以xOy坐标面上的曲线C：$f(x,y)=0$为准线，母线L平行于坐标轴z轴的柱面方程.

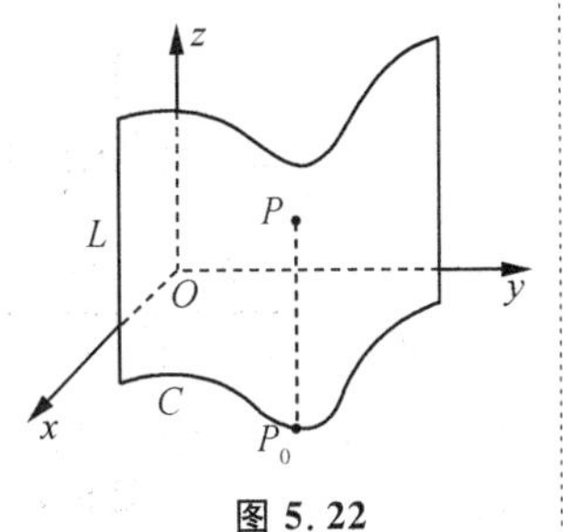

图5.22

如图5.22所示，设点$P(x,y,z)$为柱面上的任意一点，过点P作垂直于xOy坐标面的垂线PP_0，垂足为点P_0. 由柱面的定义可知，点P_0的坐标为$P_0(x,y,0)$，且P_0一定落在准线C上，即P_0的坐标满足曲线C的方程$f(x,y)=0$. 由于方程$f(x,y)=0$不含z，于是点$P(x,y,z)$的坐标也就满足方程$f(x,y)=0$；反之，过不在柱面上的点作垂直于xOy坐标面的垂线，垂足必不在曲线C上，也就是说，不在柱面上的点的坐标不满足方程$f(x,y)=0$，即坐标满足方程$f(x,y)=0$的点一定在柱面上. 则由曲面方程的定义知，方程$f(x,y)=0$就是所求柱面的方程.

结论 不含变量z的方程$f(x,y)=0$在空间中表示以xOy坐标面上的曲线C:$f(x,y)=0$为准线，母线L平行于坐标轴z轴的柱面.

类似地，不含变量x的方程$f(y,z)=0$在空间中表示以yOz坐标面上的曲线$f(y,z)=0$为准线，母线平行于坐标轴x轴的柱面. 不含变量y的方程$f(x,z)=0$在空间中表示以xOz坐标面上的曲线$f(x,z)=0$为准线，母线平行于坐标轴y轴的柱面.

例1 方程$x^2+y^2=R^2$在平面内表示圆(图5.23)，而它在空间中则表示以该圆为准线、母线平行于坐标轴z轴的柱面，叫作**圆柱面**(图5.24).

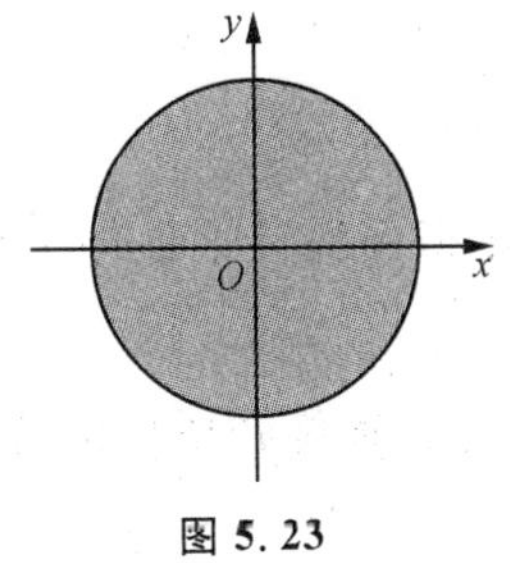

图5.23

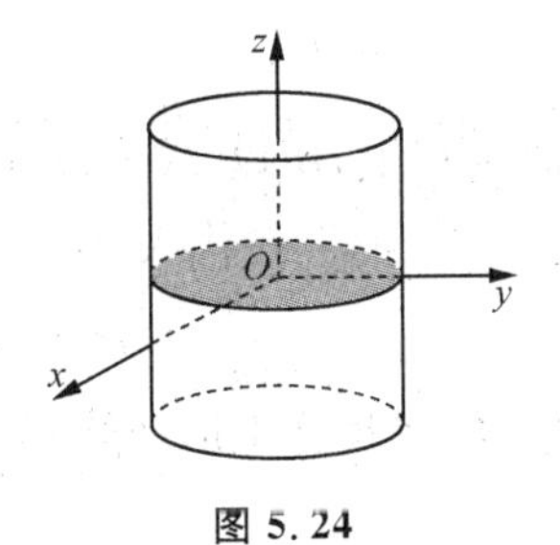

图5.24

例2 方程$y=x^2$在平面内表示一条抛物线(图5.25)，而它在空间中则表示以该抛物线为准线、母线平行于坐标轴z轴的柱面，叫作**抛物柱面**(图5.26).

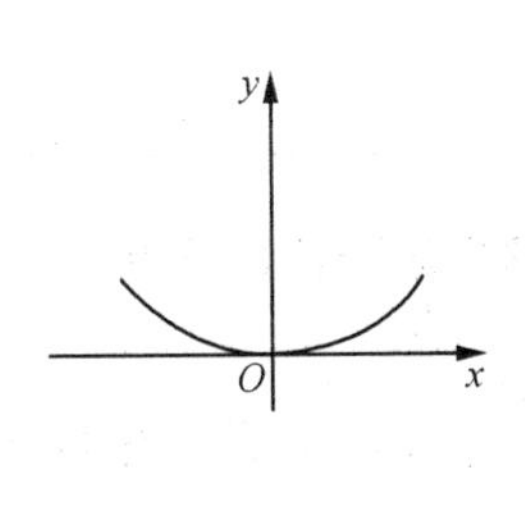

图5.25

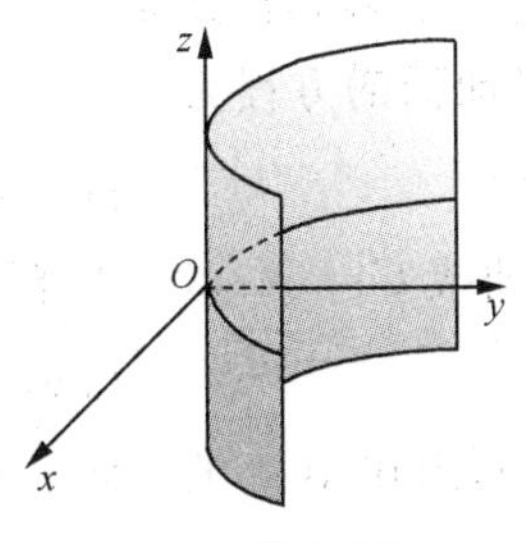

图5.26

例 3 方程 $x+y-1=0$ 在平面内表示一条直线(图 5.27),而它在空间中则表示以该直线为准线、母线平行于坐标轴 z 轴的柱面,显然它是一个与 z 轴平行的平面(图 5.28).

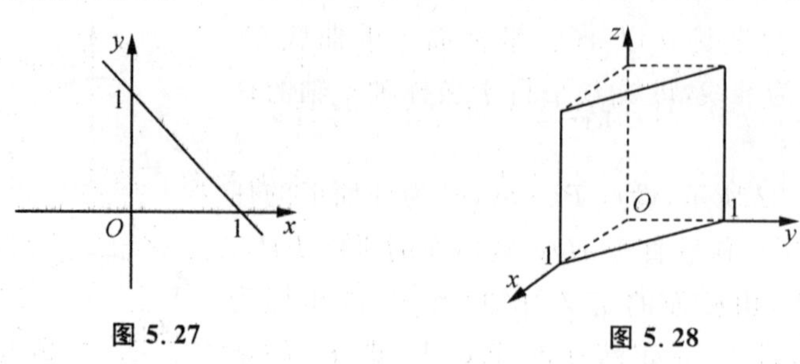

图 5.27　　　　图 5.28

请读者思考:方程 $x-1=0$ 在数轴上、平面内、空间中分别表示什么样的图形?

3. 旋转曲面

平面曲线 C 绕同一平面上的定直线 L 旋转所形成的曲面叫作**旋转曲面**,定直线 L 叫作**旋转轴**.

现在来建立 yOz 坐标面上的曲线 $C: f(y,z)=0$ 绕 z 轴旋转所成的旋转曲面的方程.

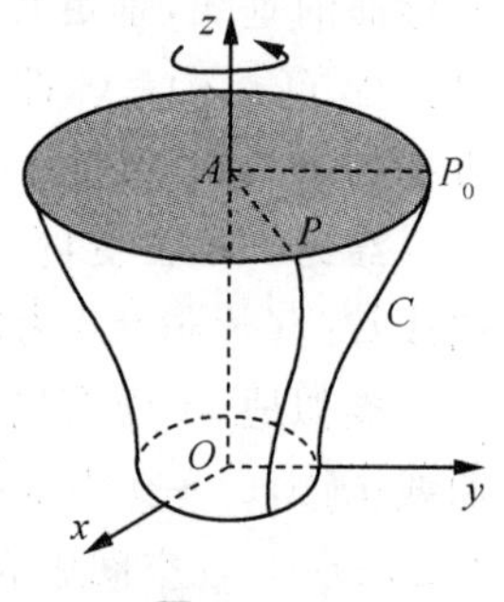

图 5.29

如图 5.29 所示,设 $P(x,y,z)$ 为旋转曲面上任意一点,过点 P 作垂直于 z 轴的平面,交 z 轴于点 $A(0,0,z)$,交曲线 C 于点 $P_0(0,y_0,z_0)$,则有

$$z=z_0. \tag{5.6}$$

又因为点 P 可以由点 P_0 绕 z 轴旋转得到,所以有 $|AP|=|AP_0|$,而 $|AP|=\sqrt{x^2+y^2}$,且 $|AP_0|=|y_0|$,则 $|y_0|=\sqrt{x^2+y^2}$, 即

$$y_0=\pm\sqrt{x^2+y^2}, \tag{5.7}$$

而 P_0 在曲线 C 上,所以 $f(y_0,z_0)=0$.

将式(5.6)和(5.7)代入 $f(y_0,z_0)=0$ 中,则得到旋转曲面的方程为

$$f(\pm\sqrt{x^2+y^2},z)=0.$$

结论 在 yOz 面上的曲线 $C: f(y,z)=0$ 绕 z 轴旋转所成的旋转曲面的方程为

$$f(\pm\sqrt{x^2+y^2},z)=0.$$

从形式上看,就是在方程 $f(y,z)=0$ 中,保持 z 不变,而将 y 换成 $\pm\sqrt{x^2+y^2}$,则得到旋转曲面的方程为

$$f(\pm\sqrt{x^2+y^2},z)=0.$$

同理,曲线 $C: f(y,z)=0$ 绕 y 轴旋转所成的旋转曲面的方程为

$$f(y,\pm\sqrt{x^2+z^2})=0.$$

例 4 写出在 yOz 坐标面上的抛物线 $z=ay^2(a>0)$ 绕 z 轴旋转所得的曲面方程.

解　在已知抛物线方程中，保持 z 不变，而将 y 换成 $\pm\sqrt{x^2+y^2}$，即 y^2 换成 x^2+y^2，于是所求旋转曲面的方程为

$$z=a(x^2+y^2).$$

该曲面叫作**旋转抛物面**，如图 5.30 所示. 这就是本节开始提到的曲面.

说明　当 $a<0$ 时，旋转抛物面的开口向下.

一般地，方程 $z=\frac{x^2}{a^2}+\frac{y^2}{b^2}$ 所表示的曲面叫作**椭圆抛物面**. 当 $a=b$ 时，即为旋转抛物面.

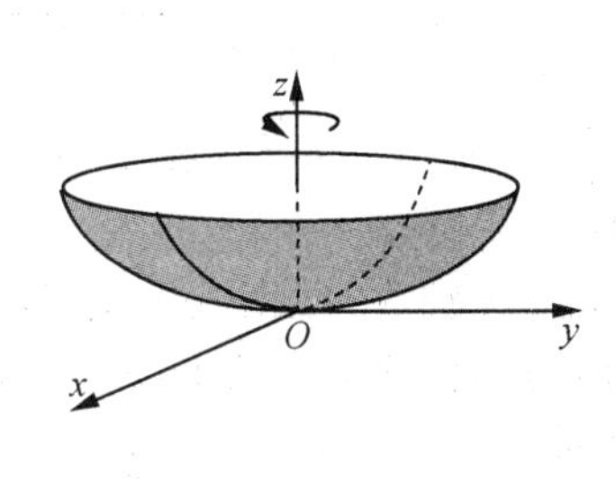

图 5.30

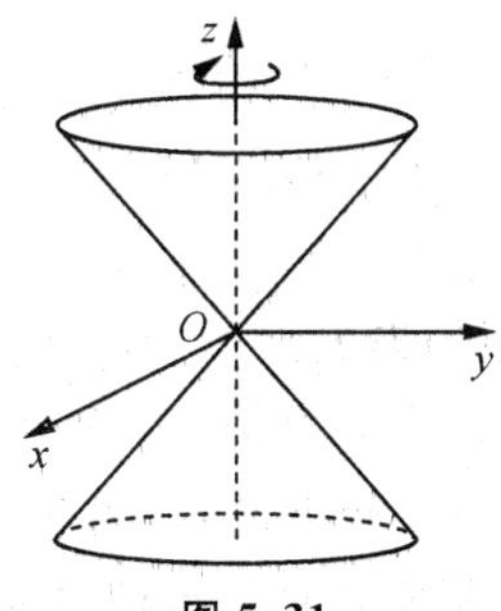

图 5.31

例 5　写出在 yOz 坐标面上的直线 $z=y$ 绕 z 轴旋转所得的曲面方程.

解　在已知的直线方程中，保持 z 不变，而将 y 换成 $\pm\sqrt{x^2+y^2}$，得所求旋转曲面的方程为 $z=\pm\sqrt{x^2+y^2}$，即 $z^2=x^2+y^2$.

该曲面叫作**圆锥面**，如图 5.31 所示.

例 6　写出在 yOz 坐标面上的椭圆 $\frac{y^2}{b^2}+\frac{z^2}{c^2}=1$ 绕 z 轴旋转所得旋转曲面的方程.

解　在已知椭圆方程中，保持 z 不变，而将 y 换成 $\pm\sqrt{x^2+y^2}$，即 y^2 换成 x^2+y^2，于是所求旋转曲面的方程为

$$\frac{x^2+y^2}{b^2}+\frac{z^2}{c^2}=1.$$

该曲面叫作**旋转椭球面**.

请读者写出该椭圆绕 y 轴旋转而得的旋转曲面（旋转椭球面）的方程.

4. 椭球面

由方程 $\frac{x^2}{a^2}+\frac{y^2}{b^2}+\frac{z^2}{c^2}=1$ 所表示的曲面叫作**椭球面**，如图 5.32 所示.

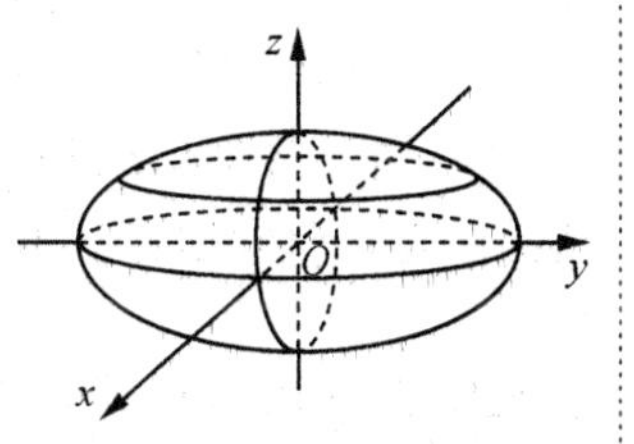

图 5.32

请读者思考：

(1) 当 $a=b=c$ 时，椭球面将变成前面讨论的哪种曲面？

(2) 当 a,b,c 中有 $a=b$ 或 $b=c$ 或 $a=c$ 时，椭球面又将变成前面讨论的哪种曲面？

三、空间曲线及其在坐标面上的投影

1. 空间曲线的方程

方程组$\begin{cases}F_1(x,y,z)=0,\\F_2(x,y,z)=0\end{cases}$叫作空间曲线 C 的**一般方程**. 其中方程 $F_1(x,y,z)=0$ 与 $F_2(x,y,z)=0$ 各表示两张曲面 Σ_1 和 Σ_2，而曲线 C 就是这两张曲面的交线，如图 5.33 所示.

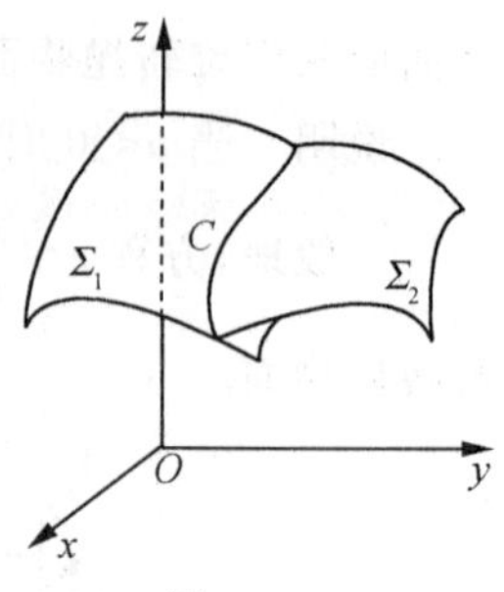

图 5.33

例 7 画出方程组$\begin{cases}x^2+y^2=4, & (1)\\2x+3y+3z=12, & (2)\end{cases}$所表示的曲线.

解 方程(1)表示以圆 $x^2+y^2=4$ 为准线、母线平行于 z 轴的圆柱面，而方程(2)表示一个在 x、y、z 轴上的截距分别为 6,4,4 的平面，所以，方程组所表示的曲线就是该平面与圆柱面的交线 C，显然，曲线 C 是空间中的一个椭圆. 如图 5.34 所示.

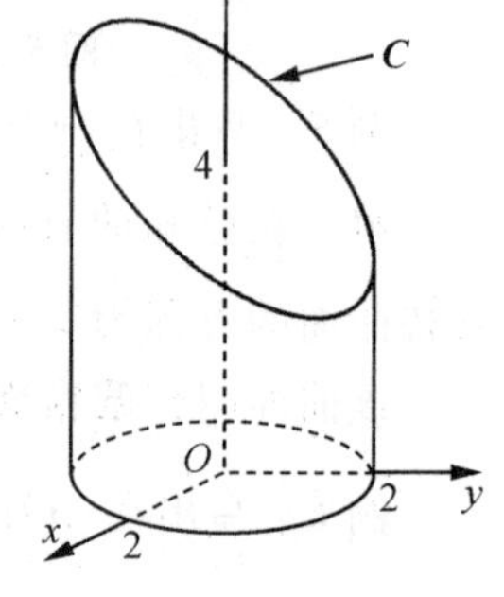

图 5.34

空间曲线上动点 P 的坐标 x,y,z 也可以用某一个变量 t 的函数来表示，即

$$\begin{cases}x=x(t),\\y=y(t),\\z=z(t).\end{cases}\tag{5.7}$$

方程组(5.7)叫作曲线的**参数方程**，其中 t 为参数.

2. 空间曲线在坐标面上的投影

设 C 为已知空间曲线，则以 C 为准线，平行于 z 轴的直线为母线的柱面叫作空间曲线 C 关于 xOy 坐标面的**投影柱面**. 而投影柱面与 xOy 坐标面的交线叫作曲线 C 在 xOy 坐标面的**投影曲线**. 类似地，可以定义曲线 C 关于 yOz 坐标面、zOx 坐标面的投影柱面及其投影曲线.

设空间曲线 C 的方程为

$$\begin{cases}F_1(x,y,z)=0,\\F_2(x,y,z)=0,\end{cases}$$

消去 z，得 $F(x,y)=0$. 可知满足曲线 C 的方程一定满足方程 $F(x,y)=0$，而 $F(x,y)=0$ 是母线平行于 z 轴的柱面方程，所以柱面 $F(x,y)=0$ 就是曲线 C 关于 xOy 坐标面的投影柱面. 而

$$\begin{cases}F(x,y)=0,\\z=0\end{cases}$$

就是曲线 C 在 xOy 坐标面上的投影曲线的方程.

同理，从曲线 C 的方程中消去 x 或者 y，就可得到曲线 C 关于 yOz 坐标面或 zOx 坐标面的投影柱面方程，从而也可得到相应的投影曲线的方程.

请读者思考：在图 5.34 中，指出空间曲线 C 关于 xOy 坐标面的投影柱面及其投影曲线，并写出它们的方程.

习题 5.4

1. 已知球面的球心为点 $C(1,-3,2)$，半径为 5，求此球面的方程.

2. 在下列曲面中，指出哪些是母线平行于 y 轴的柱面方程：

(1) $x^2+z^2=1$；　(2) $x-z=1$；　(3) $z=y^2$；

(4) $x+y+x=0$；　(5) $z=x^2$；　(6) $z=x^2+y^2$.

3. 指出下列各方程(组)在平面上或空间中分别表示什么图形：

(1) $x=1$；　(2) $x^2+y^2+z^2=1$；　(3) $x^2+y^2=1$；

(4) $\frac{x}{4}+\frac{y}{9}=1$；　(5) $z=y^2$；　(6) $\begin{cases} x-y=1, \\ 2x+y=5. \end{cases}$

4. 写出 yOz 坐标面上的直线 $z=2y$ 绕 z 轴旋转所得旋转曲面的方程，并在空间直角坐标系中画出该曲面.

5. 指出方程组$\begin{cases} z=x^2+y^2, \\ z=1 \end{cases}$在空间中表示什么图形.

本章小结

本章以向量为工具构建了空间解析几何,而空间解析几何又为后续课程及知识的学习打下了坚实的基础.

1. 基本概念

空间直角坐标系、向量、向量的模、和向量、数乘向量、基本单位向量、向量的坐标表示式、向量的点积与叉积.

平面的点法式方程、平面的一般方程、平面的截距式方程、直线的点向式方程、直线的参数方程、直线的一般方程、曲面的方程、球面、柱面、旋转曲面、空间曲线的一般方程、空间曲线的参数方程、空间曲线在坐标面上的投影.

2. 基本运算

空间中两点间的距离、向量的加减运算、数乘运算、乘法运算(点积与叉积)、平面方程、空间直线方程.

3. 基本方法

(1) 向量的运算方法.

向量融数和形于一体,具有代数和几何的双重身份.在几何方面,可以用有向线段进行向量的加减运算、数乘运算,注意平行四边形法则或三角形法则的应用;而在代数方面,可以用向量的坐标进行向量的加减运算、数乘运算、乘法运算(点积与叉积),这也是本章重点介绍的向量知识.

(2) 解析几何的方法.

空间解析几何是以空间直角坐标系为桥梁,通过代数的方法来研究空间图形.例如,用向量的坐标来研究向量,用方程来研究平面与曲面、空间直线与曲线等.事实上,在平面解析几何中也是如此.

(3) 空间解析几何的基础是平面解析几何,如果要问平面解析几何的基础是什么的话,那就是数轴.数轴是一维的,数轴上的点的坐标为 x;平面是二维的,平面内的点的坐标为(x,y);空间是三维的,空间中的点的坐标为(x,y,z).那么什么是四维的?四维空间里的点又如何?其实,我们只要在空间点的坐标(x,y,z)的基础上再加上时间变量 t,就拓展到了四维空间,而(x,y,z,t)就是四维空间里的点的坐标.如此下去,我们可以拓展到 n 维空间.这是一个从 1 到 n 看似简单的过程,事实上,这是我们认识问题、研究问题、解决问题的基本方法,也是一种最基本的数学方法.在今后的学习中,我们还会用到这种方法.

复习题五

1. 分别求出点 $M(2,1,-3)$ 关于原点、y 轴、xOz 坐标面对称的点的坐标.

2. 在 z 轴的正半轴上求一点，使得它到点 $M(3,-4,2)$ 的距离等于13.

3. 已知向量 $\boldsymbol{a}=2\boldsymbol{i}-\boldsymbol{j}+m\boldsymbol{k}$，且 $|\boldsymbol{a}|=3$，求向量 $\boldsymbol{a}$.

4. 已知向量 $\boldsymbol{a}=\{2,1,-2\}$，$\boldsymbol{b}=\{1,-2,1\}$，求 $|\boldsymbol{a}+\boldsymbol{b}|$.

5. 设向量 $\boldsymbol{a}=\{2,2,1\}$，$\boldsymbol{b}=\{4,5,3\}$. 求：

(1) $3\boldsymbol{a}-\boldsymbol{b}$；　　(2) $\boldsymbol{a}\cdot\boldsymbol{b}$；

(3) 同时垂直于 $\boldsymbol{a}$ 及 $\boldsymbol{b}$ 的一个向量.

6. 判断下列各平面是否通过原点：

(1) $x+y+z=1$；　　(2) $z-3=0$；

(3) $2x-y=0$；　　(4) $x+y-z=0$.

7. 已知一平面经过 $A(0,1,-1)$，$B(1,0,3)$，$C(-1,2,0)$ 三点. 求：

(1) 此平面的方程；

(2) 过点 A 且垂直于该平面的直线方程.

8. 证明直线 L：$\dfrac{x-1}{-1}=\dfrac{y+2}{1}=\dfrac{z-3}{2}$ 与平面 π：$x-y-2z+5=0$ 垂直.

9. 求经过点 $A(1,2,3)$ 和原点的直线的方程.

10. 已知直线过点 $(2,1,3)$，且与两个平面 $x+y-2z-1=0$ 和 $x+2y-z+1=0$ 平行，求该直线的方程.

11. 求直线 $L:\frac{x-2}{1}=\frac{y-3}{1}=\frac{z-4}{2}$ 与平面 $\pi:2x+y+z-6=0$ 的交点.

12. 指出下列各方程所表示的曲面名称,并作简图.若为旋转曲面,则说出它是如何形成的.

(1) $x^2+y^2+z^2-4=0$;

(2) $x^2+y^2=4$;

(3) $\frac{x^2}{4}+\frac{y^2}{9}=1$;

(4) $x^2+y^2+z=0$.

13. 作出 $z=1-(x^2+y^2)$ 的图形.

14. 求曲线 $\begin{cases}x^2+2y^2+z^2=1,\\x-z+1=0\end{cases}$ 在 xOy 坐标轴上的投影柱面和投影曲线的方程.

第6章　多元函数的微分学

只有一个自变量的函数叫作一元函数.但在自然科学和工程技术中,常常会遇到含有两个或两个以上自变量的函数(即多元函数).本章将以一元函数微分学为基础来研究多元函数微分学.重点对二元函数进行讨论,并将一些结论再推广到一般的多元函数.

§6.1　多元函数的基本概念

一、多元函数的概念

先看两个引例:

引例1　圆锥的体积 V 与底面积 S、高 h 之间有关系式:$V=\frac{1}{3}Sh$.

引例2　在直流电路中,电流 I、电压 U 与电阻 R 之间有如下关系式:

$$I=\frac{U}{R}.$$

在引例1中,S 和 h 是两个独立的变量,当它们在集合 $\{(S,h)|S>0,h>0\}$ 内取定一组值 (S,h) 时,V 的值就随之确定.同样,在引例2中,U 和 R 是两个相互独立的变量,当它们在集合 $\{(U,R)|U>0,R>0\}$ 内取定一组值 (U,R) 时,I 的值也随之确定.

从上面的两个引例中,我们撇开它们的实际意义,抽出它们的共性,就可得二元函数的定义,并由此给出多元函数的定义.

1. 多元函数的定义

定义6.1　设有三个变量 x,y 和 z,且 D 是平面上的一个点集,如果对于 D 中每一组数值 (x,y),变量 z 按照一定的对应法则 f 总有确定的数与它们对应,则称 z 是 x,y 的**二元函数**,记为

$$z=f(x,y),$$

其中 x 与 y 称为**自变量**,z 称为**因变量**.自变量 x 与 y 的取值范围 D 称为函数的**定义域**.

二元函数在点 (x_0,y_0) 所取得的函数值记为

$$z\Big|_{\substack{x=x_0\\y=y_0}},z\Big|_{(x_0,y_0)}\text{或 }f(x_0,y_0).$$

类似地，可以定义三元函数、四元函数、…、n 元函数，它们分别记作 $u=f(x,y,z)$，$u=f(x,y,z,t)$，…. 二元及二元以上的函数统称为**多元函数**.

按照定义，在引例 1 和引例 2 中，体积 V 是底面积 S 和高 h 的二元函数，电流 I 是电压 U 和电阻 R 的二元函数，它们的定义域必须由实际情况来确定.

一元函数的定义域通常可以用数轴上的区间来表示，而二元函数的定义域是 xOy 坐标面上的一个区域. 所谓**区域**，是指由一条曲线或几条曲线围成的部分平面，如果区域延伸到无限远处，就说这个区域是**无界的**，否则就说是**有界的**. 围成区域的曲线叫作区域的**边界**，包括边界在内的区域叫作**闭区域**，不包括边界的区域叫作**开区域**.

求二元函数定义域的方法与一元函数相类似，当二元函数是用解析式表示时，其定义域为使每个解析式都有意义的有序实数对 (x,y) 的集合. 而实际问题中的二元函数，则要根据实际意义来确定其定义域.

例 1　求下列函数的定义域 D，并画出 D 的图形：

(1) $z=\arccos\dfrac{x}{3}+\arcsin\dfrac{y}{4}$；

(2) $z=\ln(4-x^2-y^2)+\dfrac{1}{\sqrt{x+y}}$.

解　(1) 要使函数 z 有意义，则

$$\begin{cases}-1\leqslant\dfrac{x}{3}\leqslant1,\\ -1\leqslant\dfrac{y}{4}\leqslant1,\end{cases}\quad 即\begin{cases}-3\leqslant x\leqslant3,\\ -4\leqslant y\leqslant4.\end{cases}$$

所以函数的定义域为

$$D=\{(x,y)\mid -3\leqslant x\leqslant3,-4\leqslant y\leqslant4\}.$$

其几何图形是以 $x=\pm3$，$y=\pm4$ 为边界的矩形闭区域(图 6.1).

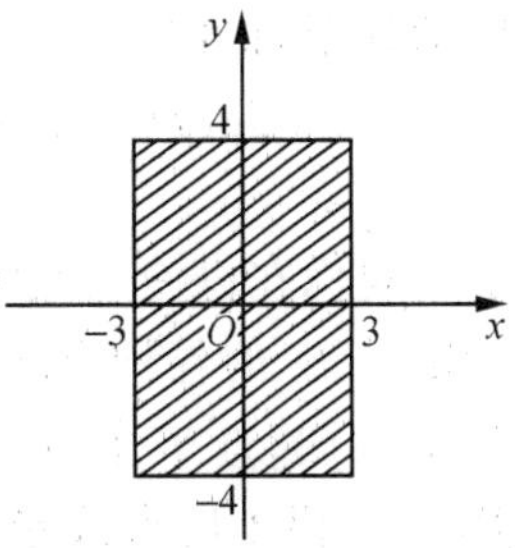

图 6.1

(2) 要使函数 z 有意义，则

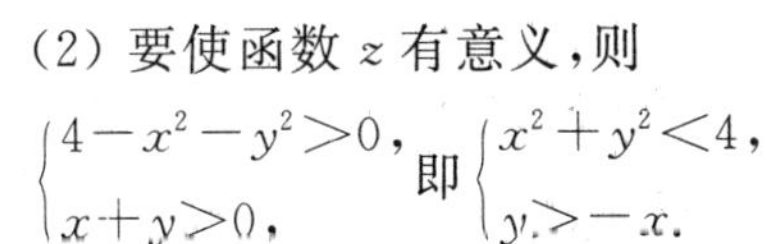

$$\begin{cases}4-x^2-y^2>0,\\ x+y>0,\end{cases}\quad 即\begin{cases}x^2+y^2<4,\\ y>-x.\end{cases}$$

所以函数的定义域为

$$D=\{(x,y)\mid x^2+y^2<4,y>-x\},$$

其几何图形是平面上以原点为圆心、半径为 2 的圆与直线 $y=-x$ 上方所围成的开区域，如图 6.2 所示的阴影部分(不包括边界).

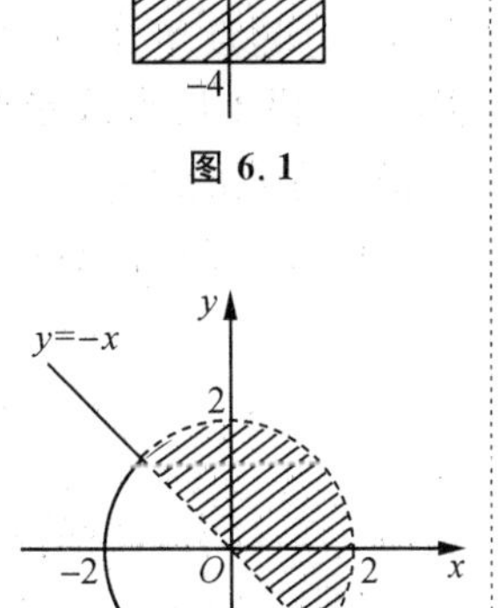

图 6.2

2. 二元函数的几何意义

我们知道，一元函数 $y=f(x)$ 的图形通常是平面上的一条曲线. 二元函数 $z=f(x,y)$ 的定义域 D 是平面上的一个区域，对于任取一点 $P(x,y)\in D$，其对应的函数值为 $z=f(x,y)$，于是得到了空间中的一点 $M(x,y,z)$. 所有这样

确定的点的集合就是二元函数 $z=f(x,y)$ 的图形，通常二元函数的图形是一张空间曲面(图 6.3).

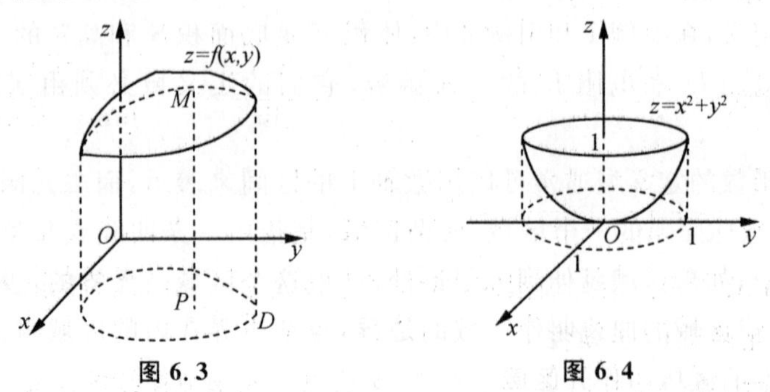

图 6.3　　图 6.4

例如，二元函数 $z=x^2+y^2$ 的图形是在 yOz 坐标面上的抛物线 $z=y^2$ 绕 z 轴旋转所得的旋转抛物面(图 6.4).

二、二元函数的极限

1. 二元函数极限的定义

与一元函数的极限类似，我们可以给出二元函数极限的定义.

定义 6.2　如果当点 $P(x,y)$ 无限接近于点 $P_0(x_0,y_0)$ 时，函数 $f(x,y)$ 无限接近于一个确定的常数 A，则称常数 A 为函数 $z=f(x,y)$ 当 $x\to x_0$，$y\to y_0$ 时的**极限**，记作

$$\lim_{\substack{x\to x_0\\y\to y_0}}f(x,y)=A,\lim_{\substack{x\to x_0\\y\to y_0}}f(x,y)=A \text{ 或 } \lim_{(x,y)\to(x_0,y_0)}f(x,y)=A.$$

我们在讨论一元函数 $y=f(x)$ 的极限时，介绍过 $x\to x_0$，此时动点 x 趋近于定点 x_0 的各种方式总是沿数轴进行的. 而对于二元函数 $z=f(x,y)$，动点 $P(x,y)$ 趋近于定点 $P_0(x_0,y_0)$ 时的方式在定义域内是任意的. 因此，当点 $P(x,y)$ 沿不同方式趋近于点 $P_0(x_0,y_0)$ 时，如果函数趋近于不同的常数值，那么函数在点 $P_0(x_0,y_0)$ 处的极限一定不存在.

例 2　考察函数

$$f(x,y)=\begin{cases}\dfrac{xy}{x^2+y^2}, & x^2+y^2\neq 0,\\ 0, & x^2+y^2=0\end{cases}$$

当 $(x,y)\to(0,0)$ 时的极限是否存在.

解　当点 (x,y) 沿 x 轴趋向于原点，即当 $y=0$，$x\to 0$ 时，有

$$\lim_{\substack{x\to 0\\y\to 0}}f(x,y)=\lim_{\substack{x\to 0\\y=0}}f(x,y)=\lim_{x\to 0}f(x,0)=\lim_{x\to 0}0=0;$$

而当点 (x,y) 沿 y 轴趋向于原点，即当 $x=0$，$y\to 0$ 时，有

$$\lim_{\substack{x\to 0\\y\to 0}}f(x,y)=\lim_{\substack{x=0\\y\to 0}}f(x,y)=\lim_{y\to 0}f(0,y)=\lim_{y\to 0}0=0;$$

但是，当点 (x,y) 沿着直线 $y=x$ 趋向于原点(即 $y=x$，$x\to 0$)时，有

$$\lim_{\substack{x\to 0\\y\to 0}}f(x,y)=\lim_{\substack{x\to 0\\y=x}}f(x,y)=\lim_{x\to 0}f(x,x)=\lim_{x\to 0}\frac{x^2}{x^2+x^2}=\frac{1}{2}.$$

所以，此函数在原点处的极限不存在.

例 3 求 $\lim\limits_{\substack{x\to 1\\ y\to 2}}\dfrac{y+2x^2}{x+y}$.

解 原式$=\dfrac{\lim\limits_{x\to 1,y\to 2}(y+2x^2)}{\lim\limits_{x\to 1,y\to 2}(x+y)}=\dfrac{\lim\limits_{x\to 1,y\to 2}y+\lim\limits_{x\to 1,y\to 2}2x^2}{\lim\limits_{x\to 1,y\to 2}x+\lim\limits_{x\to 1,y\to 2}y}=\dfrac{\lim\limits_{y\to 2}y+\lim\limits_{x\to 1}2x^2}{\lim\limits_{x\to 1}x+\lim\limits_{y\to 2}y}$

$$=\frac{\lim\limits_{y\to 2}y+2\lim\limits_{x\to 1}x^2}{\lim\limits_{x\to 1}x+\lim\limits_{y\to 2}y}=\frac{4}{3}.$$

我们在求二元函数的极限时，常常把它转化为一元函数的极限来求.

2. 二元函数的连续性

与一元函数的连续性定义类似，下面给出二元函数连续的定义.

定义 6.3 若函数 $z=f(x,y)$在点 $P_0(x_0,y_0)$处有

$$\lim_{\substack{x\to x_0\\ y\to y_0}}f(x,y)=f(x_0,y_0),$$

则称函数 $z=f(x,y)$在点 $P_0(x_0,y_0)$处连续.

若函数 $f(x,y)$在区域 D 内的每一点都连续，则说函数 $z=f(x,y)$在区域 D 内连续.

与闭区间上一元连续函数的性质类似，在有界闭区域上连续的二元函数有如下性质：

定理 6.1(最值定理) 在有界闭区域上连续的二元函数在该区域上一定能取得最大值和最小值.

以上关于二元函数极限与连续的定义和结论完全可以推广到三元以及三元以上的函数.

习题 6.1

1. 设函数 $f(x,y)=x^2-2xy+3y^2$,试求:

(1) $f(0,1)$;

(2) $f(ax,by)$;

(3) $\dfrac{f(x,y+h)-f(x,y)}{h}$.

2. 确定并画出下列函数的定义域 D:

(1) $f(x,y)=\ln(16-x^2-y^2)$;

(2) $u=\dfrac{1}{\sqrt{x}}+\dfrac{1}{\sqrt{y}}+\dfrac{1}{\sqrt{z}}$.

3. 求下列极限:

(1) $\lim\limits_{\substack{x\to 1\\ y\to -1}}\dfrac{x+y^2}{x-y}$;

(2) $\lim\limits_{\substack{x\to 0\\ y\to 0}}\dfrac{x^2y^2}{x^4+y^4}$.

§6.2 偏导数

一、偏导数的概念及其运算

与一元函数相似，多元函数也需要讨论变化率问题.由于多元函数的自变量不止一个，因变量与自变量的关系要比一元函数复杂得多.我们只讨论当某一自变量在变化，而其他自变量不变化(即看作常数)时，函数的变化率问题.以二元函数 $z=f(x,y)$ 为例，如果只有自变量 x 变化，而另一个自变量 y 固定不变(即看作常数)，这时 $z=f(x,y)$ 就是 x 的一元函数，这个一元函数对 x 的导数，就叫作二元函数 $z=f(x,y)$ 对 x 的偏导数.类似于一元函数的导数定义，给出二元函数的偏导数定义.

1. 偏导数的定义

定义 6.4 设函数 $z=f(x,y)$ 在点 (x_0,y_0) 的某一邻域内有定义，当 y 固定在 y_0，而 x 在 x_0 处有增量 Δx 时，相应的函数增量 $f(x_0+\Delta x,y_0)-f(x_0,y_0)$ 称为函数 z 对 x 的**偏增量**，记为 $\Delta_x z$，即

$$\Delta_x z=f(x_0+\Delta x,y_0)-f(x_0,y_0).$$

若 $\lim\limits_{\Delta x\to 0}\dfrac{\Delta_x z}{\Delta x}$ 存在，则称此极限值为函数 $z=f(x,y)$ 在点 (x_0,y_0) 处对 x 的**偏导数**，记作

$$\left.\frac{\partial z}{\partial x}\right|_{(x_0,y_0)},\left.\frac{\partial f}{\partial x}\right|_{(x_0,y_0)},z'_x|_{(x_0,y_0)}\text{或 }f'_x(x_0,y_0).$$

类似地，我们可以定义函数 $z=f(x,y)$ 在点 (x_0,y_0) 处**对 y 的偏导数**：

$$\left.\frac{\partial z}{\partial y}\right|_{(x_0,y_0)}=\lim_{\Delta y\to 0}\frac{\Delta_y z}{\Delta y}=\lim_{\Delta y\to 0}\frac{f(x_0,y_0+\Delta y)-f(x_0,y_0)}{\Delta y},$$

记作

$$\left.\frac{\partial z}{\partial y}\right|_{(x_0,y_0)},\left.\frac{\partial f}{\partial y}\right|_{(x_0,y_0)},z'_y|_{(x_0,y_0)}\text{或 }f'_y(x_0,y_0),$$

其中 $\Delta_y z=f(x_0,y_0+\Delta y)-f(x_0,y_0)$ 叫作函数 z **对 y 的偏增量**.

如果 $f(x,y)$ 在区域 D 内的每一点 (x,y) 处对 x 的偏导数都存在，那么这个偏导数是 x,y 的函数，此函数叫作函数 $z=f(x,y)$ **对自变量 x 的偏导函数**，记作

$$\frac{\partial z}{\partial x},\frac{\partial}{\partial x}f(x,y),z'_x\text{或 }f'_x(x,y).$$

类似地，可以定义函数 $z=f(x,y)$ 对**自变量 y 的偏导函数**，记作

$$\frac{\partial z}{\partial y},\frac{\partial}{\partial y}f(x,y),z'_y\text{或 }f'_y(x,y).$$

在不发生混淆的情况下，偏导函数也简称为**偏导数**.

显然，根据偏导数的定义，求二元函数对某一自变量的偏导数时，只需将

另一个自变量看成常数,使用一元函数求导法即可.特别要说明,二元函数偏导数的定义与求法可以推广到二元以上的函数.

2. 偏导数的运算

例 1 求函数 $z=x^2y+3y$ 在点(1,−1)处的偏导数.

解 因为 $\frac{\partial z}{\partial x}=2xy,\frac{\partial z}{\partial y}=x^2+3$,所以

$$\left.\frac{\partial z}{\partial x}\right|_{(1,-1)}=(2xy)|_{(1,-1)}=2\times1\times(-1)=-2,$$

$$\left.\frac{\partial z}{\partial y}\right|_{(1,-1)}=(x^2+3)|_{(1,-1)}=1^2+3=4.$$

例 2 设 $f(x,y)=\mathrm{e}^{xy}$,求 $\frac{\partial}{\partial x}f(x,y),\frac{\partial}{\partial y}f(x,y)$.

解 $\frac{\partial}{\partial x}f(x,y)=\mathrm{e}^{xy}\cdot(xy)'_x=y\mathrm{e}^{xy},\frac{\partial}{\partial y}f(x,y)=\mathrm{e}^{xy}\cdot(xy)'_y=x\mathrm{e}^{xy}$.

例 3 求函数 $z=xy+\sqrt{x^2+y^2}$ 的偏导数 z'_x 与 z'_y.

解 $z'_x=(xy)'_x+(\sqrt{x^2+y^2})'_x=y+\frac{1}{2\sqrt{x^2+y^2}}\cdot(x^2+y^2)'_x=y+\frac{x}{\sqrt{x^2+y^2}}$,

$$z'_y=(xy)'_y+(\sqrt{x^2+y^2})'_y=x+\frac{1}{2\sqrt{x^2+y^2}}\cdot(x^2+y^2)'_y=x+\frac{y}{\sqrt{x^2+y^2}}.$$

例 4 求函数 $u=\ln(x^2+y^2+z^2)$ 的偏导数 $\frac{\partial u}{\partial x},\frac{\partial u}{\partial y},\frac{\partial u}{\partial z}$.

解 $\frac{\partial u}{\partial x}=\frac{1}{x^2+y^2+z^2}(x^2+y^2+z^2)'_x=\frac{2x}{x^2+y^2+z^2}$,

$$\frac{\partial u}{\partial y}=\frac{1}{x^2+y^2+z^2}(x^2+y^2+z^2)'_y=\frac{2y}{x^2+y^2+z^2},$$

$$\frac{\partial u}{\partial z}=\frac{1}{x^2+y^2+z^2}(x^2+y^2+z^2)'_z=\frac{2z}{x^2+y^2+z^2}.$$

例 5 已知物理学中的理想气体状态方程为 $PV=nRT$(其中 P 为压力,V 为体积,n 为物质的量,T 为温度,R 是常量,并假设物质的量 n 为常数),证明:$\frac{\partial P}{\partial V}\cdot\frac{\partial V}{\partial T}\cdot\frac{\partial T}{\partial P}=-1$.

证明 因为 $P=\frac{nRT}{V}$,所以

$$\frac{\partial P}{\partial V}=-\frac{nRT}{V^2}.$$

又 $V=\frac{nRT}{P}$,所以

$$\frac{\partial V}{\partial T}=\frac{nR}{P}.$$

又 $T=\frac{PV}{nR}$,所以

$$\frac{\partial T}{\partial P}=\frac{V}{nR}.$$

于是$\dfrac{\partial P}{\partial V}\cdot\dfrac{\partial V}{\partial T}\cdot\dfrac{\partial T}{\partial P}=-\dfrac{nRT}{V^2}\cdot\dfrac{nR}{P}\cdot\dfrac{V}{nR}=-\dfrac{nRT}{VP}=-\dfrac{nRT}{nRT}=-1.$

这个例子说明：不能把偏导数的记号$\dfrac{\partial z}{\partial x}$（或$\dfrac{\partial z}{\partial y}$）理解为$\partial z$与$\partial x$（或$\partial z$与$\partial y$）之商，只能将其看成是一种记号，它是一个整体符号，否则这三个偏导数的积应为1. 但是一元函数的导数记号$\dfrac{\mathrm{d}y}{\mathrm{d}x}$可以看成两个微分$\mathrm{d}y$与$\mathrm{d}x$之商. 所以一元函数的导数与二元函数的偏导数有差别.

二、高阶偏导数

与一元函数的高阶导数类似，多元函数也有高阶偏导数.

设二元函数$z=f(x,y)$在区域D内的偏导数

$$\frac{\partial z}{\partial x}=f'_x(x,y),\frac{\partial z}{\partial y}=f'_y(x,y)$$

存在（一般来说在区域D内它们仍是x,y的函数），若这两个函数关于x,y的偏导数也存在，则说它们的偏导数是$z=f(x,y)$的**二阶偏导数**.

按照对自变量的不同求导次序，二元函数的二阶偏导数共有四个：

$$\left(\frac{\partial z}{\partial x}\right)'_x=\frac{\partial}{\partial x}\left(\frac{\partial z}{\partial x}\right)=\frac{\partial^2 z}{\partial x^2}=f''_{xx}(x,y)=z''_{xx},$$

$$\left(\frac{\partial z}{\partial x}\right)'_y=\frac{\partial}{\partial y}\left(\frac{\partial z}{\partial x}\right)=\frac{\partial^2 z}{\partial x\partial y}=f''_{xy}(x,y)=z''_{xy},$$

$$\left(\frac{\partial z}{\partial y}\right)'_x=\frac{\partial}{\partial x}\left(\frac{\partial z}{\partial y}\right)=\frac{\partial^2 z}{\partial y\partial x}=f''_{yx}(x,y)=z''_{yx},$$

$$\left(\frac{\partial z}{\partial y}\right)'_y=\frac{\partial}{\partial y}\left(\frac{\partial z}{\partial y}\right)=\frac{\partial^2 z}{\partial y^2}=f''_{yy}(x,y)=z''_{yy}.$$

其中$f''_{xy}(x,y)$及$f''_{yx}(x,y)$叫作**二阶混合偏导数**.

同样可得三阶、四阶、…、n阶偏导数，二阶和二阶以上的偏导数统称为**高阶偏导数**.

例6 设函数$z=x^3+3x^2y-2xy^2+y^3$，求其所有的二阶偏导数.

解 因为 $\dfrac{\partial z}{\partial x}=3x^2+6xy-2y^2,\dfrac{\partial z}{\partial y}=3x^2-4xy+3y^2,$

所以
$$\frac{\partial^2 z}{\partial x^2}=6x+6y,\frac{\partial^2 z}{\partial y^2}=-4x+6y,$$

$$\frac{\partial^2 z}{\partial x\partial y}=6x-4y,\frac{\partial^2 z}{\partial y\partial x}=6x-4y.$$

我们看到，例6中两个二阶混合偏导数是相等的，即$\dfrac{\partial^2 z}{\partial x\partial y}=\dfrac{\partial^2 z}{\partial y\partial x}$. 这并非偶然. 事实上，我们有下列定理：

定理6.2 若函数$z=f(x,y)$在区域D上的两个二阶混合偏导数$\dfrac{\partial^2 z}{\partial x\partial y}$和$\dfrac{\partial^2 z}{\partial y\partial x}$连续，则在区域$D$上有

$$\frac{\partial^2 z}{\partial x\partial y}=\frac{\partial^2 z}{\partial y\partial x},$$

即当二阶混合偏导数在区域 D 上连续时，求导结果与求导次序无关.

这个定理也适用于三元及三元以上的函数.

三、多元复合函数的偏导数

我们学习过一元函数的复合函数，同样，对二元函数也有复合函数.

设 $z=f(u,v)$ 是 u,v 的二元函数，而 $u=\varphi(x,y)$，$v=\psi(x,y)$ 又是 x,y 的二元函数，若 $z=f[\varphi(x,y),\psi(x,y)]$ 是 x,y 的二元函数，则说 $z=f[\varphi(x,y),\psi(x,y)]$ 是由 $z=f(u,v)$ 和 $u=\varphi(x,y)$，$v=\psi(x,y)$ 复合而成的复合函数.

定理 6.3 设 $u=\varphi(x,y)$，$v=\psi(x,y)$ 在点 (x,y) 具有对 x 及 y 的偏导数，函数 $z=f(u,v)$ 在相应点 (u,v) 具有连续偏导数，则复合函数 $z=f[\varphi(x,y),\psi(x,y)]$ 在点 (x,y) 的两个偏导数存在，且

$$\frac{\partial z}{\partial x}=\frac{\partial z}{\partial u}\cdot\frac{\partial u}{\partial x}+\frac{\partial z}{\partial v}\cdot\frac{\partial v}{\partial x},$$

$$\frac{\partial z}{\partial y}=\frac{\partial z}{\partial u}\cdot\frac{\partial u}{\partial y}+\frac{\partial z}{\partial v}\cdot\frac{\partial v}{\partial y}.$$

上述公式是求二元复合函数偏导数的基本公式. 可借助如图 6.5 所示的复合函数结构图，按照“**分线相加，按线求导相乘**”的原则来掌握. “分线相加”是指：z 通向自变量 x（或自变量 y）有几条路径，求导公式中就有几项；“按线求导相乘”是指：每一项都是函数 z 对各条线上变量依次求偏导的乘积.

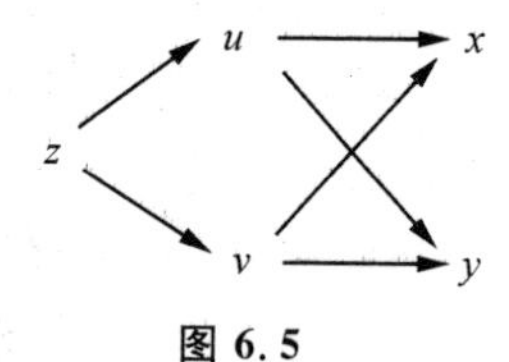

图 6.5

上述公式可以类似地推广到二元以上的函数.

例 7 设 $z=e^u\cos v$，且 $u=xy$，$v=x^2+y^2$，求 $\frac{\partial z}{\partial x},\frac{\partial z}{\partial y}$.

解 因为 $\frac{\partial z}{\partial u}=e^u\cos v,\frac{\partial z}{\partial v}=-e^u\sin v,$

$$\frac{\partial u}{\partial x}=y,\frac{\partial u}{\partial y}=x,\frac{\partial v}{\partial x}=2x,\frac{\partial v}{\partial y}=2y,$$

所以
$$\frac{\partial z}{\partial x}=\frac{\partial z}{\partial u}\cdot\frac{\partial u}{\partial x}+\frac{\partial z}{\partial v}\cdot\frac{\partial v}{\partial x}=e^u\cos v\cdot y+(-e^u\sin v)\cdot 2x$$
$$=e^{xy}[y\cos(x^2+y^2)-2x\sin(x^2+y^2)],$$
$$\frac{\partial z}{\partial y}=\frac{\partial z}{\partial u}\cdot\frac{\partial u}{\partial y}+\frac{\partial z}{\partial v}\cdot\frac{\partial v}{\partial y}=e^u\cos v\cdot x+(-e^u\sin v)\cdot 2y$$
$$=e^{xy}[x\cos(x^2+y^2)-2y\sin(x^2+y^2)].$$

对于例 7，请读者思考下列三个问题：

(1) 写出由 $z=e^u\cos v,u=xy,v=x^2+y^2$ 复合而成的复合函数 $z=f(x,y)$；

(2) 求出(1)中复合函数 $z=f(x,y)$ 的两个偏导数 $\frac{\partial z}{\partial x}$ 与 $\frac{\partial z}{\partial y}$；

(3) 将(2)的结果与例 7 的结果比较.

例 8 设 $z=f(xy,x^2+y^2)$，其中 f 为可微函数，求$\frac{\partial z}{\partial x},\frac{\partial z}{\partial y}$.

解 令 $u=xy,v=x^2+y^2$，则 $z=f(u,v)$，

且
$$\frac{\partial u}{\partial x}=y,\frac{\partial v}{\partial x}=2x,\frac{\partial u}{\partial y}=x,\frac{\partial v}{\partial y}=2y.$$

所以
$$\frac{\partial z}{\partial x}=\frac{\partial z}{\partial u}\cdot\frac{\partial u}{\partial x}+\frac{\partial z}{\partial v}\cdot\frac{\partial v}{\partial x}=y\cdot f'_u+2x\cdot f'_v,$$

$$\frac{\partial z}{\partial y}=\frac{\partial z}{\partial u}\cdot\frac{\partial u}{\partial y}+\frac{\partial z}{\partial v}\cdot\frac{\partial v}{\partial y}=x\cdot f'_u+2y\cdot f'_v.$$

说明 (1) 因为本例题中的 f 没有具体给出来，即 $z=f(u,v)$没有具体的解析式，所以结果中的 $f'_u=\frac{\partial z}{\partial u}$和 $f'_v=\frac{\partial z}{\partial v}$都不能再计算了.

(2) 像例 8 中的这种函数叫作抽象函数. 而求抽象函数的偏导数时，一般要引入中间变量. 在例 8 中，如果已知 $z=f(u,v)=e^u\cos v$，那么例 8 就是例 7 了.

四、二元隐函数的偏导数

设三元方程 $F(x,y,z)=0$ 确定了一个二元隐函数 $z=f(x,y)$，若 F'_x,F'_y,F'_z连续，则可利用多元复合函数偏导数的求导公式，得出 z 对 x,y 的两个偏导数的求导公式.

将 $z=f(x,y)$代入方程 $F(x,y,z)=0$，得恒等式
$$F[x,y,z(x,y)]\equiv 0.$$
两端分别关于 x,y 求偏导，得
$$F'_x+F'_z\cdot\frac{\partial z}{\partial x}=0,$$

$$F'_y+F'_z\cdot\frac{\partial z}{\partial y}=0.$$

因为 $F'_z\neq 0$，所以
$$\frac{\partial z}{\partial x}=-\frac{F'_x}{F'_z},\frac{\partial z}{\partial y}=-\frac{F'_y}{F'_z}.$$

这就是二元隐函数的求导公式.

例 9 设 $4z=x^2+y^2+z^2$，求$\frac{\partial z}{\partial x},\frac{\partial z}{\partial y}$.

解 令 $F(x,y,z)=x^2+y^2+z^2-4z$，则
$$F'_x=2x,F'_y=2y,F'_z=2z-4.$$

由二元隐函数的求导公式，得
$$\frac{\partial z}{\partial x}=-\frac{F'_x}{F'_z}=-\frac{2x}{2z-4},\frac{\partial z}{\partial y}=-\frac{F'_y}{F'_z}=-\frac{2y}{2z-4}.$$

习题 6.2

1. 求下列各函数的偏导数：

(1) $z=2xy^2-\sin x+5y^3$；

(2) $z=x^2\sin y$；

(3) $z=\sin(xy)$；

(4) $z=\dfrac{xy}{x+y}$；

(5) $u=xy+yz+xz$；

(6) $u=x^{yz^2}$.

2. 求下列各函数在指定点处的偏导数：

(1) $f(x,y)=\ln(1+x^2+y^2)$，求 $f'_x(1,2)$，$f'_y(1,2)$；

(2) $f(x,y)=\sin(x+2y)$，求 $f'_x\left(\dfrac{\pi}{2},0\right)$，$f'_y\left(\dfrac{\pi}{2},0\right)$.

3. 利用偏导数的几何意义求曲线$\begin{cases}x=\sqrt{3},\\ z=\sqrt{x^2+y^2+1}\end{cases}$在点$(\sqrt{3},1,\sqrt{5})$处的切线关于 y 轴的斜率.

4．求下列各函数的二阶偏导数：

（1）$z=x^2+2xy+y^2+2$；

（2）$z=\sin(3x+2y)$；

（3）$z=x^3y-3x^2y^3$；

（4）$z=e^{ax+by}$.

5．求下列复合函数的偏导数：

（1）设 $z=uv, u=xy, v=3x-2y$，求 $\frac{\partial z}{\partial x}, \frac{\partial z}{\partial y}$；

（2）设 $z=u+\sin v, u=xy, v=x^2+y$，求 $\frac{\partial z}{\partial x}, \frac{\partial z}{\partial y}$.

6．设 $z=\ln(x^2+y^2)^2$，证明 $\frac{\partial^2 z}{\partial x^2}+\frac{\partial^2 z}{\partial y^2}=0$.

7．设 $e^z=xyz$，求 $\frac{\partial z}{\partial x}, \frac{\partial z}{\partial y}$.

§6.3 全微分

我们先回顾一下一元函数的微分的定义：若函数 $y=f(x)$ 在点 x_0 的增量 Δy 可以写为

$$\Delta y=A\Delta x+o(\Delta x),$$

其中 A 是与 Δx 无关的量，$o(\Delta x)$ 表示当 $\Delta x\to 0$ 时较 Δx 高阶的无穷小，则 $\mathrm{d}y=A\Delta x$ 称为函数 $f(x)$ 在点 x_0 处的微分. 当 $|\Delta x|$ 很小时，$\mathrm{d}y\approx\Delta y$.

类似地，给出二元函数全微分的定义：

定义 6.5 若二元函数 $z=f(x,y)$ 在点 (x_0,y_0) 处的全增量 Δz 可以表示为

$$\Delta z=A\Delta x+B\Delta y+o(\rho),$$

其中 A,B 与 $\Delta x,\Delta y$ 无关，只与 x_0,y_0 有关，而 $o(\rho)$ 是比 $\rho=\sqrt{(\Delta x)^2+(\Delta y)^2}$ 高阶的无穷小 $(\rho\to 0)$，则称 $A\Delta x+B\Delta y$ 为 $f(x,y)$ 在点 (x_0,y_0) 处的全微分，记为 $\mathrm{d}z$，即

$$\mathrm{d}z=A\Delta x+B\Delta y.$$

这时也说函数 $f(x,y)$ 在点 (x_0,y_0) 处**可微**.

若函数 $z=f(x,y)$ 在区域 D 内每一点都可微，则称函数 $z=f(x,y)$ 在区域 D 内**可微**.

定理 6.4 若函数 $z=f(x,y)$ 在点 (x,y) 处可微，则它在点 (x,y) 处连续.

定理 6.4 告诉我们，如果 $f(x,y)$ 在点 (x,y) 处不连续，则 $f(x,y)$ 在点 (x,y) 处不可微.

我们还知道，一元函数 $y=f(x)$ 在点 x 处可微与可导是等价的，且 $A=f'(x)$，即 $\mathrm{d}y=f'(x)\Delta x$. 对于二元函数有下列定理：

定理 6.5(可微的必要条件) 若函数 $z=f(x,y)$ 在点 (x,y) 处可微，则它在点 (x,y) 处的偏导数 $\frac{\partial z}{\partial x}=A,\frac{\partial z}{\partial y}=B$，即

$$\mathrm{d}z=\frac{\partial z}{\partial x}\Delta x+\frac{\partial z}{\partial y}\Delta y.$$

与一元函数的微分一样，规定 $\mathrm{d}x=\Delta x,\mathrm{d}y=\Delta y$，则有

$$\mathrm{d}z=\frac{\partial z}{\partial x}\mathrm{d}x+\frac{\partial z}{\partial y}\mathrm{d}y.$$

注意 定理 6.5 的逆定理是不成立的，即两个偏导数存在时，函数不一定可微，这就是说偏导数存在仅仅是可微的必要条件，而非充分条件.

定理 6.6(可微的充分条件) 若函数 $z=f(x,y)$ 在点 (x,y) 的两个偏导数 $\frac{\partial z}{\partial x},\frac{\partial z}{\partial y}$ 连续，则函数在点 (x,y) 可微.

常见的二元函数一般都满足定理 6.6 的条件，从而它们都是可微函数.

全微分的概念也可以推广到二元以上的函数. 例如,三元函数 $u=f(x,y,z)$的三个偏导数$\frac{\partial u}{\partial x},\frac{\partial u}{\partial y},\frac{\partial u}{\partial z}$都连续,则它的全微分为

$$du=\frac{\partial u}{\partial x}dx+\frac{\partial u}{\partial y}dy+\frac{\partial u}{\partial z}dz.$$

例 1 计算函数 $z=x^2+xy+y^2$ 在点(1,2)处的全微分.

解 因为

$$\frac{\partial z}{\partial x}=2x+y,\frac{\partial z}{\partial y}=x+2y,$$

$$\left.\frac{\partial z}{\partial x}\right|_{(1,2)}=4,\left.\frac{\partial z}{\partial y}\right|_{(1,2)}=5,$$

所以

$$dz=4dx+5dy.$$

例 2 求函数 $z=\sin(x^2+y^2)$的全微分.

解 因为

$$\frac{\partial z}{\partial x}=2x\cos(x^2+y^2),\frac{\partial z}{\partial y}=2y\cos(x^2+y^2),$$

所以

$$dz=2x\cos(x^2+y^2)dx+2y\cos(x^2+y^2)dy.$$

例 3 求函数 $u=x^{yz}(x>0)$的全微分.

解 因为

$$\frac{\partial u}{\partial x}=yzx^{yz-1},\frac{\partial u}{\partial y}=zx^{yz}\ln x,\frac{\partial u}{\partial z}=yx^{yz}\ln x,$$

所以

$$du=yzx^{yz-1}dx+zx^{yz}\ln xdy+yx^{yz}\ln xdz.$$

习题 6.3

1. 求下列各函数的全微分：

(1) $z=x\sin y+y\cos x$；

(2) $z=\ln(3x-2y)$；

(3) $z=\dfrac{x^2+y^2}{xy}$；

(4) $z=e^{xy}(x+y)$.

2. 求函数 $z=\sin xy$ 在 $x=1, y=\pi$ 处的全微分.

3. 求三元函数 $u=e^{xyz}$ 的全微分.

§6.4 偏导数的应用

一、二元函数的极值

我们曾学过利用导数求一元函数的极值,类似地,我们也可以用偏导数求二元函数的极值.

定义 6.6 设函数 $z=f(x,y)$ 在点 (x_0,y_0) 的邻域内有定义,若对于该邻域内异于 (x_0,y_0) 的点 (x,y) 都有

$$f(x,y)<f(x_0,y_0)(或\ f(x,y)>f(x_0,y_0)),$$

则称 $f(x_0,y_0)$ 为函数 $f(x,y)$ 的**极大值(或极小值)**. 极大值和极小值统称为**极值**. 使函数取得极大值的点(或极小值的点) (x_0,y_0) 称为**极大值点(或极小值点)**,极大值点和极小值点统称为**极值点**.

定理 6.7(取得极值的必要条件) 设函数 $z=f(x,y)$ 在点 $P_0(x_0,y_0)$ 的偏导数 $f'_x(x_0,y_0)$,$f'_y(x_0,y_0)$ 存在,且在点 P_0 处有极值,则在该点的偏导数必为零,即

$$\begin{cases} f'_x(x_0,y_0)=0, \\ f'_y(x_0,y_0)=0. \end{cases}$$

使 $f'_x(x_0,y_0)=0$,$f'_y(x_0,y_0)=0$ 同时成立的点 (x_0,y_0) 叫作函数的**驻点**.

定理 6.7 表明,可微函数的极值点必是驻点;反之不然,即驻点不一定是极值点. 例如,函数 $z=xy$,点 $(0,0)$ 是该函数的驻点,而在点 $(0,0)$ 处却取不到极值.

怎样判定一个驻点是否为极值点呢? 对于二元函数,下面给出极值存在的充分条件.

定理 6.8(取得极值的充分条件) 设函数 $z=f(x,y)$ 在点 (x_0,y_0) 的某邻域内具有二阶连续的偏导数,又 $f'_x(x_0,y_0)=f'_y(x_0,y_0)=0$,记

$$A=f''_{xx}(x_0,y_0),B=f''_{xy}(x_0,y_0),C=f''_{yy}(x_0,y_0),$$

则

(1) 当 $AC-B^2>0$ 时,点 (x_0,y_0) 是极值点,且当 $A<0$ 时,点 (x_0,y_0) 是极大值点,当 $A>0$ 时,点 (x_0,y_0) 是极小值点;

(2) 当 $AC-B^2<0$ 时,点 (x_0,y_0) 不是极值点;

(3) 当 $AC-B^2=0$ 时,点 (x_0,y_0) 可能是极值点,也可能不是极值点.

例 1 求函数 $z=x^3-2x^2+2xy+y^2+1$ 的极值.

解 $z'_x=3x^2-4x+2y$,$z'_y=2x+2y$.

令 $z'_x=0$,$z'_y=0$,得驻点 $(0,0)$,$(2,-2)$.

又 $z''_{xx}=6x-4$,$z''_{xy}=2$,$z''_{yy}=2$.

列表判定极值点.

驻点(x_0,y_0)	A	B	C	$AC-B^2$的符号	结　论
$(0,0)$	-4	2	2	$-$	$(0,0)$不是极值点
$(2,-2)$	8	2	2	$+$	$(2,-2)$为极小值点,极小值为-3

与一元函数类似,二元可微函数的极值点一定是驻点,但对不可微的函数来说,极值点不一定是驻点,也可能在不可微的点取得. 例如,函数 $z=\sqrt{x^2+y^2}$,点$(0,0)$是极小值点,但函数在该点不存在偏导数.

二、多元函数的最值

我们知道,连续的一元函数 $y=f(x)$在闭区间$[a,b]$上一定取得最大值和最小值,并且将区间内的极值点及区间两端点处的函数值进行比较就可求得最值.

类似地,对于在闭区域 D 上连续的二元函数 $z=f(x,y)$,在区域 D 上一定取得最大值和最小值. 具体求法是:将 $f(x,y)$在驻点的函数值与 $f(x,y)$在 D 的边界上的最大值及最小值进行比较,最大者即为函数的最大值,最小者即为函数的最小值.

在解决实际问题中的最值时,也与一元函数类似. 如果由实际问题本身确实知道存在最大值(或最小值),且可微函数 $z=f(x,y)$在区域 D 内只有唯一的驻点,那么该驻点处的函数值就是函数的最大值(或最小值).

例 2　某厂要用铁板做成一个体积为 2 m^3 的有盖长方体水箱. 问当长、宽、高各取怎样的尺寸时,才能使用料最省?

解　设水箱的长为 x m,宽为 y m,则其高应为$\frac{2}{xy}$ m,此水箱所用材料的面积为

$$A=2\left(xy+y\cdot\frac{2}{xy}+x\cdot\frac{2}{xy}\right)$$
$$=2\left(xy+\frac{2}{x}+\frac{2}{y}\right)(x>0,y>0).$$

求出偏导数

$$A'_x=2\left(y-\frac{2}{x^2}\right),A'_y=2\left(x-\frac{2}{y^2}\right).$$

令 $A'_x=A'_y=0$,解得

$$x=y=\sqrt[3]{2}.$$

由题可知,水箱所用材料面积的最小值一定存在,并在开区域 $D=\{(x,y)\mid x>0,y>0\}$内取得. 又因为函数 A 在 D 内只有唯一的驻点$(\sqrt[3]{2},\sqrt[3]{2})$,所以可断定当 $x=y=\sqrt[3]{2}$时,A 取得最小值. 也就是说,当水箱的长为$\sqrt[3]{2}$ m、宽为$\sqrt[3]{2}$ m、高为$\frac{2}{\sqrt[3]{2}\sqrt[3]{2}}=\sqrt[3]{2}$ m 时,水箱所用的材料最省. 显然,水箱的形状为正方体.

三、偏导数在几何上的应用

1. 空间曲线的切线方程与法平面方程

设 P_0 是空间曲线 Γ 上的一个定点，P 是曲线 Γ 上一动点，当 P 沿着曲线 Γ 趋向于 P_0 时，若割线 P_0P 有极限位置 P_0T，则直线 P_0T 叫作曲线 Γ 在点 P_0 处的切线(图 6.6).

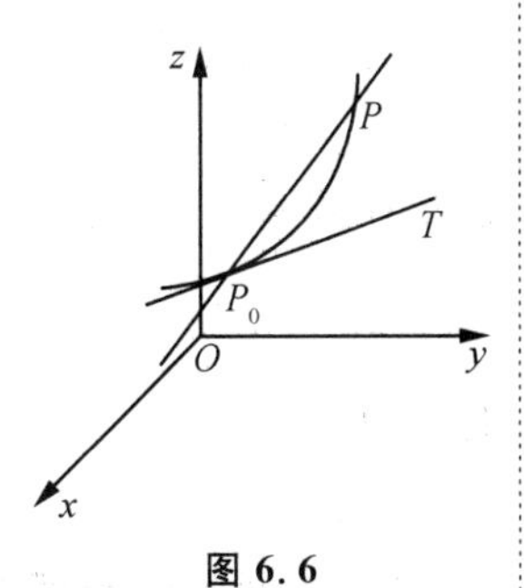

图 6.6

设空间曲线 Γ 的参数方程为

$$\begin{cases} x=x(t), \\ y=y(t), \\ z=z(t), \end{cases}$$

其中 $x(t),y(t),z(t)$ 对 t 可导且不同时为零.

当参数 $t=t_0$ 时，曲线上对应点为 $P_0(x_0,y_0,z_0)$；当 $t=t_0+\Delta t$ 时，曲线上对应点为 $P(x_0+\Delta x,y_0+\Delta y,z_0+\Delta z)$. 则割线 P_0P 的方程为

$$\frac{x-x_0}{\Delta x}=\frac{y-y_0}{\Delta y}=\frac{z-z_0}{\Delta z},$$

上式中的各分母除以 Δt，得

$$\frac{x-x_0}{\frac{\Delta x}{\Delta t}}=\frac{y-y_0}{\frac{\Delta y}{\Delta t}}=\frac{z-z_0}{\frac{\Delta z}{\Delta t}}.$$

当点 P 沿曲线 Γ 趋向于点 P_0(即 $\Delta t\to 0$)时，上式分母的极限分别为 $x'(t_0)$，$y'(t_0)$，$z'(t_0)$，由于它们不同时为零，所以割线 P_0P 的极限位置 P_0T 存在，且有

$$\frac{x-x_0}{x'(t_0)}=\frac{y-y_0}{y'(t_0)}=\frac{z-z_0}{z'(t_0)}.$$

上式就是曲线 Γ 在点 P_0 处的切线 P_0T 的方程. 切线的方向向量 $s=\{x'(t_0),y'(t_0),z'(t_0)\}$.

过切点且垂直于切线的平面叫作曲线在该点的**法平面**. 可得点 P_0 处的法平面方程为

$$x'(t_0)(x-x_0)+y'(t_0)(y-y_0)+z'(t_0)(z-z_0)=0.$$

例 3 求螺旋线 $\begin{cases} x=\sin 2t, \\ y=2\cos t, \\ z=2t \end{cases}$ 上对应于 $t=\frac{\pi}{4}$ 的点处的切线方程与法平面方程.

解 当 $t=\frac{\pi}{4}$ 时，$x=\sin\left(2\times\frac{\pi}{4}\right)=1$，$y=2\cos\frac{\pi}{4}=\sqrt{2}$，$z=\frac{\pi}{2}$，

因为

$$x'=2\cos 2t,\ y'=-2\sin t,\ z'=2,$$

所以

$$x'|_{t=\frac{\pi}{4}}=0, y'|_{t=\frac{\pi}{4}}=-\sqrt{2}, z'|_{t=\frac{\pi}{4}}=2,$$

则所求切线方程为

$$\frac{x-1}{0}=\frac{y-\sqrt{2}}{-\sqrt{2}}=\frac{z-\frac{\pi}{2}}{2}.$$

法平面方程为

$$0\cdot(x-1)-\sqrt{2}(y-\sqrt{2})+2\left(z-\frac{\pi}{2}\right)=0.$$

化简得

$$\sqrt{2}y-2z-2+\pi=0.$$

2. 曲面的切平面方程与法线方程

设 M_0 为曲面 Σ 上的一点，若过点 M_0 且在曲面 Σ 上的任何曲线在点 M_0 处的切线均在同一个平面，则该平面叫作曲面 Σ 在点 M_0 处的切平面. 过点 M_0 且垂直于切平面的直线叫作曲面 Σ 在点 M_0 处的**法线**.

设曲面的方程为 $F(x,y,z)=0$，且函数 $F(x,y,z)$ 在点 $M_0(x_0,y_0,z_0)$ 处的偏导连续且不同时为零，若曲面在点 M_0 处的切平面存在，即曲面上过点 M_0 的任何曲线的切线都在同一个平面上，则可得该切平面的方程为

$$F'_x(x_0,y_0,z_0)(x-x_0)+F'_y(x_0,y_0,z_0)(y-y_0)+F'_z(x_0,y_0,z_0)(z-z_0)=0,$$

显然，切平面的法向量为

$$\boldsymbol{n}=\{F'_x(x_0,y_0,z_0), F'_y(x_0,y_0,z_0), F'_z(x_0,y_0,z_0)\}.$$

还可得到曲面 Σ 在点 M_0 处的切线方程为

$$\frac{x-x_0}{F'_x(x_0,y_0,z_0)}=\frac{y-y_0}{F'_y(x_0,y_0,z_0)}=\frac{z-z_0}{F'_z(x_0,y_0,z_0)}.$$

特别地，若曲面 Σ 的方程为 $z=f(x,y)$，则令 $F(x,y,z)=f(x,y)-z$，有

$$F'_x=f'_x, F'_y=f'_y, F'_z=-1.$$

所以切平面的方程为

$$f'_x(x_0,y_0)(x-x_0)+f'_y(x_0,y_0)(y-y_0)-(z-z_0)=0,$$

法线方程为

$$\frac{x-x_0}{f'_x(x_0,y_0)}=\frac{y-y_0}{f'_y(x_0,y_0)}=\frac{z-z_0}{-1}.$$

例 4 求抛物面 $z=x^2+y^2$ 在点(1,2,5)处的切平面方程与法线方程.

解 因为

$$z'_x=2x, z'_y=2y,$$

所以

$$z'_x|_{(1,2,5)}=2, z'_y|_{(1,2,5)}=4.$$

因此，所求切平面方程为

$$2(x-1)+4(y-2)-(z-5)=0,$$

即

$$2x+4y-z-5=0,$$

法线方程为

$$\frac{x-1}{2}=\frac{y-2}{4}=\frac{z-5}{-1}.$$

例5 求球面 $x^2+y^2+z^2=6$ 上平行于平面 $x+y+z-1=0$ 的切平面方程.

解 设切点为 $M_0(x_0,y_0,z_0)$，令 $F(x,y,z)=x^2+y^2+z^2-6=0$，则

$$F'_x=2x, F'_y=2y, F'_z=2z,$$

即 $$F'_x(x_0,y_0,z_0)=2x_0, F'_y(x_0,y_0,z_0)=2y_0, F'_z(x_0,y_0,z_0)=2z_0.$$

因为 $M_0(x_0,y_0,z_0)$处的切平面与平面 $x+y+z-1=0$ 平行，即两平面的法向量平行，所以

$$\frac{2x_0}{1}=\frac{2y_0}{1}=\frac{2z_0}{1},$$

解得

$$x_0=y_0=z_0.$$

代入球面方程，解得

$$x_0=y_0=z_0=\pm\sqrt{2}.$$

则所求切平面方程为

$$\pm2\sqrt{2}(x-\sqrt{2})\pm2\sqrt{2}(y-\sqrt{2})\pm2\sqrt{2}(z-\sqrt{2})=0,$$

化简得

$$x+y+z=\pm3\sqrt{2}.$$

习题 6.4

1. 求函数 $z=x^2+y^2-4x+4y$ 的极值.

2. 求函数 $f(x,y)=x^3-y^3+3x^2+3y^2-9x$ 的极值.

3. 将周长为 $2p$ 的矩形绕它的一边旋转而形成一个圆柱体，问矩形的长和宽各为多少时，才可使圆柱体的体积最大？

4. 求曲线$\begin{cases}x=\cos t,\\ y=\sin t,\\ z=2t\end{cases}$上对应于 $t=\dfrac{\pi}{4}$ 的点处的切线方程与法平面方程.

5. 求抛物面 $z=x^2+y^2-1$ 在点$(2,1,4)$处的切平面方程与法线方程.

6. 求球面 $x^2+2y^2+z^2=1$ 上平行于平面 $x-y+2z=0$ 的切平面方程.

本章小结

本章主要介绍了二元函数的偏导数、全微分以及偏导数的应用.

1. 基本概念

二元函数、多元函数、偏导数、高阶偏导数、全微分、二元函数的极值等.

2. 基本方法

二元函数定义域的求法、二元函数及多元函数的偏导数和全微分的求法、多元复合函数及隐函数的微分法、二元函数极值与最值的求法.

本章重点研究了二元函数微分学,它是以一元函数微分学为基础进行的,并且与一元函数的方法极其相似.又由于二元函数与二元以上的多元函数无本质上的区别,所以,在二元函数微分学的基础上,又可将二元函数微分学的结论和方法推广到三元或三元以上的多元函数.在这一章中,读者又一次经历了从1到n这个看似简单的过程,又一次体会了这种基本的数学方法.

3. 基本应用

运用偏导数解决了二元函数的极值与最值、空间曲线的切线方程与法平面方程、空间曲面的切平面方程与法线方程.

复习题六

1. 求下列多元函数的定义域:

(1) $z=\sqrt{4x^2+y^2-1}$;　　(2) $z=\ln(x+y)$;

(3) $z=\sqrt{x^2+y^2-1}+\dfrac{1}{\sqrt{4-x^2-y^2}}$.

2. 求下列函数的一阶偏导数：

(1) $z=x^2y^2-3xy+2y^2$；

(2) $z=5(2x-3y)^4$；

(3) $z=xy^2-\sin xy+y^2$；

(4) $z=\dfrac{x+y}{x-y}$；

(5) $z=e^{3x+2y}$；

(6) $z=xy\ln(x+y)$.

3. 求下列函数的二阶偏导数：

(1) $z=x^3+xy+y^4$；

(2) $z=\sin xy$；

(3) $z=\arctan\dfrac{x}{y}$.

4. 求下列函数的全微分：

(1) $z=e^x\sin y$；

(2) $z=\ln(e^x+e^y)$；

(3) $z=\sqrt{1-x^2-y^2}$；

(4) $u=\ln(e^x+e^y+e^z)$.

5. 设 $z=u^2v-uv^2$，而 $u=x\cos y, v=x\sin y$，求$\frac{\partial z}{\partial x},\frac{\partial z}{\partial y}$.

6. 求函数 $z=f(x^2+y^2,xy)$的一阶偏导数.

7. 求由$\frac{x}{z}=\ln\frac{z}{y}$所确定的隐函数 $z=z(x,y)$的偏导数$\frac{\partial z}{\partial x},\frac{\partial z}{\partial y}$.

8. 求曲线$\begin{cases}x=3t,\\y=t^2,\\z=t^3\end{cases}$在点(3,1,1)处的切线方程与法平面方程.

9. 求曲面 $e^z-z+xy=3$ 在点(2,1,0)处的切平面方程与法线方程.

10. 求函数 $z=f(x,y)=x^3-3xy+y^3$ 的极值.

11. 在 xOy 坐标面上求一点，使它到 $x=0, y=0$ 及 $x+2y-16=0$ 三条直线的距离的平方和最小.

第7章 多元函数的积分学

本章将以一元函数积分学(即定积分)为基础来研究多元函数积分学.由于二元函数与二元以上的多元函数在本质上无区别,因此本章只对二元函数的积分学(即二重积分)进行重点讨论.同上一章一样,读者可将二重积分的结论再推广到一般的多元函数.

§7.1 二重积分的概念

一、二重积分的定义

我们先来回顾一下由曲线 $y=f(x)$,$x=a$,$x=b$ 及 x 轴围成的曲边梯形(图 7.1)的面积 A 的计算问题.这里不妨设函数 $f(x)\geqslant 0$.

当时,我们运用了定积分的微元法,具体分成下列两个步骤:

第一步,找微元:在区间$[a,b]$上任意分割出一个微小区间$[x,x+\mathrm{d}x]$,再在$[x,x+\mathrm{d}x]$上求得面积微元 $\mathrm{d}A=f(x)\mathrm{d}x$;

第二步,取积分:将面积微元 $\mathrm{d}A$ 在区间$[a,b]$上无限积累,即求得曲边梯形的面积为 $A=\int_a^b f(x)\mathrm{d}x$.

下面我们把定积分的这种思想方法进行推广.

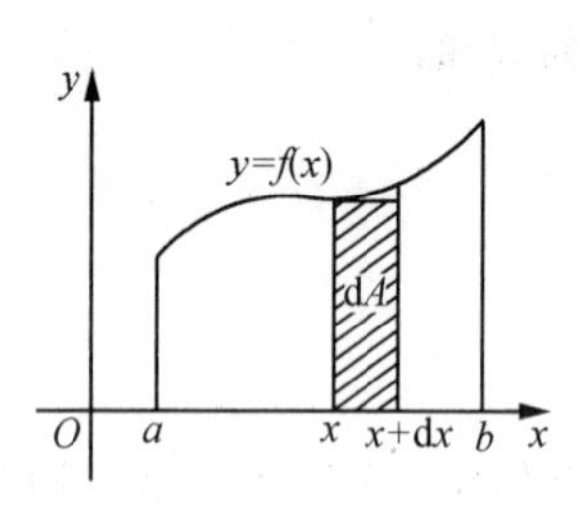

图 7.1

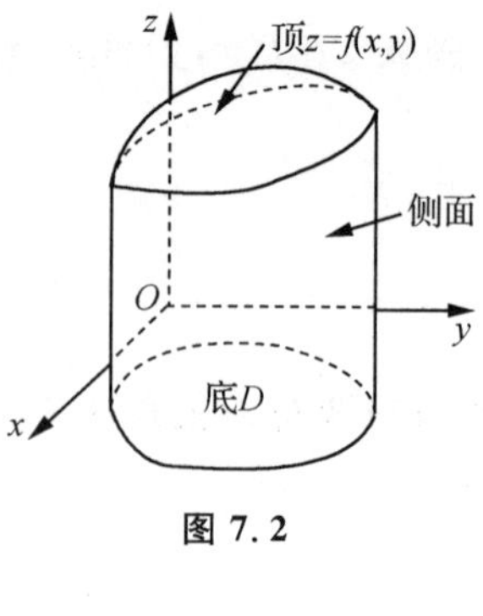

图 7.2

引例 计算曲顶柱体的体积.

所谓曲顶柱体,就是以 xOy 坐标面上的有界闭区域 D 为底,以准线是 D 的边界、母线平行于 z 轴的柱面为侧面,并以二元函数 $z=f(x,y)$ 所表示的曲面为顶的几何体,如图 7.2 所示.我们如何计算出它的体积呢?为了讨论方便,不

妨设 $f(x,y)\geqslant 0$.

为了解决这个问题，我们仍分成下列两个步骤：

第一步：将闭区域 D 进行分割，在微小区域 $d\sigma$ 上取一点 (x,y)，以 $f(x,y)$ 为高、$d\sigma$ 为底的平顶柱体的体积 $f(x,y)d\sigma$ 来近似代替 $d\sigma$ 上的小曲顶柱体的体积，即得到体积微元 $dV=f(x,y)d\sigma$；

第二步：将体积微元 $dV=f(x,y)d\sigma$ 在区域 D 上无限积累，即求 dV 在区域 D 上的积分(用记号"$\iint\limits_D$"来表示)，则得到所求曲顶柱体的体积为

$$V=\iint\limits_D f(x,y)d\sigma.$$

上式中的这个积分就是我们将要讨论的二重积分，下面给出二重积分的定义.

定义　设连续函数 $z=f(x,y)$ 在有界闭区域 D 上有定义，则经过上述两步后所得的表达式 $\iint\limits_D f(x,y)d\sigma$ 称为函数 $z=f(x,y)$ 在区域 D 上的**二重积分**，其中 $f(x,y)$ 为**被积函数**，D 为**积分区域**，$f(x,y)d\sigma$ 为**被积表达式**，$d\sigma$ 为**面积元素**，x 与 y 为**积分变量**.

由引例及定义，可得到二重积分的几何意义：

(1) 当 $f(x,y)\geqslant 0$ 时，二重积分 $\iint\limits_D f(x,y)d\sigma$ 在几何上表示对应的曲顶柱体的体积 V，即

$$\iint\limits_D f(x,y)d\sigma=V;$$

(2) 当 $f(x,y)\leqslant 0$ 时，二重积分 $\iint\limits_D f(x,y)d\sigma$ 在几何上表示对应的曲顶柱体的体积的负值，即

$$\iint\limits_D f(x,y)d\sigma=-V.$$

显然，若在 D 上函数 $f(x,y)\equiv 1$，且 D 的面积为 σ，则

$$\iint\limits_D d\sigma=\iint\limits_D 1\cdot d\sigma=\sigma.$$

二、二重积分的性质

与定积分的性质完全相似，我们给出二重积分的性质.

性质 7.1　常数因子可提到积分号外面，即

$$\iint\limits_D kf(x,y)d\sigma=k\iint\limits_D f(x,y)d\sigma.$$

性质 7.2　函数和与差的积分等于各函数积分的和与差，即

$$\iint\limits_D [f(x,y)\pm g(x,y)]d\sigma=\iint\limits_D f(x,y)d\sigma\pm\iint\limits_D g(x,y)d\sigma.$$

性质 7.3 若积分区域 D 分割为 D_1 与 D_2 两部分，则

$$\iint\limits_D f(x,y)\mathrm{d}\sigma=\iint\limits_{D_1} f(x,y)\mathrm{d}\sigma+\iint\limits_{D_2} f(x,y)\mathrm{d}\sigma.$$

例 利用二重积分的几何意义和性质，求下列二重积分的值：

(1) $\iint\limits_D 3\mathrm{d}\sigma$，其中 $D: x^2+y^2\leqslant 4$；

(2) $\iint\limits_D (1-\sqrt{1-x^2-y^2})\mathrm{d}\sigma$，其中 $D: x^2+y^2\leqslant 1$.

解 (1) 因为 $\iint\limits_D 3\mathrm{d}\sigma=3\iint\limits_D \mathrm{d}\sigma=3\sigma$，其中 σ 为 D 的面积. 显然，$\sigma=\pi\cdot 2^2=4\pi$，所以

$$\iint\limits_D 3\mathrm{d}\sigma=3\sigma=12\pi.$$

(2) 因为 $\iint\limits_D (1-\sqrt{1-x^2-y^2})\mathrm{d}\sigma=\iint\limits_D 1\mathrm{d}\sigma-\iint\limits_D \sqrt{1-x^2-y^2}\mathrm{d}\sigma$，

而 $\iint\limits_D 1\mathrm{d}\sigma=\sigma=\pi\cdot 1^2=\pi$，又 $\iint\limits_D \sqrt{1-x^2-y^2}\mathrm{d}\sigma$ 表示以 D 为底、$z=\sqrt{1-x^2-y^2}$ 为顶的半球的体积，即

$$\iint\limits_D \sqrt{1-x^2-y^2}\mathrm{d}\sigma=\frac{1}{2}\cdot\frac{4}{3}\cdot\pi\cdot 1^3=\frac{2}{3}\pi,$$

所以

$$\iint\limits_D (1-\sqrt{1-x^2-y^2})\mathrm{d}\sigma=\pi-\frac{2}{3}\pi=\frac{1}{3}\pi.$$

习题 7.1

1. 根据二重积分的几何意义，写出下列积分值$\left(\text{其中 } D_1: x^2+y^2 \leqslant R^2, D_2: x+y \leqslant 1, x \geqslant 0, y \geqslant 0\right)$：

(1) $\iint\limits_{D_1} \mathrm{d}\sigma$；

(2) $\iint\limits_{D_1} \sqrt{R^2-x^2-y^2}\,\mathrm{d}\sigma$；

(3) $\iint\limits_{D_2} (1-x-y)\,\mathrm{d}\sigma$.

2. 指出积分$\iint\limits_{D} (2-\sqrt{x^2+y^2})\,\mathrm{d}\sigma$ 的值，其中 $D: x^2+y^2 \leqslant 4$.

§7.2 二重积分的运算

一、在直角坐标系中计算二重积分

在直角坐标系中我们采用平行于 x 轴和 y 轴的直线把区域 D 分成许多小矩形，于是面积元素 $d\sigma=dxdy$，此时，二重积分又可写成

$$\iint_D f(x,y)d\sigma=\iint_D f(x,y)dxdy.$$

下面，我们将二重积分的积分区域 D 分成两类基本情形进行讨论.

（1）积分区域 D 是 x 型区域（图 7.3），即区域 D 可表示为

$$a\leqslant x\leqslant b,y_1(x)\leqslant y\leqslant y_2(x),$$

则二重积分可表示为

$$\iint_D f(x,y)dxdy=\int_a^b dx\int_{y_1(x)}^{y_2(x)}f(x,y)dy=\int_a^b\left[\int_{y_1(x)}^{y_2(x)}f(x,y)dy\right]dx. \tag{7.1}$$

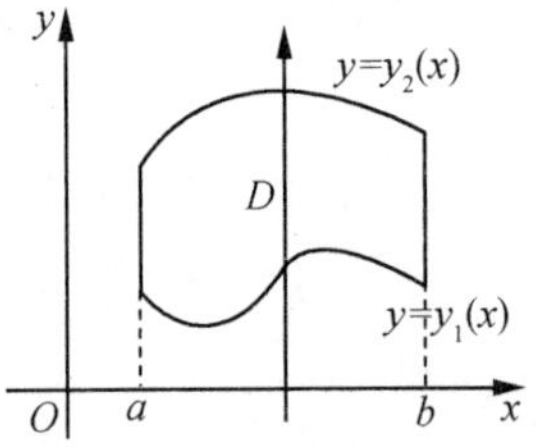

图 7.3

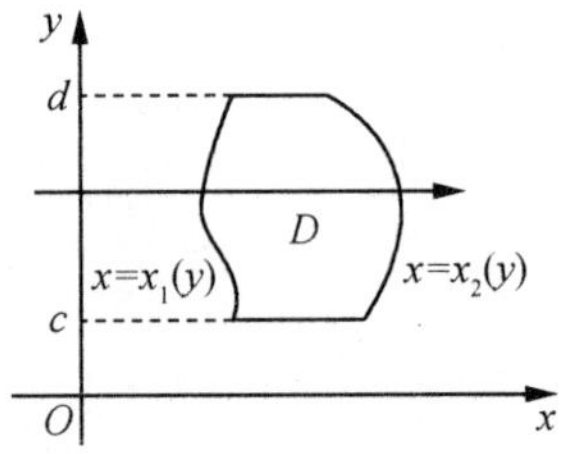

图 7.4

（2）积分区域 D 是 y 型区域（图 7.4），即区域 D 可表示为

$$c\leqslant y\leqslant d,x_1(y)\leqslant x\leqslant x_2(y),$$

则二重积分可表示为

$$\iint_D f(x,y)dxdy=\int_c^d dy\int_{x_1(y)}^{x_2(y)}f(x,y)dx=\int_c^d\left[\int_{x_1(y)}^{x_2(y)}f(x,y)dx\right]dy. \tag{7.2}$$

说明 （1）式(7.1)与式(7.2)右边的积分叫作**累次积分**（或**二次积分**）.

（2）下面我们给出一种判断积分区域 D 是 x 型区域还是 y 型区域的方法.

若垂直于 x 轴且穿过区域 D 的直线，与区域 D 的边界最多有两个交点（平行于 y 轴的边界除外），则积分区域 D 是 x 型区域，如图 7.3 所示.

若垂直于 y 轴且穿过区域 D 的直线，与区域 D 的边界最多有两个交点（平行于 x 轴的边界除外），则积分区域 D 是 y 型区域，如图 7.4 所示.

（3）积分区域 D 除 x 型区域和 y 型区域之外，还有其他情形. 对于其他情形，必须将积分区域 D 化成 x 型区域或 y 型区域后，并利用二重积分的性质 7.3 进行计算.

例 1 将图 7.5 中的平面区域 D 用不等式表示，并指出 D 是 x 型区域还是 y 型区域.

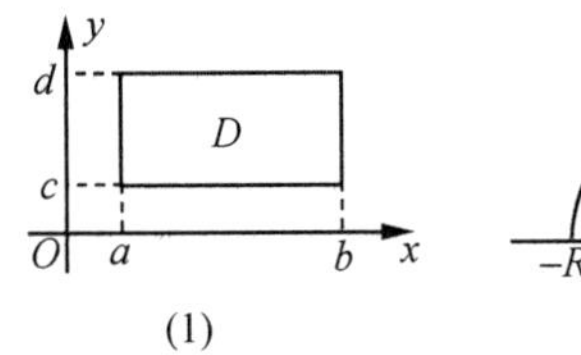

(1)

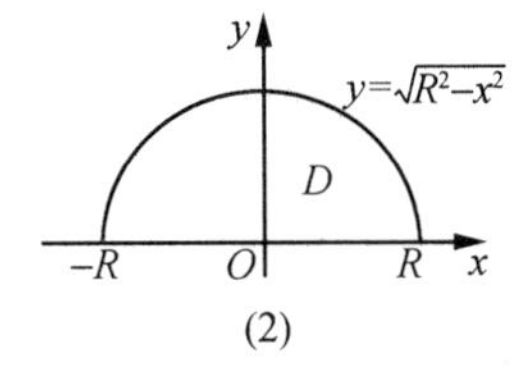

(2)

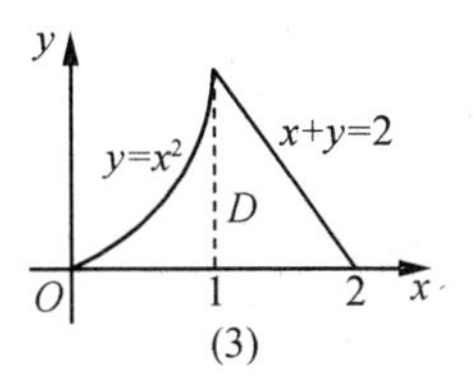

(3)

图 7.5

解 (1) D 可表示为$\begin{cases}a\leqslant x\leqslant b,\\ c\leqslant y\leqslant d,\end{cases}$$D$ 既是 x 型区域,也是 y 型区域.显然,D 是一个矩形,叫作矩形域.

(2) D 可表示为$\begin{cases}-R\leqslant x\leqslant R,\\ 0\leqslant y\leqslant \sqrt{R^2-x^2},\end{cases}$此时,$D$ 是 x 型区域.

D 也可表示为$\begin{cases}0\leqslant y\leqslant R,\\ -\sqrt{R^2-y^2}\leqslant x\leqslant \sqrt{R^2-y^2},\end{cases}$此时,$D$ 是 y 型区域.

(3) D 可表示为$\begin{cases}0\leqslant x\leqslant 1,\\ 0\leqslant y\leqslant x^2\end{cases}$及$\begin{cases}1\leqslant x\leqslant 2,\\ 0\leqslant y\leqslant 2-x,\end{cases}$此时,$D$ 是 x 型区域.

D 也可表示为$\begin{cases}0\leqslant y\leqslant 1,\\ \sqrt{y}\leqslant x\leqslant 2-y,\end{cases}$此时,$D$ 是 y 型区域.

例 2 求二重积分 $I=\iint\limits_D xy\,\mathrm{d}x\mathrm{d}y$,其中积分区域 D:$x+y\leqslant 1$,$x\geqslant 0$,$y\geqslant 0$.

解 如图 7.6 所示,显然,积分区域 D 可看作一个 x 型区域,即可表示为

$$0\leqslant x\leqslant 1,0\leqslant y\leqslant 1-x,$$

则

$$I=\int_0^1\left(\int_0^{1-x}xy\,\mathrm{d}y\right)\mathrm{d}x=\int_0^1\left[\frac{1}{2}xy^2\right]_{y=0}^{y=1-x}\mathrm{d}x=\frac{1}{2}\int_0^1(x-2x^2+x^3)\mathrm{d}x$$

$$=\frac{1}{2}\left(\frac{1}{2}x^2-\frac{2}{3}x^3+\frac{1}{4}x^4\right)\bigg|_0^1=\frac{1}{24}.$$

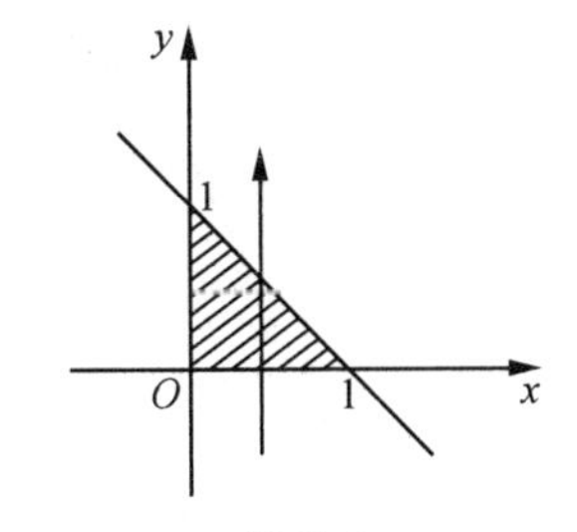

图 7.6

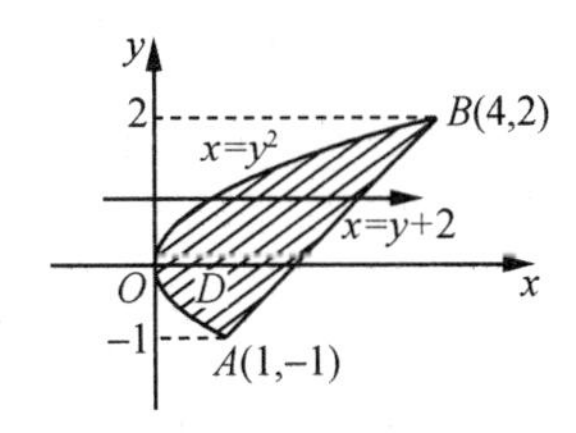

图 7.7

请读者自行思考:在例 2 中,积分区域 D 可以看作 y 型区域吗?如果可以,如何计算?

例 3 计算 $I=\iint\limits_D 2xy\,\mathrm{d}x\mathrm{d}y$,其中积分区域 D 是由抛物线 $y^2=x$ 及直线 $y=x-2$ 所围成.

解 如图 7.7 所示,积分区域 D 是 y 型区域.

联立方程组$\begin{cases} y^2 = x, \\ y = x-2, \end{cases}$消去 x，解得$\begin{cases} y_1 = -1, \\ y_2 = 2. \end{cases}$

即区域 D 可表示为 $-1 \leqslant y \leqslant 2$，　$y^2 \leqslant x \leqslant y+2$，则

$$I = \int_{-1}^{2}\left(\int_{y^2}^{y+2} 2xy\,\mathrm{d}x\right)\mathrm{d}y = \int_{-1}^{2}(4y+4y^2+y^3-y^5)\,\mathrm{d}y$$

$$= \left(2y^2+\frac{4}{3}y^3+\frac{1}{4}y^4-\frac{1}{6}y^6\right)\Bigg|_{-1}^{2} = \frac{45}{4}.$$

说明　在上例中，我们是把积分区域 D 看作 y 型区域来计算的. 其实，也可以把积分区域 D 看作 x 型区域来计算，但相对来说，计算更烦琐. 读者不妨试一试.

例 4　变换累次积分 $I = \int_0^1 \mathrm{d}y \int_y^1 f(x,y)\,\mathrm{d}x$ 的积分次序.

解　变换累次积分的积分次序，事实上，就是要转变积分区域的类型.

由题可知，该积分区域 D 是 y 型区域：$0 \leqslant y \leqslant 1$，$y \leqslant x \leqslant 1$，如图 7.8 所示.

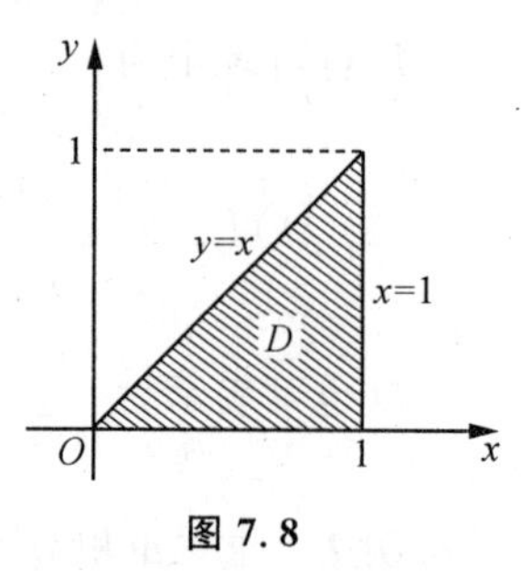

图 7.8

把 D 转变成 x 型区域：$0 \leqslant x \leqslant 1, 0 \leqslant y \leqslant x$，因此，累次积分又可表示为

$$I = \int_0^1 \mathrm{d}x \int_0^x f(x,y)\,\mathrm{d}y.$$

例 5　将二重积分 $I = \iint\limits_D f(x,y)\,\mathrm{d}\sigma$ 化为直角坐标系下的两种不同顺序的二次积分，其中 D 由直线 $y = x, y = 2x$ 及 $y = 2$ 围成.

解　如图 7.9 所示，将 D 看作 y 型区域：$\begin{cases} 0 \leqslant y \leqslant 2, \\ \dfrac{y}{2} \leqslant x \leqslant y, \end{cases}$

则

$$I = \int_0^2 \mathrm{d}y \int_{\frac{y}{2}}^{y} f(x,y)\,\mathrm{d}x.$$

将 D 看作 x 型区域：$\begin{cases} 0 \leqslant x \leqslant 1, \\ x \leqslant y \leqslant 2x \end{cases}$及$\begin{cases} 1 \leqslant x \leqslant 2, \\ x \leqslant y \leqslant 2. \end{cases}$

则

$$I = \int_0^1 \mathrm{d}x \int_x^{2x} f(x,y)\,\mathrm{d}y + \int_1^2 \mathrm{d}x \int_x^2 f(x,y)\,\mathrm{d}y.$$

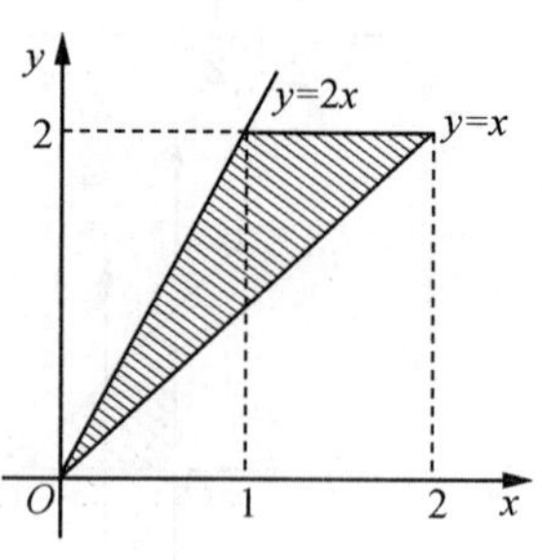

图 7.9

例 6　计算积分 $\iint\limits_D \mathrm{e}^{x^2}\,\mathrm{d}\sigma$，其中 D 由 $x = 2, y = x$ 及 x 轴围成.

解　如图 7.10 所示，将 D 视为 x 型区域：

$$\begin{cases} 0 \leqslant x \leqslant 2, \\ 0 \leqslant y \leqslant x, \end{cases}$$

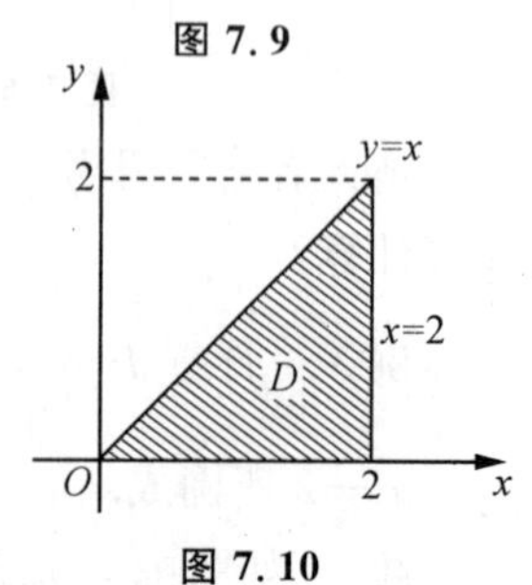

图 7.10

则 $$\iint\limits_D e^{x^2}\,d\sigma = \int_0^2 dx\int_0^x e^{x^2}\,dy$$
$$= \int_0^2 e^{x^2}\,dx\int_0^x dy = \int_0^2 xe^{x^2}\,dx$$
$$= \frac{1}{2}\int_0^2 e^{x^2}\,dx^2 = \frac{1}{2}e^{x^2}\Big|_0^2 = \frac{e^4-1}{2}.$$

注意 若将 D 视为 y 型区域 $\begin{cases}0\leqslant y\leqslant 2,\\ y\leqslant x\leqslant 2,\end{cases}$ 则 $\iint\limits_D e^{x^2}\,d\sigma = \int_0^2 dy\int_y^2 e^{x^2}\,dx$，此积分无法用牛顿-莱布尼茨公式计算出来. 这表明，在直角坐标系下计算二重积分时，应注意积分次序的选择，二重积分计算的关键是转化为二次积分.

二、在极坐标系中计算二重积分

当积分区域 D 是圆形、扇形、环形，或被积函数 $f(x,y)$ 中含有 x^2+y^2 时，我们可以考虑在极坐标系中计算二重积分 $I=\iint\limits_D f(x,y)\,d\sigma$.

如图7.11所示，在极坐标系中，我们令 r 取一系列常数（得到一族中心在极点的同心圆）和 θ 取一系列常数（得到一族过极点的射线），这两组曲线将积分区域 D 分成许多小区域，因此，在极坐标系下的面积元素 $d\sigma = r\,dr\,d\theta$.

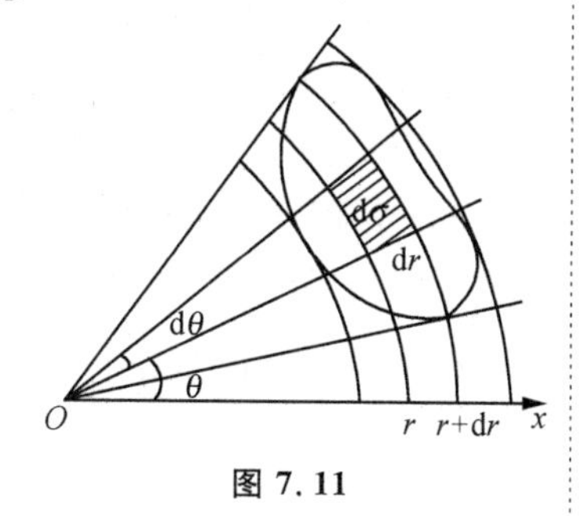

图 7.11

又将 $\begin{cases}x=r\cos\theta,\\ y=r\sin\theta\end{cases}$ 代入被积函数 $f(x,y)$ 中的 x 和 y，这样，二重积分在极坐标系中的表达式为

$$\iint\limits_D f(x,y)\,d\sigma = \iint\limits_D f(r\cos\theta, r\sin\theta)\,r\,dr\,d\theta. \tag{7.3}$$

在具体计算时，同直角坐标系中一样，也要注意积分区域 D 的情形，而在极坐标系中，积分区域 D 也分成两类基本情形.

(1) 极点在积分区域 D 内，如图7.12所示，则(7.3)式可化成

$$\iint\limits_D f(x,y)\,d\sigma = \int_0^{2\pi} d\theta\int_0^{r(\theta)} f(r\cos\theta, r\sin\theta)\,r\,dr$$
$$= \int_0^{2\pi}\left[\int_0^{r(\theta)} f(r\cos\theta, r\sin\theta)\,r\,dr\right]d\theta.$$

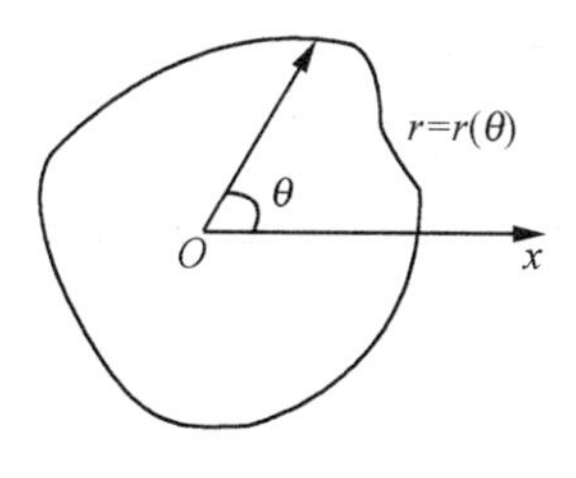

图 7.12

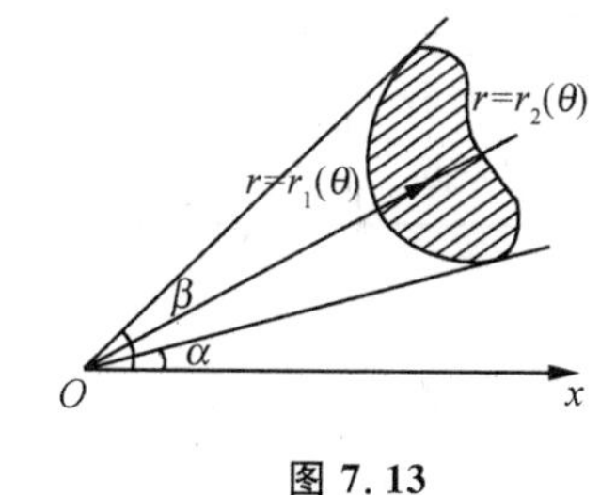

图 7.13

(2) 极点在积分区域 D 外或在 D 的边界上，如图 7.13 所示，则(7.3)式可化成

$$\iint_D f(x,y)\mathrm{d}\sigma=\int_\alpha^\beta \mathrm{d}\theta\int_{r_1(\theta)}^{r_2(\theta)} f(r\cos\theta,r\sin\theta)r\mathrm{d}r$$
$$=\int_\alpha^\beta\left[\int_{r_1(\theta)}^{r_2(\theta)} f(r\cos\theta,r\sin\theta)r\mathrm{d}r\right]\mathrm{d}\theta.$$

例 7 将二重积分 $\iint\limits_D f(x,y)\mathrm{d}\sigma$ 化为极坐标系下的二次积分，其中积分区域 D 为 $a^2\leqslant x^2+y^2\leqslant b^2$，且 $x\geqslant 0, y\geqslant 0$.

解 如图 7.14 所示，$D:\begin{cases}0\leqslant\theta\leqslant\dfrac{\pi}{2},\\ 1\leqslant r\leqslant 2,\end{cases}$ 则

$$\iint_D f(x,y)\mathrm{d}\sigma=\int_0^{\frac{\pi}{2}}\mathrm{d}\theta\int_a^b f(r\cos\theta,r\sin\theta)r\mathrm{d}r.$$

图 7.14

说明 (1) 若将条件 $x\geqslant 0, y\geqslant 0$ 去掉，则积分区域 D 为环形区域，此时

$$\iint_D f(x,y)\mathrm{d}\sigma=\int_0^{2\pi}\mathrm{d}\theta\int_a^b f(r\cos\theta,r\sin\theta)r\mathrm{d}r.$$

(2) 若积分区域为圆形、环形或扇形区域，被积函数中含有 x^2+y^2，则可以考虑使用极坐标.

例 8 将二重积分 $\iint\limits_D f(x,y)\mathrm{d}\sigma$ 化为极坐标系下的二次积分，其中积分区域 D 分别为 $x^2+y^2\leqslant 2ax$，$x^2+y^2\leqslant 2ay$，如图 7.15 所示.

解 $$\iint_D f(x,y)\mathrm{d}\sigma=\int_{-\frac{\pi}{2}}^{\frac{\pi}{2}}\mathrm{d}\theta\int_0^{2a\cos\theta} f(r\cos\theta,r\sin\theta)r\mathrm{d}r;$$

$$\iint_D f(x,y)\mathrm{d}\sigma=\int_0^{\pi}\mathrm{d}\theta\int_0^{2a\sin\theta} f(r\cos\theta,r\sin\theta)r\mathrm{d}r.$$

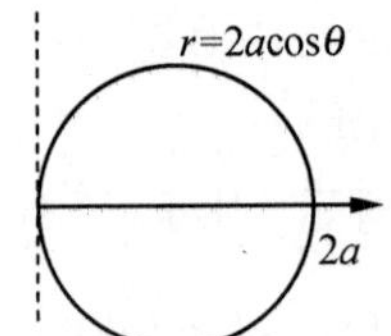

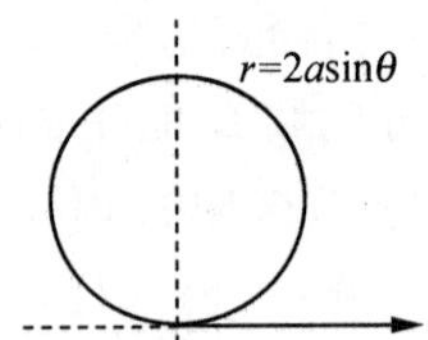

图 7.15

为方便查阅，下面给出三种最常用的圆的直角坐标方程与其对应的极坐标方程：

直角坐标方程	$x^2+y^2=a^2$	$(x-a)^2+y^2=a^2$	$x^2+(y-a)^2=a^2$
极坐标方程	$r=a$	$r=2a\cos\theta$	$r=2a\sin\theta$

习题 7.2

1. 求二重积分 $I=\iint\limits_{D}(x+y+1)\mathrm{d}x\mathrm{d}y$，其中积分区域 $D=\{(x,y)\mid 0\leqslant x\leqslant 1,-1\leqslant y\leqslant 1\}$.

2. 将下面的二重积分 $\iint\limits_{D}f(x,y)\mathrm{d}\sigma$ 化为二次积分(两种顺序都要)，其中积分区域 D：

(1) 由 $x+y=1$，$x=1$ 及 $y=1$ 围成；　　(2) 由 $x=\sqrt{R^2-y^2}$ 与 y 轴围成.

3. 交换积分顺序：$\int_0^1\mathrm{d}y\int_y^{\sqrt{2-y^2}}f(x,y)\mathrm{d}x$.

4. 计算积分 $\iint\limits_{D}(x^2+y^2-y)\mathrm{d}\sigma$，其中 D 由直线 $y=x$，$y=\dfrac{x}{2}$ 及 $x=2$ 围成.

5. 将下面积分化为极坐标系下的二次积分：

(1) $\iint\limits_{D}f(x,y)\mathrm{d}\sigma$，$D$：$x^2+(y-1)^2\leqslant 1$，$x\geqslant 0$；　　(2) $\int_0^2\mathrm{d}x\int_x^{2x}f(x,y)\mathrm{d}y$.

6. 选择适当的坐标系，计算下列二重积分：

(1) $\iint\limits_D \frac{x^2}{y^2}\mathrm{d}\sigma$，其中 D 由 $x=2$，$y=x$ 及 $xy=1$ 围成；

(2) $\iint\limits_D \ln(1+x^2+y^2)\mathrm{d}\sigma$，其中 D 是由 $x^2+y^2=1$ 与坐标轴围成的第一象限的部分；

(3) $\iint\limits_D (x^2+y^2)\mathrm{d}\sigma$，其中 D 由 $y=x$，$y=x+a$，$y=a$ 与 $y=3a(a>0)$ 围成；

(4) 求半球面 $z=\sqrt{3a^2-x^2-y^2}$ 与旋转抛物面 $x^2+y^2=2az(a>0)$ 所围立体的体积.

7. 求曲线 $(x^2+y^2)^2=3x^3$ 所围成的图形的面积.

8. 计算 $I=\iint\limits_D \mathrm{e}^{-x^2-y^2}\mathrm{d}x\mathrm{d}y$，其中积分区域 D 是由中心在原点、半径为 a 的圆周所围成的闭区域.

§7.3 二重积分的应用

一、在几何方面的应用

由二重积分的几何意义，我们知道，以 D 为底，$z=f(x,y)\geqslant 0$ 为顶的曲顶柱体的体积 $V=\iint\limits_D f(x,y)\mathrm{d}\sigma$. 另外，平面区域 D 的面积 $A=\iint\limits_D \mathrm{d}\sigma$.

例 1 求椭圆抛物面 $z=4-x^2-\dfrac{y^2}{4}$ 与平面 $z=0$ 所围成的立体的体积 V.

解 如图 7.16 所示，由二重积分的几何意义，得

$$V=\iint\limits_{D_1}\left(4-x^2-\frac{y^2}{4}\right)\mathrm{d}x\mathrm{d}y, \text{其中积分区域 } D_1:\frac{x^2}{4}+\frac{y^2}{16}\leqslant 1,$$

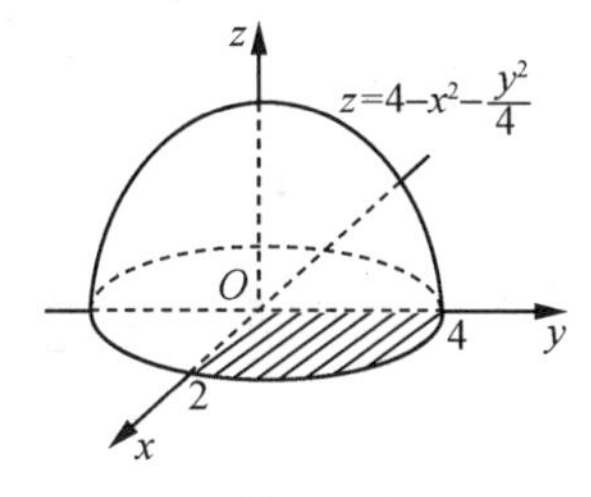

图 7.16

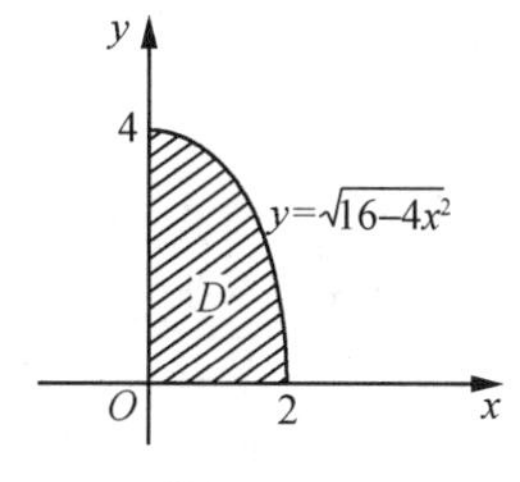

图 7.17

利用该立体的对称性，我们仅计算位于第 Ⅰ 卦限内的体积. 此时，对应的积分区域 D 如图 7.17 所示，显然 D 是一个 x 型区域：$0\leqslant x\leqslant 2, 0\leqslant y\leqslant \sqrt{16-4x^2}$，则

$$V=4\iint\limits_D\left(4-x^2-\frac{y^2}{4}\right)\mathrm{d}x\mathrm{d}y=4\int_0^2\left[\int_0^{\sqrt{16-4x^2}}\left(4-x^2-\frac{y^2}{4}\right)\mathrm{d}y\right]\mathrm{d}x$$

$$=4\int_0^2\left[4y-x^2y-\frac{y^3}{12}\right]_0^{\sqrt{16-x^2}}\mathrm{d}x=4\int_0^2(4-x^2)^{\frac{3}{2}}\mathrm{d}x=16\pi.$$

例 2 求由旋转抛物面 $z=x^2+y^2$ 和平面 $z=1$ 所围成的立体的体积.

解 如图 7.18 所示，该立体的体积 V 等于外面圆柱的体积 V_1 减去由 $z=x^2+y^2$ 构成的曲顶柱体的体积 V_2.

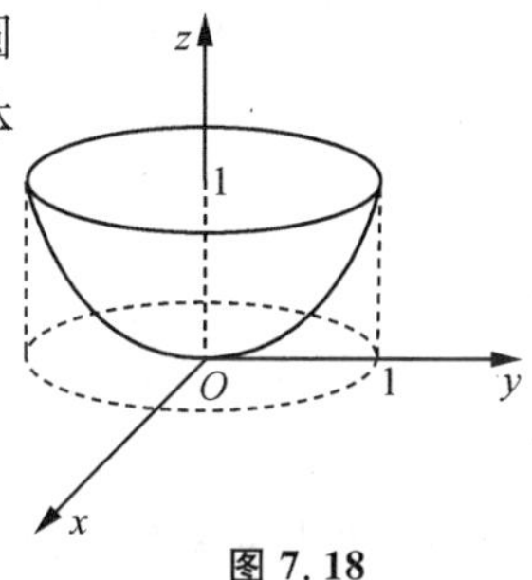

图 7.18

显然，$V_1=\pi\times 1^2\times 1=\pi$，

$$V_2=\iint\limits_D(x^2+y^2)\mathrm{d}\sigma, \text{其中 } D:x^2+y^2\leqslant 1.$$

而 $V_2=\int_0^{2\pi}\mathrm{d}\theta\int_0^1 r^3\mathrm{d}r=\left[\dfrac{1}{4}r^4\right]_0^1\times 2\pi=\dfrac{\pi}{2}$，

所以，$V=V_1-V_2=\dfrac{\pi}{2}$.

二、在物理方面的应用

1. 平面薄片的质量

设一薄片占有平面区域 D，其面密度函数为 $\rho=\rho(x,y)$，则质量微元 $\mathrm{d}M=\rho(x,y)\mathrm{d}\sigma$，于是 $M=\iint\limits_D \mathrm{d}M=\iint\limits_D \rho(x,y)\mathrm{d}\sigma$.

例 3 设平面薄片所占的区域 D 是以原点为中心、半径为 R 的圆形区域，其面密度为 $\rho=x^2+y^2$，试求出该薄片的质量.

解 区域 D 可表示为 $0\leqslant\theta\leqslant 2\pi$，$0\leqslant r\leqslant R$，则

$$m=\iint\limits_D (x^2+y^2)\mathrm{d}\sigma=\int_0^{2\pi}\mathrm{d}\theta\int_0^R r^3\,\mathrm{d}r=\frac{1}{2}\pi R^4.$$

2. 平面薄片的重心

设在 xOy 平面上有 n 个离散的质点 (x_i,y_i)，质量为 $m_i(i=1,2,3,\cdots,n)$，已知其重心坐标为 $\bar{x}=\dfrac{\sum\limits_{i=1}^n x_i m_i}{\sum\limits_{i=1}^n m_i}$，$\bar{y}=\dfrac{\sum\limits_{i=1}^n y_i m_i}{\sum\limits_{i=1}^n m_i}$，其中 $\sum\limits_{i=1}^n x_i m_i=M_y$ 是质点系相对于 y 轴的静力矩，$\sum\limits_{i=1}^n y_i m_i=M_x$ 是质点系相对于 x 轴的静力矩，$\sum\limits_{i=1}^n m_i=M$ 是质点系的总质量，即 $\bar{x}=\dfrac{M_y}{M}$，$\bar{y}=\dfrac{M_x}{M}$.

设薄片占有平面区域 D，面密度函数为 $\rho=\rho(x,y)$，相对于 y 轴的静力矩微元为 $\mathrm{d}M_y=x\rho(x,y)\mathrm{d}\sigma$，则 $M_y=\iint\limits_D \mathrm{d}M_y=\iint\limits_D x\rho(x,y)\mathrm{d}\sigma$. 同理，相对于 x 轴的静力矩 $M_x=\iint\limits_D \mathrm{d}M_x=\iint\limits_D y\rho(x,y)\mathrm{d}\sigma$，则重心坐标为

$$\bar{x}=\frac{M_y}{M}=\frac{\iint\limits_D x\rho(x,y)\mathrm{d}\sigma}{\iint\limits_D \rho(x,y)\mathrm{d}\sigma},\quad \bar{y}=\frac{M_x}{M}=\frac{\iint\limits_D y\rho(x,y)\mathrm{d}\sigma}{\iint\limits_D \rho(x,y)\mathrm{d}\sigma}.$$

特别地，当质量均匀分布，即 $\rho=\rho(x,y)=$ 常数时，重心计算公式为

$$\bar{x}=\frac{M_y}{M}=\frac{\iint\limits_D x\,\mathrm{d}\sigma}{\iint\limits_D \mathrm{d}\sigma}=\frac{\iint\limits_D x\,\mathrm{d}\sigma}{A},\quad \bar{y}=\frac{M_x}{M}=\frac{\iint\limits_D y\,\mathrm{d}\sigma}{\iint\limits_D \mathrm{d}\sigma}=\frac{\iint\limits_D y\,\mathrm{d}\sigma}{A}.$$

此时 A 表示薄片 D 的面积. 若薄片 D 关于 y 轴对称，则 $\bar{x}=0$，即重心在 y 轴上；若薄片 D 关于 x 轴对称，则 $\bar{y}=0$，即重心在 x 轴上. 一般均匀薄片的重心一定在其对称轴上，此时也称重心为形心.

例 4 求位于 $x^2+y^2-4y\leqslant 0$ 与 $x^2+y^2-2y\geqslant 0$ 之间的均匀薄片的重心.

解 如图 7.19 所示，由对称性得 $\bar{x}=0$. 又 $A=\pi\cdot 2^2-\pi\cdot 1^2=3\pi$，且

$$M_x=\iint\limits_D y\,d\sigma=\iint\limits_D r\sin\theta\cdot r\,dr\,d\theta=\int_0^\pi\sin\theta d\theta\int_{2\sin\theta}^{4\sin\theta}r^2\,dr$$

$$=\frac{1}{3}\int_0^\pi(64\sin^3\theta-8\sin^3\theta)\sin\theta d\theta=\frac{56}{3}\int_0^\pi\sin^4\theta d\theta$$

$$=\frac{112}{3}\int_0^{\frac{\pi}{2}}\sin^4\theta d\theta=\frac{112}{3}\int_0^{\frac{\pi}{2}}\left(\frac{1-\cos2\theta}{2}\right)^2 d\theta$$

$$=\frac{112}{3}\cdot\frac{1}{4}\int_0^{\frac{\pi}{2}}\left(\frac{3}{2}-2\cos2\theta+\frac{1}{2}\cos4\theta\right)d\theta$$

$$=\frac{112}{3}\cdot\frac{1}{4}\cdot\frac{3}{2}\cdot\frac{\pi}{2}=7\pi,$$

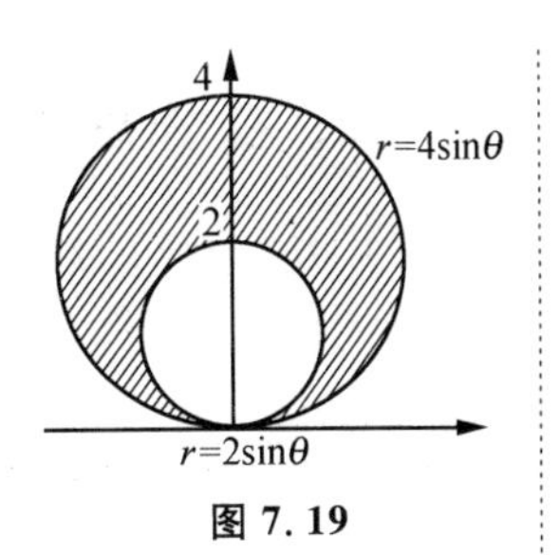

图 7.19

所以 $\bar{y}=\frac{7\pi}{3\pi}=\frac{7}{3}$,则重心坐标为$\left(0,\frac{7}{3}\right)$.

例5 如图7.20所示,设半径为R的半圆形薄板上各点处的面密度等于该点到圆心的距离,求此半圆的重心坐标.

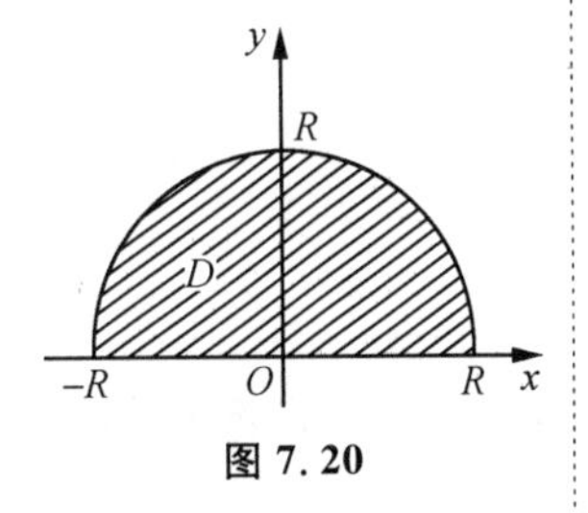

图 7.20

解 由题意可知,薄板的面密度函数为 $\rho=\rho(x,y)=\sqrt{x^2+y^2}$,则薄板的质量为

$$M=\iint\limits_D\sqrt{x^2+y^2}d\sigma=\int_0^\pi d\theta\int_0^R r^2\,dr=\frac{\pi}{3}R^3,$$

且

$$M_x=\iint\limits_D y\sqrt{x^2+y^2}d\sigma=\int_0^\pi d\theta\int_0^R r^3\sin\theta dr$$

$$=[-\cos\theta]_0^\pi\cdot\left[\frac{r^4}{4}\right]_0^R=\frac{1}{2}R^4,$$

即 $\bar{y}=\frac{M_x}{M}=\frac{3}{2\pi}R$. 又由对称性得 $\bar{x}=0$. 所以该平面薄板的重心坐标为$\left(0,\frac{3}{2\pi}R\right)$.

习题 7.3

1. 求由旋转抛物面 $z=x^2+y^2$ 和平面 $z=2$ 所围成的立体的体积.

2. 求半径为 a 的球的体积.

3. 求由两圆 $r=2\sin\theta$ 及 $r=4\sin\theta$ 所围的均匀薄片的重心.

4. 一平面薄片由 $x^2+y^2\geqslant ax, x^2+y^2\leqslant a^2$ 确定，其上任一点处的面密度与该点和原点的距离成正比，求此薄片的重心.

本章小结

本章主要介绍了二重积分的基本概念、性质、计算方法和一些简单的应用.

1. 基本概念

二重积分、累次积分(二次积分)、x 型区域、y 型区域、曲顶柱体.

2. 基本方法

二重积分的计算主要包括了在直角坐标系中和极坐标系中这两种情况.

在直角坐标系中计算二重积分的方法：

第一步，"看"：看出积分区域 D 的类型；

第二步，"化"：把二重积分转化为累次积分；

第三步,“算”:利用定积分的积分方法计算出累次积分.

以上这三步可概括为“一看、二化、三计算”.

而在极坐标系中计算二重积分的方法与上述方法相同,读者可以自己总结一下.但必须指出,当积分区域是圆域、扇形等,或被积函数中含有 x^2+y^2 时,一般首选在极坐标系中来计算二重积分.

3. 基本应用

关于二重积分的应用,我们主要介绍了几何和物理两方面的应用.

(1) 几何方面的应用:根据二重积分的几何意义,重点介绍了求一些简单的立体的体积的方法.注意二重积分也能求平面图形的面积.

(2) 物理方面的应用:求平面薄片的质量和重心.

复习题七

1. 填空题:

(1) 设二元函数 $z=f(x,y)$ 在积分区域 D 上可积,且 $I=\iint\limits_D f(x,y)\mathrm{d}\sigma$,则其偏导数 $\dfrac{\partial I}{\partial x}=$ ______________,$\dfrac{\partial I}{\partial y}=$ ______________;

(2) 直角坐标系下,设 $\iint f(x,y)\mathrm{d}\sigma=\int_0^1\mathrm{d}x\int_0^x f(x,y)\mathrm{d}y$,则积分区域 D 可用不等式表示为 ______________,交换积分次序:$\iint f(x,y)\mathrm{d}\sigma=$ ______________;

(3) 交换积分次序:$\int_1^{\mathrm{e}}\mathrm{d}x\int_0^{\ln x}f(x,y)\mathrm{d}y=$ ______________;

(4) 二重积分 $\iint\limits_D f(x,y)\mathrm{d}\sigma$ 在极坐标系下的二次积分为 ______________,其中积分区域 D 是由 $x^2+y^2=4$ 围成的区域;

(5) 若 $D=\{(x,y)\mid 0\leqslant x\leqslant 1,0\leqslant y\leqslant 1\}$,则 $\iint\limits_D x\mathrm{e}^{-2y}\mathrm{d}\sigma=$ ______________.

2. 对于下列各积分区域 D,计算 $\iint\limits_D\mathrm{d}\sigma$ 的值:

(1) $D:x^2+y^2\leqslant 4$; (2) D 由直线 $y=x,y=2x,y=1$ 围成;

(3) $D:1 \leqslant x^2+y^2 \leqslant 4$.

3. 计算下列二重积分：

(1) $\iint\limits_D (x+y)\mathrm{d}x\mathrm{d}y$，其中积分区域 D 为 $0 \leqslant x \leqslant 1, 0 \leqslant y \leqslant 1$；

(2) $\iint\limits_D x\ln y\mathrm{d}x\mathrm{d}y, D:0 \leqslant x \leqslant 4, 1 \leqslant y \leqslant \mathrm{e}$；

(3) $\iint\limits_D \sin x\sin y\mathrm{d}x\mathrm{d}y, D:0 \leqslant x \leqslant \pi, 0 \leqslant y \leqslant \pi$；

(4) $\iint\limits_D \frac{\sin x}{x}\mathrm{d}x\mathrm{d}y$，其中 D 由直线 $y=x, y=\frac{x}{2}$ 和 $x=2$ 围成；

(5) $\iint\limits_D x\mathrm{d}x\mathrm{d}y$，其中 D 由曲线 $y=x^2, y=x+2$ 围成；

(6) $\iint\limits_D (2y-1)e^x\mathrm{d}x\mathrm{d}y$，其中 D 由 $y=x, y^2=x$ 围成；

(7) $\iint\limits_D (x^2-y^2)\mathrm{d}x\mathrm{d}y$，其中 $D: 0\leqslant y\leqslant \sin x, 0\leqslant x\leqslant \pi$；

(8) $\iint\limits_D \cos(x+y)\mathrm{d}x\mathrm{d}y$，其中 D 由直线 $x=0, y=\pi, y=x$ 围成；

(9) $\iint\limits_D e^{-x^2-y^2}\mathrm{d}x\mathrm{d}y, D: x^2+y^2\leqslant 25$；

(10) $\iint\limits_D \sqrt{x^2+y^2}\mathrm{d}x\mathrm{d}y$，其中 D 由 $x^2+y^2=2y$ 围成；

(11) $\iint\limits_D \frac{x}{y}\mathrm{d}x\mathrm{d}y$，其中 $D: x^2+y^2\leqslant 2ay, x\geqslant 0$.

4. 设积分区域 $D: x^2+y^2 \leqslant a^2(a>0)$，且$\iint\limits_D (a^2-x^2-y^2)\mathrm{d}\sigma=\pi$，求 a 的值.

5. 求由曲面 $z=4-x^2$，$2x+y=4$，$x=0$，$y=0$，$z=0$ 所围成的立体在第一卦限内的体积.

6. 设平面薄片所占有的区域 D 是螺线 $r=2\theta(0\leqslant\theta\leqslant 2\pi)$ 上的一段弧与直线 $\theta=\dfrac{\pi}{2}$ 所围成的，它的面密度为 $\rho(x,y)=x^2+y^2$，求该薄片的质量.

7. 求由直线 $y=0$，$y=a-x(a>0)$，$x=0$ 所围成的均匀薄片的重心.

第8章 级 数

以前,我们在做加法运算时,都是将有限个常数相加或将有限个函数相加.但在实际应用中,我们还会遇到无穷多项相加的问题,如将无穷多个常数相加(即数项级数),或将无穷多个函数相加(即函数项级数).本章首先介绍数项级数的一些基本知识,然后介绍函数项级数中的幂级数和傅里叶(Fourier)级数,最后研究傅里叶级数在电子技术等学科中的应用.

§8.1 数项级数的基本概念和性质

一、数项级数及其敛散性的定义

对于有限个常数相加的运算,我们已经再熟悉不过了.我们还知道,有限个常数相加一定有和.但是,无穷多个常数相加又如何?是否一定有和?如果有和,又如何计算呢?下面的讨论将回答这些问题.

引例1 “一尺之棰,日取其半,万世不竭”.若把每一天截下的那一部分的长度加起来,则得到一个式子:

$$\frac{1}{2}+\frac{1}{2^2}+\frac{1}{2^3}+\cdots+\frac{1}{2^n}+\cdots,$$

在这个式子中有无限个数相加.从直观上看,它的和显然是1.

引例2 无限循环或不循环小数问题.

无限循环小数是有理数,如:

$$\frac{1}{3}=0.\dot{3}=0.33333\cdots=\frac{3}{10}+\frac{3}{10^2}+\frac{3}{10^3}+\cdots+\frac{3}{10^n}+\cdots;$$

而无限不循环小数是无理数,如:

$$\pi=3.14159\cdots=3+\frac{1}{10}+\frac{4}{10^2}+\frac{1}{10^3}+\frac{5}{10^4}+\frac{9}{10^5}+\cdots.$$

引例3 将1与-1无限循环地相加,得到下面的式子:

$$1+(-1)+1+(-1)+\cdots.$$

若将它写成

$$[1+(-1)]+[1+(-1)]+[1+(-1)]+\cdots=0+0+0+\cdots,$$

则结果无疑等于0.

但是,若写成

$$1+[(-1)+1]+[(-1)+1]+\cdots=1+0+0+\cdots,$$

则结果等于1.

引例4 已知等比数列1,2,4,8,16,…,将它的所有项相加,得

$$1+2+4+8+16+\cdots,$$

这个式子显然没有和.

我们先给出数项级数的定义.

定义8.1 给定一个数列

$$\{u_n\}:u_1,u_2,\cdots,u_n,\cdots,$$

则表达式

$$u_1+u_2+\cdots+u_n+\cdots$$

被称为**数项级数**(或**无穷级数**),简称**级数**,记作$\sum\limits_{n=1}^{\infty}u_n$,即

$$\sum_{n=1}^{\infty}u_n=u_1+u_2+\cdots+u_n+\cdots,$$

其中u_n叫作数项级数的**通项**(或**一般项**).

我们再用下列办法来确定数项级数$\sum\limits_{n=1}^{\infty}u_n$是否存在和.令

$$s_1=u_1,s_2=u_1+u_2,\cdots,s_n=u_1+u_2+\cdots+u_n,\cdots,$$

从而得到一个数列$\{s_n\}$,该数列叫作数项级数$\sum\limits_{n=1}^{\infty}u_n$的**部分和数列**,而$s_n$叫作该数项级数的**部分和**.如果这个数列的极限存在,那么我们认为该数项级数就存在和.给出如下定义:

定义8.2 若数项级数$\sum\limits_{n=1}^{\infty}u_n$的部分和数列$\{s_n\}$的极限存在,即

$$\lim_{n\to\infty}s_n=s,$$

则称数项级数$\sum\limits_{n=1}^{\infty}u_n$**收敛**,称$s$为数项级数的和,记作

$$s=u_1+u_2+\cdots+u_n+\cdots \text{ 或 } s=\sum_{n=1}^{\infty}u_n.$$

若数列$\{s_n\}$的极限不存在,则称数项级数$\sum\limits_{n=1}^{\infty}u_n$**发散**.

因此,判断一个数项级数是否收敛,只要看它的部分和数列是否存在极限.

例如,引例1中的数项级数

$$\sum_{n=1}^{\infty}\frac{1}{2^n}=\frac{1}{2}+\frac{1}{2^2}+\frac{1}{2^3}+\cdots+\frac{1}{2^n}+\cdots,$$

因为其部分和

$$s_n=\frac{1}{2}+\frac{1}{2^2}+\frac{1}{2^3}+\cdots+\frac{1}{2^n}=1-\frac{1}{2^n},$$

所以$\lim\limits_{n\to\infty}s_n=\lim\limits_{n\to\infty}(1-\frac{1}{2^n})=1$，于是数项级数$\sum\limits_{n=1}^{\infty}\frac{1}{2^n}$收敛，且其和等于1，即

$$\sum_{n=1}^{\infty}\frac{1}{2^n}=\frac{1}{2}+\frac{1}{2^2}+\frac{1}{2^3}+\cdots+\frac{1}{2^n}+\cdots=1.$$

同理，引例2中的数项级数$\sum\limits_{n=1}^{\infty}\frac{3}{10^n}$也收敛，其和等于$\frac{1}{3}$.

但是，引例3中的数项级数

$$\sum_{n=1}^{\infty}(-1)^{n+1}=1-1+1-1+\cdots+(-1)^{n+1}+\cdots$$

的部分和数列为

$$\{s_n\}:1,0,1,0,\cdots,$$

显然这个数列的极限不存在，因此该级数发散. 引例4中的数项级数$\sum\limits_{n=1}^{\infty}2^{n-1}$也发散.

例1 讨论数项级数

$$\sum_{n=1}^{\infty}\frac{1}{(n+1)(n+2)}=\frac{1}{2\cdot 3}+\frac{1}{3\cdot 4}+\cdots+\frac{1}{(n+1)(n+2)}+\cdots$$

的敛散性.

解 因为级数的部分和

$$\begin{aligned}s_n&=\frac{1}{2\cdot 3}+\frac{1}{3\cdot 4}+\cdots+\frac{1}{(n+1)(n+2)}\\&=\left(\frac{1}{2}-\frac{1}{3}\right)+\left(\frac{1}{3}-\frac{1}{4}\right)+\cdots+\left(\frac{1}{n+1}-\frac{1}{n+2}\right)=\frac{1}{2}-\frac{1}{n+2},\end{aligned}$$

所以

$$\lim_{n\to\infty}s_n=\lim_{n\to\infty}\left(\frac{1}{2}-\frac{1}{n+2}\right)=\frac{1}{2},$$

即$\lim\limits_{n\to\infty}s_n$存在，则该级数收敛，且其和为$\frac{1}{2}$.

二、两个重要的数项级数

例2 证明：等比级数（也称为几何级数）

$$\sum_{n=1}^{\infty}aq^{n-1}=a+aq+aq^2+\cdots+aq^{n-1}+\cdots(\text{其中 } a\neq 0)$$

当$|q|<1$时收敛，且和为$\frac{a}{1-q}$；当$|q|\geqslant 1$时发散.

证 当$q\neq 1$时，由于该级数的部分和

$$s_n=a+aq+aq^2+\cdots+aq^{n-1}=\frac{a(1-q^n)}{1-q}.$$

所以，当$|q|<1$时，$\lim\limits_{n\to\infty}s_n=\lim\limits_{n\to\infty}\frac{a(1-q^n)}{1-q}=\frac{a}{1-q}$，即$\lim\limits_{n\to\infty}s_n$存在，从而收敛，且其和为$\frac{a}{1-q}$；

当 $|q|>1$ 时，$\lim\limits_{n\to\infty}s_n$ 不存在，即此时级数发散.

当 $q=1$ 时，$s_n=n$，$\lim\limits_{n\to\infty}s_n$ 不存在，则此时级数发散.

当 $q=-1$ 时，部分和数列为

$$\{s_n\}:1,0,1,0,\cdots,$$

$\lim\limits_{n\to\infty}s_n$ 也不存在，则此时级数同样发散.

综上所述，等比级数 $\sum\limits_{n=1}^{\infty}aq^{n-1}$ 当 $|q|<1$ 时，收敛；当 $|q|\geqslant 1$ 时，发散.

前面提到的数项级数 $\sum\limits_{n=1}^{\infty}\dfrac{1}{2^n}$，$\sum\limits_{n=1}^{\infty}\dfrac{3}{10^n}$ 均为 $|q|<1$ 的等比级数，从而收敛；而数项级数 $\sum\limits_{n=1}^{\infty}2^{n-1}$ 为 $|q|>1$ 的等比级数，从而发散.

形如 $\sum\limits_{n=1}^{\infty}\dfrac{1}{n^p}$ 的级数叫作 p **级数**，其中 p 为常数. 对于 p 级数的敛散性有下列结论：

当 $p>1$ 时，p 级数收敛；当 $p\leqslant 1$ 时，p 级数发散.

例如，级数 $\sum\limits_{n=1}^{\infty}\dfrac{1}{n^2}=1+\dfrac{1}{2^2}+\dfrac{1}{3^2}+\cdots+\dfrac{1}{n^2}+\cdots$ 是 $p=2$ 的 p 级数，它是收敛的；而级数 $\sum\limits_{n=1}^{\infty}\dfrac{1}{\sqrt{n}}$ 则是 $p=\dfrac{1}{2}$ 的 p 级数，它是发散的.

特别地，当 $p=1$ 时，得到级数

$$\sum_{n=1}^{\infty}\frac{1}{n}=1+\frac{1}{2}+\frac{1}{3}+\cdots+\frac{1}{n}+\cdots,$$

这个级数叫作调和级数，它也是发散的.

在后面的学习中，经常会用到等比级数和 p 级数，所以应记住这两种级数的敛散性.

三、数项级数的性质

根据数项级数敛散性的概念，可得到数项级数的性质.

性质 8.1 用一个非零常数 k 乘以级数 $\sum\limits_{n=1}^{\infty}u_n$ 的每一项，所得到的级数 $\sum\limits_{n=1}^{\infty}ku_n$ 的敛散性与原级数 $\sum\limits_{n=1}^{\infty}u_n$ 相同，且若 $\sum\limits_{n=1}^{\infty}u_n=S$，则 $\sum\limits_{n=1}^{\infty}ku_n=kS$.

性质 8.2 若级数 $\sum\limits_{n=1}^{\infty}u_n$，$\sum\limits_{n=1}^{\infty}v_n$ 分别收敛于 S_1，S_2，则级数 $\sum\limits_{n=1}^{\infty}(u_n\pm v_n)$ 也收敛，且其和为 $S_1\pm S_2$.

性质 8.3 去掉或增加级数的有限个项并不改变级数的敛散性，但一般会改变收敛级数的和.

性质 8.4（级数收敛的必要条件） 若级数 $\sum\limits_{n=1}^{\infty}u_n$ 收敛，则 $\lim\limits_{n\to\infty}u_n=0$.

推论　若$\lim\limits_{n\to\infty}u_n\neq 0$，则级数$\sum\limits_{n=1}^{\infty}u_n$发散.

例3　证明：级数$\sum\limits_{n=1}^{\infty}n\ln\dfrac{n+1}{n}$发散.

证　级数的通项$u_n=n\ln\dfrac{n+1}{n}$，由于

$$\lim_{n\to\infty}n\ln\frac{n+1}{n}=\lim_{n\to\infty}\ln\left(1+\frac{1}{n}\right)^n=1,$$

即$\lim\limits_{n\to\infty}u_n\neq 0$，则该级数发散.

习题 8.1

1. 级数$\sum_{n=1}^{\infty}\frac{(n+1)^2}{n!}$的前三项分别是__________、__________和__________.

2. 若$\lim_{n\to\infty}u_n\neq 0$,则级数$\sum_{n=1}^{\infty}u_n$的敛散性是__________.

3. 调和级数$\sum_{n=1}^{\infty}\frac{1}{n}$是发散的,则级数$\sum_{n=1}^{\infty}\frac{1}{n+3}$的敛散性是__________.

4. 设级数$\sum_{n=1}^{\infty}u_n$的部分和$s_n=\frac{1}{n}$,则级数$\sum_{n=1}^{\infty}u_n$的敛散性是__________.

5. 判别下列级数哪些是等比级数,哪些是p级数,并指出其敛散性:

(1) $\sum_{n=1}^{\infty}\left(\frac{2}{3}\right)^n$;

(2) $\sum_{n=1}^{\infty}\frac{3^n}{2^n}$;

(3) $\sum_{n=1}^{\infty}\frac{1}{n^3}$;

(4) $\sum_{n=1}^{\infty}\frac{2}{\sqrt[3]{n}}$.

6. 判别下列级数的敛散性:

(1) $\sum_{n=1}^{\infty}\frac{3n}{4n+1}$;

(2) $\sum_{n=1}^{\infty}n\sin\frac{1}{n}$.

§8.2　数项级数的审敛法

一般来说，对于数项级数 $\sum_{n=1}^{\infty} u_n$ 直接用定义来判别它的敛散性是很不容易的.因此，针对某些特殊类型的数项级数，我们找到了一些判别级数敛散性的方法(即审敛法).本节将主要介绍数项级数中两类常见的级数:正项级数和交错级数.

一、正项级数的审敛法

若数项级数 $\sum_{n=1}^{\infty} u_n$ 的每一项均是非负的，即

$$u_n \geqslant 0(n=1,2,3,\cdots),$$

则该级数叫作**正项级数**.

对于正项级数 $\sum_{n=1}^{\infty} u_n$，我们可以用下面的比较审敛法来判别其敛散性.

1. 比较审敛法

定理 8.1(比较审敛法)　设 $\sum_{n=1}^{\infty} u_n$ 和 $\sum_{n=1}^{\infty} v_n$ 是两个正项级数，如果

$$u_n \leqslant v_n(n=1,2,3,\cdots)$$

成立，那么

(1) 若级数 $\sum_{n=1}^{\infty} v_n$ 收敛，则级数 $\sum_{n=1}^{\infty} u_n$ 也收敛；

(2) 若级数 $\sum_{n=1}^{\infty} u_n$ 发散，则级数 $\sum_{n=1}^{\infty} v_n$ 也发散.

例 1　判别正项级数

$$\sum_{n=1}^{\infty} \sin\frac{\pi}{3^n} = \sin\frac{\pi}{3} + \sin\frac{\pi}{3^2} + \cdots + \sin\frac{\pi}{3^n} + \cdots$$

的敛散性.

解　因为 $\sin x \leqslant x(x \geqslant 0)$，所以

$$u_n = \sin\frac{\pi}{3^n} \leqslant \frac{\pi}{3^n}(n=1,2,3,\cdots),$$

而级数 $\sum_{n=1}^{\infty} \frac{\pi}{3^n}$ 是公比为 $q=\frac{1}{3}<1$ 的等比级数，从而 $\sum_{n=1}^{\infty} \frac{\pi}{3^n}$ 收敛，则级数 $\sum_{n=1}^{\infty} \sin\frac{\pi}{3^n}$ 也收敛.

例 2　判别正项级数 $\sum_{n=1}^{\infty} \frac{2n+3}{n^2+3n-2}$ 的敛散性.

解　因为

$$\frac{2n+3}{n^2+3n-2}>\frac{2n}{n^2+3n}=\frac{2}{n+3}\ (n=1,2,3,\cdots),$$

由调和级数 $\sum\limits_{n=1}^{\infty}\frac{1}{n}$ 发散及级数的性质 8.1、性质 8.3 可知正项级数 $\sum\limits_{n=1}^{\infty}\frac{2}{n+3}$ 发散，所以正项级数 $\sum\limits_{n=1}^{\infty}\frac{2n+3}{n^2+3n-2}$ 也发散.

例 3　证明：正项级数 $\sum\limits_{n=1}^{\infty}\frac{1}{n\sqrt{n+1}}$ 收敛.

证　因为

$$\frac{1}{n\sqrt{n+1}}<\frac{1}{n^{3/2}}\ (n=1,2,3,\cdots),$$

而正项级数 $\sum\limits_{n=1}^{\infty}\frac{1}{n^{3/2}}$ 是 $p=\frac{3}{2}$ 时的 p 级数，它是收敛的，所以正项级数 $\sum\limits_{n=1}^{\infty}\frac{1}{n\sqrt{n+1}}$ 收敛.

由例 2、例 3 可以发现，如果正项级数的通项 u_n 为分式，且分子、分母都是关于 n 的多项式或无理式时，只要分母的最高次数高出分子的最高次数一次以上，级数就收敛，否则发散.

例如，正项级数 $\sum\limits_{n=1}^{\infty}\frac{n+1}{n^3+n-1}$ 是收敛的，而正项级数 $\sum\limits_{n=1}^{\infty}\frac{n^2+1}{n^3+n-1}$ 是发散的.

在使用比较审敛法时，必须借助已知敛散性的级数作为比较对象来判别正项级数的敛散性，我们通常选择等比级数或 p 级数作为比较对象.

对于正项级数 $\sum\limits_{n=1}^{\infty}u_n$，我们还可以用下面的比值审敛法来判别其敛散性.

2. 比值审敛法

定理 8.2(比值审敛法)　若 $\sum\limits_{n=1}^{\infty}u_n$ 为正项级数，且 $\lim\limits_{n\to\infty}\frac{u_{n+1}}{u_n}=\rho$，则

(1) 当 $\rho<1$ 时，级数收敛；

(2) 当 $\rho>1$ 或 $\rho=+\infty$ 时，级数发散.

说明　在定理 8.2 中，若 $\rho=1$，则正项级数 $\sum\limits_{n=1}^{\infty}u_n$ 可能收敛，也可能发散. 这时比值审敛法失效. 例如，对于级数 $\sum\limits_{n=1}^{\infty}\frac{1}{n^2}$ 和 $\sum\limits_{n=1}^{\infty}\frac{1}{n}$，它们都满足 $\rho=\lim\limits_{n\to\infty}\frac{u_{n+1}}{u_n}=1$，但 $\sum\limits_{n=1}^{\infty}\frac{1}{n^2}$ 是收敛的，而 $\sum\limits_{n=1}^{\infty}\frac{1}{n}$ 却是发散的.

例 4　判别正项级数 $\sum\limits_{n=1}^{\infty}\frac{n}{3^n}$ 的敛散性.

解　因为

$$\rho=\lim_{n\to\infty}\frac{u_{n+1}}{u_n}=\lim_{n\to\infty}\left(\frac{n+1}{3^{n+1}}\cdot\frac{3^n}{n}\right)=\lim_{n\to\infty}\frac{n+1}{3n}=\frac{1}{3}<1,$$

所以级数收敛.

例 5 判别正项级数$\sum\limits_{n=1}^{\infty}\frac{n^n}{2^n\cdot n!}$的敛散性.

解 因为

$$\rho=\lim_{n\to\infty}\frac{u_{n+1}}{u_n}=\lim_{n\to\infty}\left[\frac{(n+1)^{n+1}}{2^{n+1}\cdot(n+1)!}\cdot\frac{2^n\cdot n!}{n^n}\right]=\lim_{n\to\infty}\frac{\left(1+\frac{1}{n}\right)^n}{2}=\frac{\mathrm{e}}{2}>1,$$

所以级数发散.

利用比值审敛法判别正项级数的敛散性,只需通过级数本身的结构就可进行,而无需像比较审敛法那样借助其他级数.当正项级数的通项中出现a^n,$n!$或n^n等形式时,通常可利用比值审敛法来判别该正项级数的敛散性.

二、交错级数的审敛法

若级数的各项符号正负相间,即

$$\sum_{n=1}^{\infty}(-1)^{n+1}u_n=u_1-u_2+u_3-u_4+\cdots+(-1)^{n+1}u_n+\cdots(u_n>0,n=1,2,3,\cdots),$$

则该级数叫作**交错级数**.

对于交错级数,我们可以用下面的莱布尼茨判别法来判别其敛散性.

定理 8.3(莱布尼茨判别法) 若交错级数$\sum\limits_{n=1}^{\infty}(-1)^{n+1}u_n$满足:

(1) 数列$\{u_n\}$单调递减,即$u_n\geqslant u_{n+1}(n=1,2,3,\cdots)$,

(2) $\lim\limits_{n\to\infty}u_n=0$,则级数$\sum\limits_{n=1}^{\infty}(-1)^{n+1}u_n$收敛,且其和$s\leqslant u_1$.

例 6 判别交错级数$\sum\limits_{n=1}^{\infty}(-1)^{n+1}\frac{1}{n}$的敛散性.

解 因为

$$u_n=\frac{1}{n}>\frac{1}{n+1}=u_{n+1}(n=1,2,3,\cdots),$$

且$\lim\limits_{n\to\infty}u_n=\lim\limits_{n\to\infty}\frac{1}{n}=0$,由莱布尼茨判别法可知,该级数收敛.

说明 若交错级数$\sum\limits_{n=1}^{\infty}(-1)^{n+1}u_n$不满足定理8.3中的第二条(即$\lim\limits_{n\to\infty}u_n\neq0$),则由数项级数的性质8.4的推论可知,此交错级数$\sum\limits_{n=1}^{\infty}(-1)^{n+1}u_n$一定发散.

三、绝对收敛和条件收敛

对一般项级数

$$\sum_{n=1}^{\infty}u_n=u_1+u_2+\cdots+u_n+\cdots$$

的每一项都取绝对值后，可得到下列级数

$$\sum_{n=1}^{\infty}|u_n|=|u_1|+|u_2|+\cdots+|u_n|+\cdots,$$

级数 $\sum\limits_{n=1}^{\infty}|u_n|$ 叫作级数 $\sum\limits_{n=1}^{\infty}u_n$ 的绝对值级数，简称绝对级数.

例如，交错级数 $\sum\limits_{n=1}^{\infty}(-1)^{n+1}\frac{1}{n}$ 的绝对级数是 $\sum\limits_{n=1}^{\infty}\left|(-1)^{n+1}\frac{1}{n}\right|=\sum\limits_{n=1}^{\infty}\frac{1}{n}$.

定理 8.4 若绝对级数 $\sum\limits_{n=1}^{\infty}|u_n|$ 收敛，则级数 $\sum\limits_{n=1}^{\infty}u_n$ 一定也收敛.

若绝对级数 $\sum\limits_{n=1}^{\infty}|u_n|$ 收敛，则称级数 $\sum\limits_{n=1}^{\infty}u_n$ **绝对收敛**；若绝对级数 $\sum\limits_{n=1}^{\infty}|u_n|$ 发散，而级数 $\sum\limits_{n=1}^{\infty}u_n$ 收敛，则称级数 $\sum\limits_{n=1}^{\infty}u_n$ **条件收敛**.

例 7 证明：交错级数 $\sum\limits_{n=1}^{\infty}(-1)^{n+1}\frac{1}{n}$ 条件收敛.

证 由例 6 可知该级数是收敛的，但绝对级数 $\sum\limits_{n=1}^{\infty}\left|(-1)^{n+1}\frac{1}{n}\right|=\sum\limits_{n=1}^{\infty}\frac{1}{n}$ 是发散的，所以级数 $\sum\limits_{n=1}^{\infty}(-1)^{n+1}\frac{1}{n}$ 条件收敛.

例 8 判别级数

$$\sum_{n=1}^{\infty}(-1)^{\frac{n(n+1)}{2}}\cdot\frac{n}{3^n}=-\frac{1}{3}-\frac{2}{3^2}+\frac{3}{3^3}+\frac{4}{3^4}+\cdots+(-1)^{\frac{n(n+1)}{2}}\frac{n}{3^n}+\cdots$$

的敛散性.

解 因为绝对级数

$$\sum_{n=1}^{\infty}\left|(-1)^{\frac{n(n+1)}{2}}\cdot\frac{n}{3^n}\right|=\sum_{n=1}^{\infty}\frac{n}{3^n}$$

是收敛的(本节例 4)，所以原级数绝对收敛，从而所给级数收敛.

判别一般项级数的敛散性，可以先判断它的绝对级数是否收敛，若绝对级数收敛，则级数收敛. 显然，绝对级数是正项级数，这样我们就可以借助正项级数的判别法来判断一般项级数的敛散性了.

习题 8.2

1. 设正项级数$\sum\limits_{n=1}^{\infty}u_n$满足$\lim\limits_{n\to\infty}\dfrac{u_{n+1}}{u_n}=\dfrac{3}{2}$,则级数$\sum\limits_{n=1}^{\infty}u_n$的敛散性是____________.

2. 正项级数$\sum\limits_{n=1}^{\infty}\dfrac{|\cos 2^n|}{2^n}$满足$\dfrac{|\cos 2^n|}{2^n}\leqslant\dfrac{1}{2^n}$,所以该级数的敛散性是____________.

3. 交错级数$\sum\limits_{n=1}^{\infty}(-1)^n\dfrac{1}{n}$的敛散性是____________.

4. 级数$\sum\limits_{n=1}^{\infty}(-1)^{n+1}\dfrac{n}{3^n}$的绝对级数是____________.

5. 若级数$\sum\limits_{n=1}^{\infty}|u_n|$收敛,则级数$\sum\limits_{n=1}^{\infty}u_n$的敛散性是____________.

6. 判别下列正项级数的敛散性(用比较审敛法或比值审敛法):

(1) $\sum\limits_{n=1}^{\infty}\dfrac{\sqrt{n}}{\sqrt{n+3}}$;

(2) $\sum\limits_{n=1}^{\infty}\dfrac{1}{n^2+3n+1}$;

(3) $\sum\limits_{n=1}^{\infty}\dfrac{\cos\dfrac{\pi}{2n}}{n^3}$;

(4) $\sum\limits_{n=1}^{\infty}\dfrac{4^n}{(n+3)^2}$;

(5) $\sum\limits_{n=1}^{\infty}\dfrac{1}{2^{2n+1}(2n+1)}$.

7. 判别下列级数的敛散性,如果收敛,指出是条件收敛还是绝对收敛:

(1) $\sum\limits_{n=1}^{\infty}(-1)^{n+1}\dfrac{4}{2n+1}$;

(2) $\sum\limits_{n=1}^{\infty}(-1)^{n+1}\dfrac{n}{3^n}$;

(3) $\sum\limits_{n=1}^{\infty}(-1)^{\frac{n(n-1)}{2}}\dfrac{1}{5^n}$.

§8.3 幂级数

本节主要介绍幂级数的概念和判别其敛散性的方法，以及如何利用幂级数来表示函数.

一、函数项级数的基本概念

前面我们已经讨论了数项级数，在此基础上，我们将研究函数项级数(即无穷多个函数相加). 例如，

$$1+x+x^2+\cdots+x^{n-1}+\cdots,$$

$$1+x+\frac{x^2}{2!}+\cdots+\frac{x^n}{n!}+\cdots,$$

$$\sin x+\frac{1}{3}\sin 3x+\frac{1}{5}\sin 5x+\cdots+\frac{1}{2n-1}\sin(2n-1)x+\cdots$$

都是无数多个以 x 为自变量的函数相加，它们就是我们将要研究的函数项级数：幂级数与三角级数.

定义 8.3 由定义在同一区间内的函数列 $u_1(x),u_2(x),\cdots,u_n(x),\cdots$ 构成的表达式

$$u_1(x)+u_2(x)+\cdots+u_n(x)+\cdots$$

称为**函数项级数**，记作 $\sum\limits_{n=1}^{\infty}u_n(x)$.

对于 $\sum\limits_{n=1}^{\infty}u_n(x)$，当 x 取某一确定值 x_0 时，则得到一个数项级数

$$\sum_{n=1}^{\infty}u_n(x_0)=u_1(x_0)+u_2(x_0)+\cdots+u_n(x_0)+\cdots,$$

若该数项级数收敛，则称点 x_0 是函数项级数 $\sum\limits_{n=1}^{\infty}u_n(x)$ 的**收敛点**，由收敛点的全体构成的集合称为函数项级数的**收敛域**. 若数项级数 $\sum\limits_{n=1}^{\infty}u_n(x_0)$ 发散，则称点 x_0 是函数项级数 $\sum\limits_{n=1}^{\infty}u_n(x)$ 的**发散点**.

对于收敛域内的任一个值 x_0，必有一个和 $s(x_0)$ 与之对应，这样便得到一个定义在收敛域上的函数 $s(x)$，这个函数叫作函数项级数的**和函数**，即

$$s(x)=u_1(x)+u_2(x)+\cdots+u_n(x)+\cdots(\text{其中 } x \text{ 为收敛域内的点}).$$

与数项级数类似，我们将函数项级数 $\sum\limits_{n=1}^{\infty}u_n(x)$ 的前 n 项的和 $u_1(x)+u_2(x)+\cdots+u_n(x)$ 叫作函数项级数 $\sum\limits_{n=1}^{\infty}u_n(x)$ 的**部分和函数**，记为 $s_n(x)$，即

$$s_n(x)=u_1(x)+u_2(x)+\cdots+u_n(x),$$

显然，在函数项级数的收敛域内，有

$$\lim_{n\to\infty}s_n(x)=s(x).$$

例如，对于函数项级数

$$\sum_{n=0}^{\infty}x^n=1+x+x^2+\cdots+x^n+\cdots,$$

显然，它可看作是一个公比 $q=x$ 的等比级数. 我们知道，当 $|x|<1$ 时，等比级数 $\sum_{n=0}^{\infty}x^n$ 收敛.

于是 $\sum_{n=0}^{\infty}x^n$ 的收敛域为开区间 $(-1,1)$，且和函数 $s(x)=\dfrac{1}{1-x}$，即

$$\frac{1}{1-x}=1+x+x^2+\cdots+x^n+\cdots,x\in(-1,1).$$

二、幂级数及其收敛性

由幂函数列 $\{a_n(x-x_0)^n\}$ 所产生的函数项级数

$$\sum_{n=0}^{\infty}a_n(x-x_0)^n=a_0+a_1(x-x_0)+a_2(x-x_0)^2+\cdots+a_n(x-x_0)^n+\cdots \quad (8.1)$$

叫作**幂级数**，其中 $a_0,a_1,a_2,\cdots,a_n,\cdots$ 均是常数，它们为幂级数的系数.

下面着重讨论幂级数

$$\sum_{n=0}^{\infty}a_nx^n=a_0+a_1x+a_2x^2+\cdots+a_nx^n+\cdots \quad (8.2)$$

的收敛性. 因为只要令 $t=x-x_0$，便可将(8.1)式化为(8.2)式的情形.

显然，幂级数(8.2)在 $x=0$ 处总是收敛的，除此之外，它还在哪些点收敛呢?

对于幂级数 $\sum_{n=0}^{\infty}a_nx^n$，设 $R=\lim_{n\to\infty}\left|\dfrac{a_n}{a_{n+1}}\right|$，我们称 R 为幂级数 $\sum_{n=0}^{\infty}a_nx^n$ 的**收敛半径**.

定理 8.5 若幂级数 $\sum_{n=0}^{\infty}a_nx^n$ 的收敛半径为 R，则幂级数在开区间 $(-R,R)$ 内收敛，而在 $(-\infty,-R)\cup(R,+\infty)$ 内发散.

对于上述定理，作下列两点说明：

(1) 当 $R=+\infty$ 时，幂级数在 $(-\infty,+\infty)$ 内收敛，当 $R=0$ 时，则幂级数仅在 $x=0$ 处收敛.

(2) 幂级数在区间 $(-R,R)$ 的端点处可能收敛也可能发散，需另行确定.

若幂级数在某个区间收敛，则该区间叫作幂级数的**收敛区间**.

例 1 求幂级数 $\sum_{n=1}^{\infty}\dfrac{(-1)^nx^n}{2n}$ 的收敛半径与收敛区间.

解 幂级数的收敛半径

$$R=\lim_{n\to\infty}\left|\frac{a_n}{a_{n+1}}\right|=\lim_{n\to\infty}\left|\frac{\frac{(-1)^n}{2n}}{\frac{(-1)^{n+1}}{2(n+1)}}\right|=\lim_{n\to\infty}\frac{n+1}{n}=1,$$

则幂级数在区间$(-1,1)$内收敛.

当 $x=1$ 时,幂级数为收敛的交错级数 $\sum\limits_{n=1}^{\infty}(-1)^n\frac{1}{2n}$;

当 $x=-1$ 时,幂级数为正项级数 $\sum\limits_{n=1}^{\infty}\frac{1}{2n}$,它是发散的.

因此该幂级数的收敛区间为$(-1,1]$.

例 2 求幂级数 $\sum\limits_{n=0}^{\infty}n!x^n$ 的收敛半径.

解 由

$$R=\lim_{n\to\infty}\left|\frac{a_n}{a_{n+1}}\right|=\lim_{n\to\infty}\frac{n!}{(n+1)!}=\lim_{n\to\infty}\frac{1}{n+1}=0$$

可知,该幂级数的收敛半径 $R=0$,即该幂级数仅在 $x=0$ 处收敛.

例 3 求幂级数 $\sum\limits_{n=1}^{\infty}\frac{(-1)^n(x-1)^n}{3^n\cdot n^2}$ 的收敛区间.

解 令 $t=x-1$,则上述级数变为 $\sum\limits_{n=1}^{\infty}\frac{(-1)^nt^n}{3^n\cdot n^2}$,该级数的收敛半径

$$R=\lim_{n\to\infty}\left|\frac{a_n}{a_{n+1}}\right|=\lim_{n\to\infty}\frac{3^{n+1}\cdot(n+1)^2}{3^n\cdot n^2}=3.$$

当 $t=3$ 时,幂级数为收敛的交错级数 $\sum\limits_{n=1}^{\infty}(-1)^n\frac{1}{n^2}$;当 $t=-3$ 时,幂级数为 p 级数 $\sum\limits_{n=1}^{\infty}\frac{1}{n^2}$,故收敛.

因此,当 $-3\leqslant t\leqslant 3$ 时,幂级数 $\sum\limits_{n=1}^{\infty}\frac{(-1)^nt^n}{3^n\cdot n^2}$ 收敛.而 $x=t+1$,所以原级数在 $-2\leqslant x\leqslant 4$ 时收敛,即所求收敛区间为$[-2,4]$.

三、幂级数的运算

1. 加法、减法和乘法

设幂级数 $\sum\limits_{n=0}^{\infty}a_nx^n$, $\sum\limits_{n=0}^{\infty}b_nx^n$ 的收敛半径分别为 R_1,R_2,和函数分别为 $s_1(x),s_2(x)$,记 $R=\min(R_1,R_2)$,那么

(1) $\sum\limits_{n=0}^{\infty}a_nx^n\pm\sum\limits_{n=0}^{\infty}b_nx^n=\sum\limits_{n=0}^{\infty}(a_n\pm b_n)x^n=s_1(x)\pm s_2(x)$;

(2) $\left(\sum\limits_{n=0}^{\infty}a_nx^n\right)\cdot\left(\sum\limits_{n=0}^{\infty}b_nx^n\right)$

$$\begin{aligned}&=(a_0+a_1x^1+a_2x^2+\cdots+a_nx^n+\cdots)\cdot(b_0+b_1x^1+b_2x^2+\cdots+b_nx^n+\cdots)\\&=a_0b_0+(a_0b_1+a_1b_0)x+(a_0b_2+a_1b_1+a_2b_0)x^2+\cdots+\\&\quad(a_0b_n+a_1b_{n-1}+\cdots+a_nb_0)x^n+\cdots\\&=s_1(x)\cdot s_2(x).\end{aligned}$$

此时所得幂级数的收敛半径均为 R.

2. 逐项求导、逐项积分

设幂级数$\sum_{n=0}^{\infty}a_nx^n$的收敛半径为$R$，和函数为$s(x)$，$x$为开区间$(-R,R)$内任意一点，则

(1) 和函数$s(x)$在点x处可导，且

$$s'(x)=\left(\sum_{n=0}^{\infty}a_nx^n\right)'=\sum_{n=1}^{\infty}(a_nx^n)'=\sum_{n=1}^{\infty}na_nx^{n-1}.$$

(2) 和函数在区间$(0,x)$上可积，且

$$\int_0^x s(t)\mathrm{d}t=\int_0^x\left(\sum_{n=0}^{\infty}a_nt^n\right)\mathrm{d}t=\sum_{n=0}^{\infty}\int_0^x(a_nt^n)\mathrm{d}t=\sum_{n=0}^{\infty}\frac{a_n}{n+1}x^{n+1}.$$

此时所得幂级数的收敛半径均为R，但在区间端点处的收敛性可能改变.

例4 已知

$$\frac{1}{1-x}=1+x+x^2+\cdots+x^n+\cdots,x\in(-1,1),$$

分别求函数$\frac{1}{(1-x)^2}$和$\ln\frac{1}{1-x}$关于x的幂级数.

解 运用幂级数逐项求导和逐项积分的运算可得

$$\frac{1}{(1-x)^2}=\left(\frac{1}{1-x}\right)'=\left(\sum_{n=0}^{\infty}x^n\right)'=\sum_{n=1}^{\infty}(x^n)'=\sum_{n=1}^{\infty}nx^{n-1},$$

逐项求导后所得幂级数的收敛半径仍为$R=1$. 当$x=\pm1$时，幂级数$\sum_{n=1}^{\infty}nx^{n-1}$的通项$nx^{n-1}$不趋于$0(n\to\infty)$，则此时幂级数发散. 所以

$$\frac{1}{(1-x)^2}=\sum_{n=1}^{\infty}nx^{n-1}=1+2x+3x^2+\cdots+nx^{n-1}+\cdots,x\in(-1,1).$$

又在幂级数$\frac{1}{1-t}=\sum_{n=0}^{\infty}t^n$两端从0到$x$积分，得

$$\ln\frac{1}{1-x}=\int_0^x\frac{1}{1-t}\mathrm{d}t=\int_0^x\left(\sum_{n=0}^{\infty}t^n\right)\mathrm{d}t=\sum_{n=0}^{\infty}\int_0^x t^n\mathrm{d}t=\sum_{n=0}^{\infty}\frac{1}{n+1}x^{n+1}.$$

逐项积分后所得幂级数的收敛半径$R=1$，且当$x=1$时，幂级数发散；$x=-1$时，幂级数收敛. 所以

$$\ln\frac{1}{1-x}=\sum_{n=0}^{\infty}\frac{1}{n+1}x^{n+1}=x+\frac{x^2}{2}+\frac{x^3}{3}+\cdots+\frac{x^{n+1}}{n+1}+\cdots,x\in[-1,1).$$

从这个例子可看到：对一个和函数已知的幂级数，通过逐项求导或逐项积分可间接地求得其他幂级数的和函数.

四、将函数展开成幂级数

前面我们讨论了幂级数的收敛性及其和函数，例如，幂级数$\sum_{n=0}^{\infty}x^n=1+x+x^2+\cdots+x^n+\cdots$在收敛区间$(-1,1)$内的和函数是$\frac{1}{1-x}$，即

$$1+x+x^2+\cdots+x^n+\cdots=\frac{1}{1-x},x\in(-1,1).$$

但在实际问题中，往往会遇到与其相反的问题：将一个已知函数用幂级数来表示，即将一个已知函数展开成幂级数.

1. 麦克劳林级数

若函数 $f(x)$ 在 $x=x_0$ 的某个邻域内有任意阶导数，则级数

$$f(x_0)+f'(x_0)(x-x_0)+\frac{f''(x_0)}{2!}(x-x_0)^2+\cdots+\frac{f^{(n)}(x_0)}{n!}(x-x_0)^n+\cdots$$

叫作函数 $f(x)$ 在 $x=x_0$ 处的**泰勒级数**.

特别地，当 $x_0=0$ 时，上式化为

$$f(0)+f'(0)x+\frac{f''(0)}{2!}x^2+\cdots+\frac{f^{(n)}(0)}{n!}x^n+\cdots,$$

该级数叫作 $f(x)$ 的**麦克劳林级数**.

显然，只要函数 $f(x)$ 在 $x=x_0$ 处有任意阶导数，那么我们就可以从形式上写出函数 $f(x)$ 在 $x=x_0$ 处的泰勒级数，但是这个级数的和函数是否就是 $f(x)$ 呢？为了回答这个问题，我们先给出下面的公式.

设 $f(x)$ 在 $x=x_0$ 的某邻域内具有直到 $(n+1)$ 阶的导数，则在该邻域内任一点 x 处，有

$$f(x)=f(x_0)+f'(x_0)(x-x_0)+\frac{f''(x_0)}{2!}(x-x_0)^2+\cdots+\frac{f^{(n)}(x_0)}{n!}(x-x_0)^n+R_n(x). \tag{8.3}$$

等式(8.3)叫作 $f(x)$ 在 $x=x_0$ 处的**泰勒公式**. 其中

$$R_n(x)=\frac{f^{(n+1)}(\xi)}{(n+1)!}(x-x_0)^{n+1}(\xi\text{ 在 }x_0\text{ 与 }x\text{ 之间}),$$

叫作**余项**.

再设 $s_{n+1}(x)$ 是 $f(x)$ 在 $x=x_0$ 处的泰勒级数的前 $n+1$ 项之和，即

$$s_{n+1}(x)=f(x_0)+f'(x_0)(x-x_0)+\frac{f''(x_0)}{2!}(x-x_0)^2+\cdots+\frac{f^{(n)}(x_0)}{n!}(x-x_0)^n,$$

则由泰勒公式(8.3)可得

$$f(x)-s_{n+1}(x)=R_n(x).$$

如果 $\lim\limits_{n\to\infty}R_n(x)=0$，那么

$$\lim_{n\to\infty}[f(x)-s_{n+1}(x)]=\lim_{n\to\infty}R_n(x)=0.$$

即

$$\lim_{n\to\infty}s_{n+1}(x)=f(x).$$

这表明 $f(x)$ 在 $x=x_0$ 处的泰勒级数是收敛的，且它的和函数就是 $f(x)$. 此时，我们也说 $f(x)$ 在 $x=x_0$ 处的泰勒级数收敛于 $f(x)$.

综上所述，我们得到下面的重要结论：

设 $f(x)$ 在 $x=x_0$ 处的某邻域内具有任意阶导数，且 $\lim\limits_{n\to\infty}R_n(x)=0$，则在该邻域内，$f(x)$ 在 $x=x_0$ 处的泰勒级数收敛于 $f(x)$，即

$$f(x)=f(x_0)+f'(x_0)(x-x_0)+\frac{f''(x_0)}{2!}(x-x_0)^2+\cdots+\frac{f^{(n)}(x_0)}{n!}(x-x_0)^n+\cdots.$$

上面等式的右端叫作 $f(x)$ 在 $x=x_0$ 处的**泰勒展开式**(或**幂级数展开式**).

说明 上述展开式是唯一的.事实上，假设 $f(x)$ 可以表示为幂级数，即

$$f(x)=\sum_{n=0}^{\infty}a_n(x-x_0)^n=a_0+a_1(x-x_0)+a_2(x-x_0)^2+\cdots+a_n(x-x_0)^n+\cdots,$$

那么，根据幂级数在收敛域内可逐项求导的性质，再令 $x=x_0$(幂级数显然在 $x=x_0$ 处收敛)，就容易得到

$$a_0=f(x_0),a_1=f'(x_0),a_2=\frac{f''(x_0)}{2!},\cdots,a_n=\frac{f^{(n)}(x_0)}{n!},\cdots.$$

2. 将函数展开成幂级数的方法

在实际应用中，重点讨论将已知函数 $f(x)$ 展开成麦克劳林级数(即展开成 x 的幂级数)，即

$$f(x)=f(0)+f'(0)x+\frac{f''(0)}{2!}x^2+\cdots+\frac{f^{(n)}(0)}{n!}x^n+\cdots.$$

将函数展开成幂级数的方法通常有两种：直接展开法和间接展开法.

(1) 直接展开法.

直接展开法可以按照下列步骤进行：

第一步，求出 $f(x)$ 的各阶导数：$f'(x),f''(x),\cdots,f^{(n)}(x),\cdots$，并计算出它们在 $x_0=0$ 处的值：$f'(0),f''(0),\cdots,f^{(n)}(0),\cdots$.

第二步，写出 $f(x)$ 的麦克劳林级数：$f(0)+f'(0)x+\frac{f''(0)}{2!}x^2+\cdots+\frac{f^{(n)}(0)}{n!}x^n+\cdots$，并求出该级数的收敛区间；

第三步，讨论在收敛区间内余项 $R_n(x)$ 的极限

$$\lim_{n\to\infty}R_n(x)=\lim_{n\to\infty}\frac{f^{(n+1)}(\xi)}{(n+1)!}x^{n+1}(\xi\text{ 在 }0\text{ 与 }x\text{ 之间})$$

是否为零.如果 $\lim\limits_{n\to\infty}R_n(x)=0$，那么 $f(x)$ 的麦克劳林级数就是 $f(x)$ 的幂级数展开式，即

$$f(x)=f(0)+f'(0)x+\frac{f''(0)}{2!}x^2+\cdots+\frac{f^{(n)}(0)}{n!}x^n+\cdots(x\text{ 在收敛区间内}).$$

说明 因为计算 $\lim\limits_{n\to\infty}R_n(x)$ 比较困难，且一般都有 $\lim\limits_{n\to\infty}R_n(x)=0$，所以我们通常将计算 $\lim\limits_{n\to\infty}R_n(x)$ 的具体过程省略掉.

例 5 将函数 $f(x)=\mathrm{e}^x$ 展开成麦克劳林级数.

解 因为 $f^{(n)}(x)=\mathrm{e}^x(n=1,2,3,\cdots)$，所以 $f^{(n)}(0)=1(n=1,2,3,\cdots)$，则函数 $f(x)=\mathrm{e}^x$ 的麦克劳林级数为

$$1+x+\frac{x^2}{2!}+\cdots+\frac{x^n}{n!}+\cdots,$$

其收敛区间为$(-\infty,+\infty)$，且$\lim\limits_{n\to\infty}R_n(x)=0$. 所以函数$f(x)=e^x$可以展开成麦克劳林级数，即

$$e^x=\sum_{n=0}^{\infty}\frac{x^n}{n!}=1+x+\frac{x^2}{2!}+\cdots+\frac{x^n}{n!}+\cdots, x\in(-\infty,+\infty).$$

例 6 将函数$f(x)=\sin x$展开成麦克劳林级数.

解 因为

$$f^{(n)}(x)=\sin\left(x+\frac{n\pi}{2}\right)\ (n=1,2,3,\cdots),$$

令$x=0$，得

$$f^{(2n)}(0)=0, f^{(2n-1)}(0)=(-1)^{n+1}(n=1,2,3,\cdots),$$

则函数$f(x)=\sin x$的麦克劳林级数为

$$x-\frac{x^3}{3!}+\frac{x^5}{5!}-\cdots+\frac{(-1)^n}{(2n+1)!}x^{2n+1}+\cdots,$$

其收敛区间为$(-\infty,+\infty)$，且$\lim\limits_{n\to\infty}R_n(x)=0$. 所以函数$f(x)=\sin x$可以展开成麦克劳林级数，即

$$\sin x=\sum_{n=0}^{\infty}\frac{(-1)^n}{(2n+1)!}x^{2n+1}=x-\frac{x^3}{3!}+\frac{x^5}{5!}-\cdots+\frac{(-1)^n}{(2n+1)!}x^{2n+1}+\cdots, x\in(-\infty,+\infty).$$

可以看出，用直接展开法将函数展开成幂级数是相当困难的. 一方面求函数的n阶导数比较困难；另一方面证明$\lim\limits_{n\to\infty}R_n(x)=0$也十分困难.

(2) 间接展开法.

间接展开法就是利用一些已知函数的幂级数展开式以及幂级数的运算、变量代换等方法将函数展开成幂级数.

例 7 将函数$f(x)=\cos x$展开成x的幂级数.

解 利用例 6 的结果，再由幂级数逐项求导的运算可得

$$\cos x=(\sin x)'=\left[\sum_{n=0}^{\infty}\frac{(-1)^n}{(2n+1)!}x^{2n+1}\right]'=\sum_{n=0}^{\infty}\left[\frac{(-1)^n}{(2n+1)!}x^{2n+1}\right]'$$

$$=\sum_{n=0}^{\infty}\frac{(-1)^n}{(2n)!}x^{2n}=1-\frac{x^2}{2!}+\frac{x^4}{4!}-\cdots+\frac{(-1)^n}{(2n)!}x^{2n}+\cdots, x\in(-\infty,+\infty).$$

例 8 将函数$f(x)=\ln(1+x)$展开成x的幂级数.

解 因为

$$\frac{1}{1-x}=1+x+x^2+\cdots+x^n+\cdots(-1<x<1)$$

令$x=-t$，得

$$\frac{1}{1+t}=1-t+t^2-\cdots+(-1)^nt^n+\cdots(-1<t<1).$$

由幂级数逐项积分的性质，可得

$$\ln(1+x)=\int_0^x\frac{1}{1+t}dt=\int_0^x\left[\sum_{n=0}^{\infty}(-1)^nt^n\right]dt=\sum_{n=0}^{\infty}\int_0^x(-1)^nt^n dt$$

$$=\sum_{n=0}^{\infty}\frac{(-1)^n}{n+1}x^{n+1}=x-\frac{x^2}{2}+\frac{x^3}{3}-\cdots+\frac{(-1)^n}{n+1}x^{n+1}+\cdots,$$

且幂级数逐项积分后收敛半径不变，所以，上式右端级数的收敛半径仍为 $R=1$. 而当 $x=-1$ 时，级数发散；当 $x=1$ 时，级数收敛. 则该级数的收敛区间为 $(-1,1]$，即

$$\ln(1+x)=\sum_{n=0}^{\infty}\frac{(-1)^n}{n+1}x^{n+1}=x-\frac{x^2}{2}+\frac{x^3}{3}-\cdots+\frac{(-1)^n}{n+1}x^{n+1}+\cdots,x\in(-1,1].$$

例 9 将函数 $f(x)=\dfrac{1}{1-x}$ 展开成 $(x+1)$ 的幂级数.

解 设 $x+1=t$，即 $x=-1+t$，则

$$\begin{aligned}\frac{1}{1-x}&=\frac{1}{2-t}=\frac{1}{2}\cdot\frac{1}{1-\frac{t}{2}}\\&=\frac{1}{2}\left[1+\frac{t}{2}+\left(\frac{t}{2}\right)^2+\cdots+\left(\frac{t}{2}\right)^n+\cdots\right]\\&=\frac{1}{2}\sum_{n=0}^{\infty}\left(\frac{t}{2}\right)^n(-2<t<2).\end{aligned}$$

从而

$$\frac{1}{1-x}=\frac{1}{2}\sum_{n=0}^{\infty}\left(\frac{x+1}{2}\right)^n=\sum_{n=0}^{\infty}\frac{1}{2^{n+1}}(x+1)^n(-3<x<1).$$

由上面几个例题可以看出，使用间接展开法将函数展开成幂级数，必须熟悉一些常用函数的幂级数展开式. 为了方便读者查用，我们将几个常用函数的幂级数展开式归纳如下：

$$\mathrm{e}^x=\sum_{n=0}^{\infty}\frac{x^n}{n!}=1+x+\frac{x^2}{2!}+\cdots+\frac{x^n}{n!}+\cdots,x\in(-\infty,+\infty),$$

$$\begin{aligned}\ln(1+x)&=\sum_{n=0}^{\infty}\frac{(-1)^n}{n+1}x^{n+1}\\&=x-\frac{x^2}{2}+\frac{x^3}{3}-\cdots+\frac{(-1)^n}{n+1}x^{n+1}+\cdots,x\in(-1,1],\end{aligned}$$

$$\begin{aligned}\sin x&=\sum_{n=0}^{\infty}\frac{(-1)^n}{(2n+1)!}x^{2n+1}\\&=x-\frac{x^3}{3!}+\frac{x^5}{5!}-\cdots+\frac{(-1)^n}{(2n+1)!}x^{2n+1}+\cdots,x\in(-\infty,+\infty),\end{aligned}$$

$$\begin{aligned}\cos x&=\sum_{n=0}^{\infty}\frac{(-1)^n}{(2n)!}x^{2n}\\&=1-\frac{x^2}{2!}+\frac{x^4}{4!}-\cdots+\frac{(-1)^n}{(2n)!}x^{2n}+\cdots,x\in(-\infty,+\infty),\end{aligned}$$

$$\begin{aligned}(1+x)^\alpha&=1+\alpha x+\frac{\alpha(\alpha-1)}{2!}x^2+\cdots+\\&\quad\frac{\alpha(\alpha-1)\cdots(\alpha-n+1)}{n!}x^n+\cdots,x\in(-1,1).\end{aligned}$$

最后一个式子称为二项展开式，其端点的收敛性与 α 的取值有关. 当 $\alpha\leqslant-1$ 时，收敛区间为 $(-1,1)$；当 $-1<\alpha<0$ 时，收敛区间为 $(-1,1]$；当 $\alpha>0$ 时，收敛区间为 $[-1,1]$.

习题 8.3

1. 设幂级数$\sum_{n=0}^{\infty}a_nx^n$满足$\lim_{n\to\infty}\left|\frac{a_{n+1}}{a_n}\right|=\frac{1}{2}$,则其收敛半径$R=$______.

2. 设$\lim_{n\to\infty}\left|\frac{a_n}{a_{n+1}}\right|=3$,则幂级数$\sum_{n=0}^{\infty}a_nx^n$在开区间______内是收敛的.

3. 当$t\in(-1,1)$时,$1+t+t^2+\cdots+t^n+\cdots=$______.

4. 当$x\in(-1,1)$时,$1-x+x^2-\cdots+(-1)^nx^n+\cdots=$______.

5. 要将$f(x)=\frac{1}{x}$展开成$(x-3)$的幂级数,可以令$t=x-3$,得$\frac{1}{x}=\frac{1}{3+t}=$______,再利用$\frac{1}{1+x}$的展开式将$f(x)=\frac{1}{x}$展开成$(x-3)$的幂级数.

6. 求下列幂级数的收敛区间:

(1) $\sum_{n=0}^{\infty}2^nx^n$;

(2) $\sum_{n=1}^{\infty}\frac{x^n}{(3n-1)(3n)}$;

(3) $\sum_{n=1}^{\infty}\frac{(x-2)^n}{n}$.

7. 用间接展开法将下列函数展开成x的幂级数,并确定其收敛区间:

(1) $f(x)=\sin x\cos x$;

(2) $f(x)=\frac{1}{3-x}$.

§8.4 傅里叶级数

本节将讨论如何将函数展开成傅里叶级数,傅里叶级数是研究周期函数的一个重要工具.

一、谐波分析

形如

$$\frac{a_0}{2}+\sum_{n=1}^{\infty}(a_n\cos nx+b_n\sin nx)$$

的级数叫作**三角级数**,其中 $a_0,a_n,b_n(n=1,2,3,\cdots)$ 均为常数,它们是该三角级数的系数.

在电工技术等学科中,经常要用到这种三角级数,并会遇到这样一类问题:电路中的电流(或信号)既不是直流,也不是正弦交流,而是非正弦周期电流(或信号),并且要将一个非正弦周期电流(或信号)分解成一系列不同周期的正弦电流(或信号),也可以认为要将一系列不同周期的正弦电流(或信号)合成为一个非正弦周期电流(或信号).从数学的角度来看,就是要将一系列不同周期的正弦型函数 $A_n\sin(n\omega x+\varphi_n)(n=0,1,2,3,\cdots)$ 合成为一个非正弦周期函数 $f(x)$,即

$$\begin{aligned}f(x)&=\sum_{n=0}^{\infty}A_n\sin(n\omega x+\varphi_n)\\&=A_0\sin\varphi_0+A_1\sin(\omega x+\varphi_1)+A_2\sin(2\omega x+\varphi_2)+\cdots.\end{aligned}\tag{8.4}$$

这就是电工技术中的谐波分析,它已经在实际中得到了广泛的应用.例如,在电工技术中,半波整流电路输出的信号(半波,图 8.1)、示波器内的水平扫描电压(锯齿波,图 8.2)、计算机内的脉冲信号(方波,图 8.3)、由一系列不同周期的正弦波叠加形成方波的原理(图 8.4).

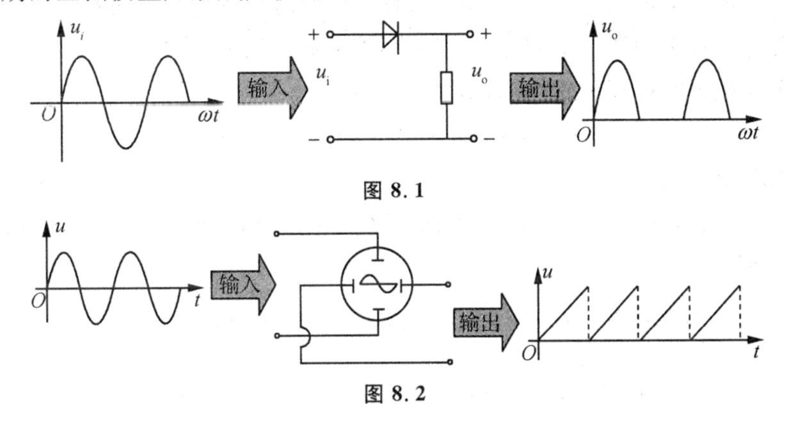

图 8.1

图 8.2

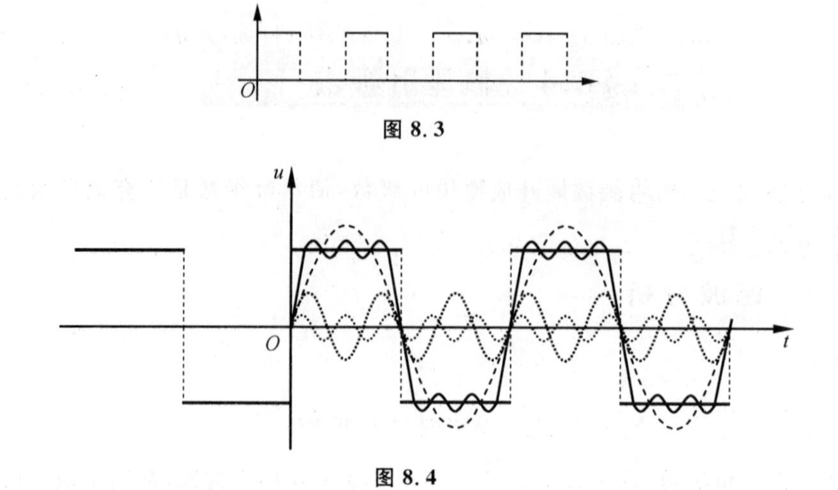

图 8.3

图 8.4

二、傅里叶级数的概念及其收敛定理

下面我们将函数项级数 $\sum_{n=0}^{\infty} A_n \sin(n\omega x+\varphi_n)$ 转化为三角级数 $\frac{a_0}{2}+\sum_{n=1}^{\infty}(a_n\cos nx+b_n\sin nx)$. 由三角公式知

$$A_n\sin(n\omega x+\varphi_n)=A_n(\sin n\omega x\cos\varphi_n+\cos n\omega x\sin\varphi_n)$$
$$=A_n\sin\varphi_n\cos n\omega x+A_n\cos\varphi_n\sin n\omega x,$$

令 $a_n=A_n\sin\varphi_n, b_n=A_n\cos\varphi_n(n=1,2,3,\cdots)$，且取 $A_0=\frac{a_0}{2}, \varphi_0=\frac{\pi}{2}, \omega=1$，则

$$\sum_{n=0}^{\infty}A_n\sin(n\omega x+\varphi_n)=\frac{a_0}{2}+\sum_{n=1}^{\infty}(a_n\cos nx+b_n\sin nx).$$

于是，(8.4) 式就变为

$$f(x)=\sum_{n=0}^{\infty}A_n\sin(n\omega x+\varphi_n)=\frac{a_0}{2}+\sum_{n=1}^{\infty}(a_n\cos nx+b_n\sin nx). \quad (8.5)$$

要从理论上说明等式(8.5) 成立，我们必须解决下列三个问题.

首先要解决的第一个问题是：三角函数系的正交性.

由定积分的计算不难证明，对于三角函数系

$$1,\cos x,\sin x,\cos 2x,\sin 2x,\cdots,\cos nx,\sin nx,\cdots,$$

有下列两个性质：

(1) 三角函数系中任何两个不同函数的乘积在区间 $[-\pi,\pi]$ 上的积分都等于 0. 即

$$\int_{-\pi}^{\pi}\cos nx\,\mathrm{d}x=0, \int_{-\pi}^{\pi}\sin nx\,\mathrm{d}x=0(n=1,2,3,\cdots),$$

$$\int_{-\pi}^{\pi}\sin mx\cos nx\,\mathrm{d}x=0(m,n=1,2,3,\cdots),$$

$$\int_{-\pi}^{\pi}\cos mx\cos nx\,\mathrm{d}x=0(m,n=1,2,3,\cdots,\text{且 } m\neq n),$$

$$\int_{-\pi}^{\pi} \sin mx \sin nx \, dx = 0 (m, n = 1, 2, 3, \cdots, \text{且 } m \neq n).$$

(2) 三角函数系中任何一个函数的平方在区间$[-\pi, \pi]$上的积分都不等于0,且

$$\int_{-\pi}^{\pi} 1^2 dx = 2\pi, \int_{-\pi}^{\pi} \cos^2 nx \, dx = \pi, \int_{-\pi}^{\pi} \sin^2 nx \, dx = \pi (n = 1, 2, 3, \cdots).$$

这两个性质就是三角函数系的正交性.

以上八个等式,读者可以任意选取一个进行验证.

我们再来解决第二个问题:计算出(8.5)式中的三角级数的系数a_0,a_n,b_n.

假设以2π为周期的函数$f(x)$能够展开成三角级数,即

$$f(x) = \frac{a_0}{2} + \sum_{n=1}^{\infty} (a_n \cos nx + b_n \sin nx), \tag{8.6}$$

并且可以逐项积分,那么可以利用三角函数系的正交性求出a_0,a_n,b_n.

对(8.6)式两端在区间$[-\pi, \pi]$上积分,得

$$\int_{-\pi}^{\pi} f(x) dx = \int_{-\pi}^{\pi} \frac{a_0}{2} dx + \sum_{n=1}^{\infty} \left(\int_{-\pi}^{\pi} a_n \cos nx \, dx + \int_{-\pi}^{\pi} b_n \sin nx \, dx \right),$$

由三角函数系的正交性,得

$$\int_{-\pi}^{\pi} f(x) dx = \int_{-\pi}^{\pi} \frac{a_0}{2} dx = a_0 \pi,$$

即

$$a_0 = \frac{1}{\pi} \int_{-\pi}^{\pi} f(x) dx.$$

为了求出系数a_n,用$\cos kx$乘以(8.6)式两端(k为正整数),并在$[-\pi, \pi]$上积分,得

$$\int_{-\pi}^{\pi} f(x) \cos kx \, dx = \frac{a_0}{2} \int_{-\pi}^{\pi} \cos kx \, dx + \sum_{n=1}^{\infty} \left(a_n \int_{-\pi}^{\pi} \cos nx \cos kx \, dx + b_n \int_{-\pi}^{\pi} \sin nx \cos kx \, dx \right).$$

由三角函数系的正交性,上式右边除了以a_k为系数的那一项外,其余各项均为零,可得

$$\int_{-\pi}^{\pi} f(x) \cos kx \, dx = a_k \int_{-\pi}^{\pi} \cos^2 kx \, dx = a_k \pi (n = 1, 2, 3, \cdots).$$

即

$$a_k = \frac{1}{\pi} \int_{-\pi}^{\pi} f(x) \cos kx \, dx (k = 1, 2, 3, \cdots).$$

也即

$$a_n = \frac{1}{\pi} \int_{-\pi}^{\pi} f(x) \cos nx \, dx (n = 1, 2, 3, \cdots).$$

同理,用$\sin kx$乘以(8.6)式的两端,并在$[-\pi, \pi]$上积分,可得

$$b_n = \frac{1}{\pi} \int_{-\pi}^{\pi} f(x) \sin nx \, dx (n = 1, 2, 3, \cdots).$$

综上所述,我们得到下列公式:

若 $f(x)$ 是以 2π 为周期且在 $[-\pi,\pi]$ 上可积的已知函数，则

$$a_0=\frac{1}{\pi}\int_{-\pi}^{\pi}f(x)\mathrm{d}x,$$

$$a_n=\frac{1}{\pi}\int_{-\pi}^{\pi}f(x)\cos nx\,\mathrm{d}x\ (n=1,2,3,\cdots),$$

$$b_n=\frac{1}{\pi}\int_{-\pi}^{\pi}f(x)\sin nx\,\mathrm{d}x\ (n=1,2,3,\cdots).$$

由上面公式计算出的 a_0,a_n,b_n 称为函数 $f(x)$ 的**傅里叶系数**，由 $f(x)$ 的傅里叶系数得到的三角级数

$$\frac{a_0}{2}+\sum_{n=1}^{\infty}(a_n\cos nx+b_n\sin nx)$$

称为 $f(x)$ 的**傅里叶级数**.

最后我们要解决第三个问题：$f(x)$ 的傅里叶级数在什么条件下收敛于 $f(x)$？即在什么条件下，$f(x)=\frac{a_0}{2}+\sum_{n=1}^{\infty}(a_n\cos nx+b_n\sin nx)$.

我们有下面的收敛定理：

定理 8.6(狄利克雷定理)　设 $f(x)$ 是周期为 2π 的周期函数，如果它在一个周期内连续或只有有限个第一类间断点①，并且至多只有有限个极值点，则 $f(x)$ 的傅里叶级数收敛，并且

(1) 当 x 是 $f(x)$ 的连续点时，级数收敛于 $f(x)$，即

$$f(x)=\frac{a_0}{2}+\sum_{n=1}^{\infty}(a_n\cos nx+b_n\sin nx);$$

(2) 当 x 是 $f(x)$ 的间断点时，级数收敛于 $\frac{1}{2}[f(x-0)+f(x+0)]$.

其中 $f(x-0)$ 和 $f(x+0)$ 分别表示 $f(x)$ 在 x 处的左极限和右极限.

说明　对于定理 8.6 中所要求的条件，一般的初等函数和分段函数都能满足，这就保证了傅里叶级数有着广泛的应用性.

▶▶三、将周期为 2π 的函数展开成傅里叶级数

由以上讨论归纳出，将周期为 2π 的函数 $f(x)$ 展开成傅里叶级数的一般步骤：

第一步，按照公式

$$a_0=\frac{1}{\pi}\int_{-\pi}^{\pi}f(x)\mathrm{d}x,$$

$$a_n=\frac{1}{\pi}\int_{-\pi}^{\pi}f(x)\cos nx\,\mathrm{d}x\ (n=1,2,3,\cdots),$$

$$b_n=\frac{1}{\pi}\int_{-\pi}^{\pi}f(x)\sin nx\,\mathrm{d}x\ (n=1,2,3,\cdots),$$

计算出 $f(x)$ 的傅里叶系数 a_0,a_n,b_n；

第二步，将傅里叶系数 a_0,a_n,b_n 代入三角级数 $\frac{a_0}{2}+\sum_{n=1}^{\infty}(a_n\cos nx+$

$b_n \sin nx$) 中，便得到 $f(x)$ 的傅里叶级数；

第三步，根据收敛定理得出 $f(x)$ 的傅里叶级数收敛于 $f(x)$ 的结论.

例 1 设函数 $f(x)$ 是周期为 2π 的周期函数，它在 $(-\pi,\pi]$ 上的表达式为

$$f(x)=\begin{cases}1, & 0\leqslant x\leqslant \pi,\\ -1, & -\pi< x<0,\end{cases}$$

将其展开成傅里叶级数.

解 函数 $f(x)$ 的图形如图 8.2 所示.

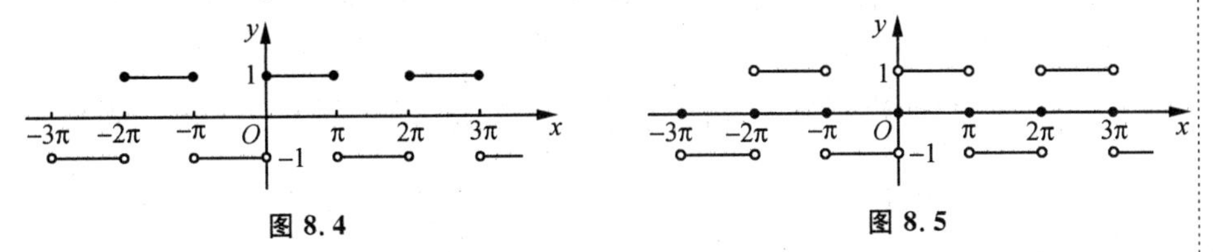

图 8.4　　图 8.5

先计算 $f(x)$ 的傅里叶系数：

$$a_0=\frac{1}{\pi}\int_{-\pi}^{\pi}f(x)\mathrm{d}x=\frac{1}{\pi}\left(-\int_{-\pi}^{0}\mathrm{d}x+\int_{0}^{\pi}\mathrm{d}x\right)=0,$$

$$a_n=\frac{1}{\pi}\int_{-\pi}^{\pi}f(x)\cos nx\,\mathrm{d}x=\frac{1}{\pi}\left(-\int_{-\pi}^{0}\cos nx\,\mathrm{d}x+\int_{0}^{\pi}\cos nx\,\mathrm{d}x\right)$$

$$=\frac{1}{\pi}\left[\left(-\frac{1}{n}\sin nx\right)\Big|_{-\pi}^{0}+\left(\frac{1}{n}\sin nx\right)\Big|_{0}^{\pi}\right]=0(n=1,2,\cdots),$$

$$b_n=\frac{1}{\pi}\int_{-\pi}^{\pi}f(x)\sin nx\,\mathrm{d}x=\frac{1}{\pi}\left(-\int_{-\pi}^{0}\sin nx\,\mathrm{d}x+\int_{0}^{\pi}\sin nx\,\mathrm{d}x\right)$$

$$=\frac{1}{\pi}\left[\left(\frac{1}{n}\cos nx\right)\Big|_{-\pi}^{0}-\left(\frac{1}{n}\cos nx\right)\Big|_{0}^{\pi}\right]$$

$$=\frac{2}{n\pi}[1-(-1)^n]=\begin{cases}\dfrac{4}{n\pi}, & n=1,3,5,\cdots,\\ 0, & n=2,4,6,\cdots.\end{cases}$$

再写出 $f(x)$ 的傅里叶级数

$$\sum_{n=1}^{\infty}\frac{2}{n\pi}[1-(-1)^n]\sin nx=\frac{4}{\pi}\left[\sin x+\frac{1}{3}\sin 3x+\cdots+\frac{1}{2n-1}\sin(2n-1)x+\cdots\right].$$

显然，$f(x)$ 满足收敛定理的条件. 则由收敛定理可知，当 $x\neq k\pi(k=0,\pm1,\pm2,\cdots)$ 时，$f(x)$ 的傅里叶级数收敛于 $f(x)$，即

$$f(x)=\frac{4}{\pi}\left[\sin x+\frac{1}{3}\sin 3x+\cdots+\frac{1}{2n-1}\sin(2n-1)x+\cdots\right].$$

当 $x=k\pi(k=0,\pm1,\pm2,\cdots)$ 时，$f(x)$ 的傅里叶级数收敛于 $\frac{1}{2}[f(x-0)+f(x+0)]=0$，并且 $f(x)$ 的傅里叶级数的和函数的图形如图 8.5 所示. 请读者注意它与图 8.4 的差别.

例 2 设函数 $f(x)$ 是周期为 2π 的周期函数，它在 $(-\pi,\pi]$ 上的表达式为

$$f(x)=\begin{cases}x, & 0\leqslant x\leqslant \pi,\\ 0, & -\pi< x<0,\end{cases}$$

将 $f(x)$ 展开成傅里叶级数.

解　函数 $f(x)$ 的图形如图 8.6 所示.

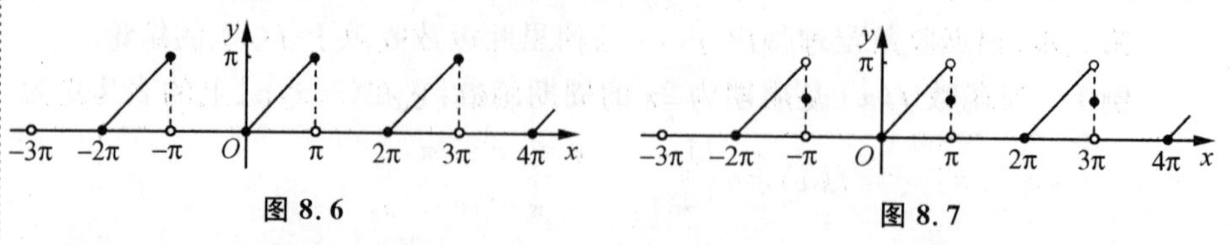

图 8.6　　图 8.7

先求出 $f(x)$ 的傅里叶系数：

$$a_0=\frac{1}{\pi}\int_{-\pi}^{\pi}f(x)\mathrm{d}x=\frac{1}{\pi}\int_0^{\pi}x\mathrm{d}x=\frac{\pi}{2},$$

$$a_n=\frac{1}{\pi}\int_{-\pi}^{\pi}f(x)\cos nx\mathrm{d}x=\frac{1}{\pi}\int_0^{\pi}x\cos nx\mathrm{d}x=\frac{1}{n\pi}\left[(x\sin nx)\Big|_0^{\pi}-\int_0^{\pi}\sin nx\mathrm{d}x\right]$$

$$=\frac{1}{n^2\pi}(\cos n\pi-1)=\frac{1}{n^2\pi}[(-1)^n-1]=\begin{cases}-\dfrac{2}{n^2\pi}, & n=1,3,5,\cdots,\\ 0, & n=2,4,6,\cdots.\end{cases}$$

$$b_n=\frac{1}{\pi}\int_{-\pi}^{\pi}f(x)\sin nx\mathrm{d}x=\frac{1}{\pi}\int_0^{\pi}x\sin nx\mathrm{d}x$$

$$=-\frac{1}{n\pi}\left[(x\cos nx)\Big|_0^{\pi}-\int_0^{\pi}\cos nx\mathrm{d}x\right]=-\frac{\cos n\pi}{n}=\frac{(-1)^{n+1}}{n}(n=1,2,3,\cdots).$$

则函数 $f(x)$ 的傅里叶级数为

$$\frac{\pi}{4}+\sum_{n=1}^{\infty}\left[\frac{1}{n^2\pi}((-1)^n-1)\cos nx+\frac{(-1)^{n+1}}{n}\sin nx\right].$$

显然，$f(x)$ 满足收敛定理的条件，则由收敛定理可知，该级数在 $f(x)$ 的连续点处收敛于 $f(x)$，即

$$f(x)=\frac{\pi}{4}+\sum_{n=1}^{\infty}\left\{\frac{1}{n^2\pi}[(-1)^n-1]\cos nx+\frac{(-1)^{n+1}}{n}\sin nx\right\},$$

$$x\in\mathbf{R},\text{且 }x\neq(2k+1)\pi,k=0,\pm1,\pm2,\cdots.$$

当 $x=(2k+1)\pi(k=0,\pm1,\pm2,\cdots)$ 时，级数收敛于 $\frac{1}{2}[f(x-0)+f(x+0)]=\frac{\pi}{2}$，且 $f(x)$ 的傅里叶级数的和函数图形如图 8.7 所示. 请读者注意它与图 8.6 的差别.

四、将定义在 $[0,\pi]$ 上的函数展开成正弦级数或余弦级数

1. 正弦级数和余弦级数

例 1 中所得的傅里叶级数具有一种特殊的形式，即展开式中只含有正弦项，这种级数叫作**正弦级数**；若展开式中只含有常数项和余弦项，则叫作**余弦级数**.

设以 2π 为周期的周期函数 $f(x)$ 在 $(-\pi,\pi)$ 内是奇函数，则在 $(-\pi,\pi)$ 内，$f(x)\cos nx$ 是奇函数，$f(x)\sin nx$ 是偶函数. 因此，$f(x)$ 的傅里叶系数为

$$a_0=\frac{1}{\pi}\int_{-\pi}^{\pi}f(x)\mathrm{d}x=0,$$

$$a_n = \frac{1}{\pi}\int_{-\pi}^{\pi} f(x)\cos nx\,\mathrm{d}x = 0(n = 1,2,3,\cdots),$$

$$b_n = \frac{1}{\pi}\int_{-\pi}^{\pi} f(x)\sin nx\,\mathrm{d}x = \frac{2}{\pi}\int_{0}^{\pi} f(x)\sin nx\,\mathrm{d}x(n = 1,2,3,\cdots).$$

于是 $f(x)$ 的傅里叶级数是正弦级数

$$\sum_{n=1}^{\infty} b_n \sin nx.$$

同理,若 $f(x)$ 是偶函数,则 $f(x)$ 的傅里叶系数为

$$a_0 = \frac{1}{\pi}\int_{-\pi}^{\pi} f(x)\,\mathrm{d}x = \frac{2}{\pi}\int_{0}^{\pi} f(x)\,\mathrm{d}x,$$

$$a_n = \frac{1}{\pi}\int_{-\pi}^{\pi} f(x)\cos nx\,\mathrm{d}x = \frac{2}{\pi}\int_{0}^{\pi} f(x)\cos nx\,\mathrm{d}x(n = 1,2,3,\cdots),$$

$$b_n = \frac{1}{\pi}\int_{-\pi}^{\pi} f(x)\sin nx\,\mathrm{d}x = 0(n = 1,2,3,\cdots).$$

此时的傅里叶级数是余弦级数

$$\frac{a_0}{2} + \sum_{n=1}^{\infty} a_n \cos nx.$$

例 3 设以 2π 为周期的周期函数 $f(x)$ 在$(-\pi,\pi]$上的表达式为

$$f(x) = \begin{cases} \pi - x, & 0 \leqslant x \leqslant \pi, \\ \pi + x, & -\pi < x < 0. \end{cases}$$

判断 $f(x)$ 的傅里叶级数是正弦级数还是余弦级数.

解 函数 $f(x)$ 的图形如图 8.8 所示.

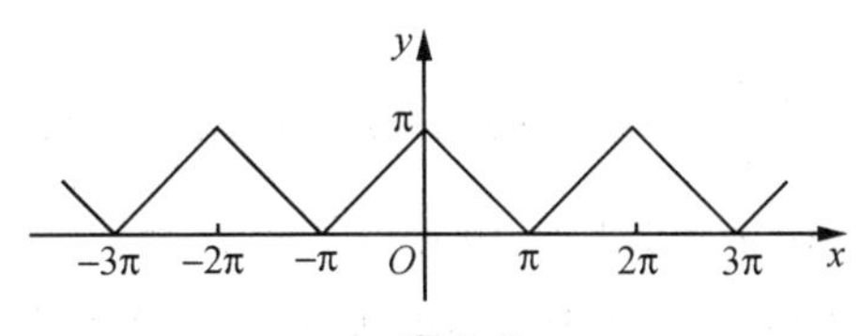

图 8.8

因为其图形关于 y 轴对称,即函数 $f(x)$ 是偶函数. 所以 $f(x)$ 的傅里叶级数是余弦级数.

读者可以自行将上例中的函数 $f(x)$ 展开成傅里叶级数.

2. 周期奇延拓和周期偶延拓

前面我们介绍了如何将以 2π 为周期的函数展开成傅里叶级数,下面讨论的是如何将定义在有限区间$[0,\pi]$上的函数展开成傅里叶级数.

设函数 $f(x)$ 并非周期函数,它只在区间$[0,\pi]$上有定义,我们设想有一个函数 $\varphi(x)$,它是定义在$(-\infty,+\infty)$上且以 2π 为周期的函数,而在$[0,\pi]$上,$\varphi(x) = f(x)$. 如果 $\varphi(x)$ 满足收敛定理的条件,那么 $\varphi(x)$ 在$(-\infty,+\infty)$上就可以展开成傅里叶级数. 当限定 x 在区间$[0,\pi]$上时,便得 $f(x)$ 在$[0,\pi]$上的傅里叶级数. 函数 $\varphi(x)$ 叫作 $f(x)$ 的**周期延拓函数**.

在实际应用中,下面两种周期延拓最为常用:

周期奇延拓 即先将定义在$[0,\pi]$上的函数 $f(x)$ 延拓到$(-\pi,0)$,使延

拓后的函数成为奇函数，然后再延拓为以 2π 为周期的函数(图 8.9).

周期偶延拓 即先将定义在$[0,\pi]$上的函数 $f(x)$ 延拓到$(-\pi,0)$，使延拓后的函数成为偶函数，然后再延拓为以 2π 为周期的函数(图 8.10).

显然，做周期奇延拓后的函数的傅里叶级数为正弦级数 $\sum\limits_{n=1}^{\infty}b_n\sin nx$，因为在$[0,\pi]$上，$\varphi(x)=f(x)$，所以其傅里叶系数计算公式为

$$a_0=0,$$

$$a_n=0(n=1,2,3,\cdots),$$

$$b_n=\frac{2}{\pi}\int_0^{\pi}\varphi(x)\sin nx\,\mathrm{d}x=\frac{2}{\pi}\int_0^{\pi}f(x)\sin nx\,\mathrm{d}x(n=1,2,3,\cdots).$$

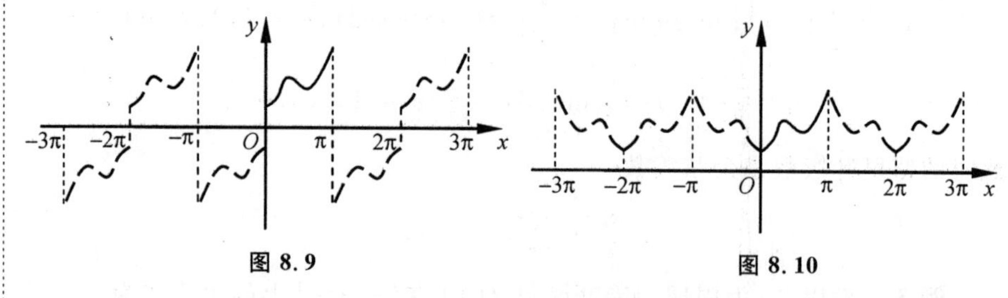

图 8.9　　图 8.10

类似地，做周期偶延拓后的函数的傅里叶级数为余弦级数 $\frac{a_0}{2}+\sum\limits_{n=1}^{\infty}a_n\cos nx$，其傅里叶系数计算公式为

$$a_0=\frac{2}{\pi}\int_0^{\pi}f(x)\mathrm{d}x,$$

$$a_n=\frac{2}{\pi}\int_0^{\pi}f(x)\cos nx\,\mathrm{d}x(n=1,2,3,\cdots),$$

$$b_n=0(n=1,2,3,\cdots).$$

例 4 将函数 $f(x)=x,x\in[0,\pi]$ 展开成正弦级数.

解 为了将 $f(x)$ 展开成正弦级数，先对 $f(x)$ 作周期奇延拓(图 8.11). 再求傅里叶系数.

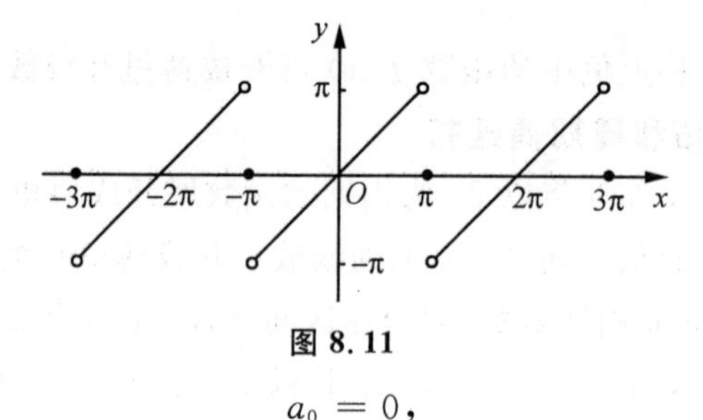

图 8.11

$$a_0=0,$$

$$a_n=0(n=1,2,3,\cdots),$$

$$b_n=\frac{2}{\pi}\int_0^{\pi}f(x)\sin nx\,\mathrm{d}x=\frac{2}{\pi}\int_0^{\pi}x\sin nx\,\mathrm{d}x=-\frac{2}{n\pi}\left[(x\cos nx)\Big|_0^{\pi}-\int_0^{\pi}\cos nx\,\mathrm{d}x\right]$$

$$=\frac{2}{n}(-1)^{n+1}(n=1,2,3,\cdots).$$

则由收敛定理得，当 $x \in [0,\pi)$ 时，

$$f(x) = x = \sum_{n=1}^{\infty} \frac{2}{n}(-1)^{n+1}\sin nx = 2\left(\sin x - \frac{1}{2}\sin 2x + \frac{1}{3}\sin 3x - \cdots\right).$$

当 $x = \pi$ 时，$f(\pi) = \pi$，但上述级数收敛于 0.

请读者思考，如何将此例中的函数展开成余弦级数.

由例 4 可以看到，对于定义在$[0,\pi]$上的函数 $f(x)$，它既可展开成正弦级数，也可展开成余弦级数，只要对 $f(x)$ 作周期奇延拓或周期偶延拓即可.

习题 8.4

1. 设周期为 2π 的函数在区间$(-\pi,\pi]$上的表达式为 $f(x)=x^3$，则 $f(x)$ 的傅里叶系数中的 $a_n=$ ______________.

2. 要将定义在$[0,\pi]$上的函数 $f(x)$ 展开成余弦级数，则需将 $f(x)$ 做周期______________延拓.

3. 已知周期为 2π 的函数 $f(x)$ 在$(-\pi,\pi]$上的表达式，将其展开成傅里叶级数.

(1) $f(x)=\begin{cases}0, & -\pi<x<-\dfrac{\pi}{2}, \\ x, & -\dfrac{\pi}{2}\leqslant x\leqslant\dfrac{\pi}{2}, \\ 0, & \dfrac{\pi}{2}<x\leqslant\pi;\end{cases}$　　(2) $f(x)=|x|$.

4. 将定义在$[0,\pi]$上的函数 $f(x)=x+1$ 展开成正弦级数.

本章小结

1. 基本概念

数项级数、级数的收敛与发散、正项级数、交错级数、绝对值级数、绝对收敛与条件收敛、函数项级数、函数项级数的收敛域与和函数、幂级数的收敛半径与收敛区间、麦克劳林级数与泰勒级数、三角级数及三角函数系的正交性、傅里叶系数与傅里叶级数、正弦级数与余弦级数、周期奇延拓与周期偶延拓.

2. 基本方法

正项级数的审敛法(比较和比值审敛法)、交错级数的审敛法、幂级数收敛半径的求法、将函数展开成幂级数、傅里叶系数的计算以及将周期为 2π 的函数展开成傅里叶级数、将定义在$[0,\pi]$上的函数展开成正弦级数或余弦级数.

给定一个数项级数，其敛散性的判断一般可按照如图 8.12 所示的流程图的步骤进行.

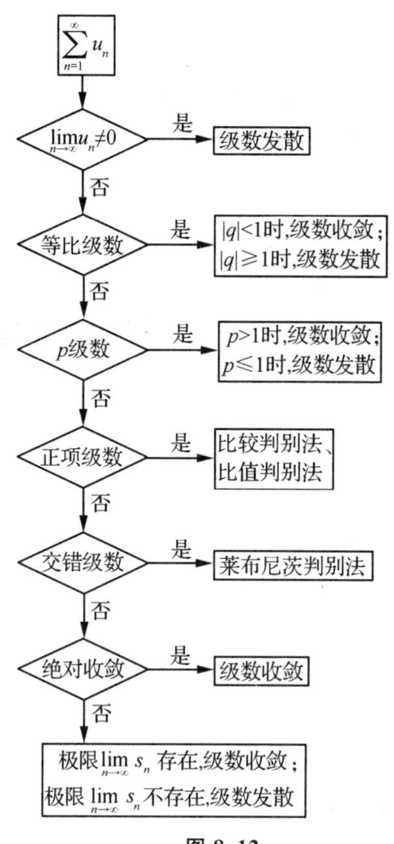

图 8.12

3. 基本结论

等比级数和 p 级数的敛散性、级数收敛的必要条件、绝对级数收敛的必要条件、幂级数的收敛性、泰勒公式、狄里克雷收敛定理.

复习题八

1. 利用级数敛散性的定义判别下列级数的敛散性,若收敛,求出级数的和:

(1) $\sum_{n=1}^{\infty}(\sqrt{n+2}-\sqrt{n+1})$;　　(2) $\sum_{n=1}^{\infty}\frac{1}{(5n-4)(5n+1)}$;

(3) $\sum_{n=1}^{\infty}\left(\frac{1}{2^n}+\frac{1}{3^n}\right)$.

2. 说明下列级数是发散的：

(1) $\sum_{n=1}^{\infty}\left(\frac{n+1}{n}\right)^n$；

(2) $\sum_{n=1}^{\infty} n\sin\frac{\pi}{n}$；

(3) $\sum_{n=1}^{\infty}\frac{(-1)^n n}{2n+1}$.

3. 判别下列正项级数的敛散性：

(1) $\sum_{n=1}^{\infty}\frac{1}{\ln(1+n)}$；

(2) $\sum_{n=1}^{\infty}\frac{4}{n^2+1}$；

(3) $\sum_{n=1}^{\infty}\frac{1+n}{1+n^2}$；

(4) $\sum_{n=1}^{\infty}\frac{n+2}{n(n+1)}$；

(5) $\sum_{n=1}^{\infty}\frac{1}{\sqrt{n(n^2+1)}}$；

(6) $\sum_{n=1}^{\infty}\frac{n+1}{3n^4-1}$；

(7) $\sum_{n=1}^{\infty} \frac{n!}{n^n}$；

(8) $\sum_{n=1}^{\infty} \frac{n^2}{(n!)^2}$；

(9) $\sum_{n=1}^{\infty} 2^n \sin \frac{\pi}{4^n}$；

(10) $\sum_{n=1}^{\infty} \frac{3^n}{n \cdot 2^n}$；

(11) $\sum_{n=1}^{\infty} \frac{n\sin^2 \frac{n\pi}{3}}{2^n}$；

(12) $\sum_{n=1}^{\infty} \frac{x^n}{n}(x>0)$.

4. 判别下列一般项级数是否收敛，如果收敛，是绝对收敛还是条件收敛：

(1) $\sum_{n=1}^{\infty} (-1)^{n+1} \frac{1}{\sqrt{n}}$；

(2) $\sum_{n=1}^{\infty} (-1)^{n+1} \frac{1}{n \cdot 2^n}$；

(3) $\sum_{n=1}^{\infty} (-1)^{n+1} (\frac{2}{3})^n$；

(4) $\sum_{n=1}^{\infty} \frac{\sin \frac{n\pi}{2}}{\sqrt{n^3}}$；

(5) $\sum_{n=1}^{\infty} \frac{\cos 2n}{n^2}$；

(6) $\sum_{n=1}^{\infty} (-1)^{\frac{n(n-1)}{2}} \frac{\sin \frac{\pi}{n}}{\pi^n}$.

5．求下列幂级数的收敛区间：

(1) $\sum_{n=0}^{\infty} nx^n$；

(2) $\sum_{n=0}^{\infty} \frac{x^n}{n!}$；

(3) $\sum_{n=1}^{\infty} \frac{x^n}{2^n \cdot n}$；

(4) $\sum_{n=1}^{\infty} \frac{x^n}{n(n+1)}$；

(5) $\sum_{n=1}^{\infty} \frac{2^n}{n}(x-1)^n$.

6．利用幂级数的运算求级数 $\sum_{n=1}^{\infty} nx^{n-1}$ 的收敛区间及其和函数.

7．用间接展开法将下列函数展开成 x 的幂级数，并求其收敛区间：

(1) $f(x)=\ln(1-x)$；

(2) $f(x)=\sin\frac{x}{2}$；

(3) $f(x)=e^{2x}$；

(4) $f(x)=\frac{1}{2-x}$；

(5) $f(x)=\sin^2 x$.

8. 将函数 $f(x)=\dfrac{1}{x}$ 展开成$(x-1)$的幂级数.

9. 将下列周期为2π的周期函数$f(x)$展开成傅里叶级数,其中$f(x)$在$(-\pi,\pi]$上的表达式为:

(1) $f(x)=\begin{cases}0, & 0\leqslant x\leqslant \pi,\\ -1, & -\pi<x<0;\end{cases}$

(2) $f(x)=x$;

(3) $f(x)=\begin{cases}x, & 0\leqslant x\leqslant \pi,\\ \pi, & -\pi<x<0;\end{cases}$

(4) $f(x)=x^2$.

10. 将函数 $f(x)=\begin{cases}1, & 0\leqslant x\leqslant \dfrac{\pi}{2},\\ 0, & \dfrac{\pi}{2}<x\leqslant \pi\end{cases}$ 展开成正弦级数.

11. 将函数 $f(x)=x-x^2, 0\leqslant x\leqslant \pi$ 展开成余弦级数.

附录一　基本初等函数的图形及其性质

函数类型	函　数	定义域与值域	图　形	性　质
常数函数	$y=C$(C是常数)	$x\in(-\infty,+\infty)$ $y\in\{C\}$	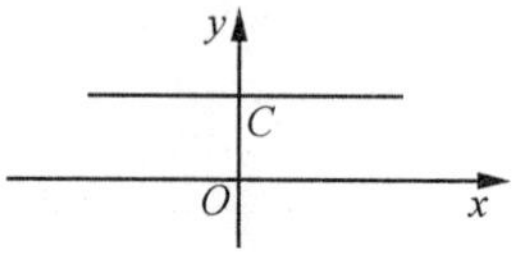	偶函数
幂函数	$y=x$	$x\in(-\infty,+\infty)$ $y\in(-\infty,+\infty)$	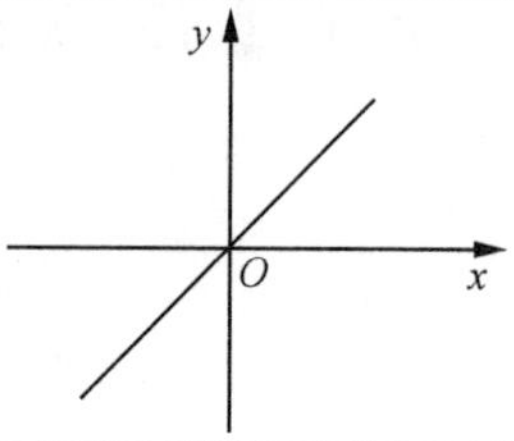	奇函数， 单调增加
	$y=x^2$	$x\in(-\infty,+\infty)$ $y\in[0,+\infty)$	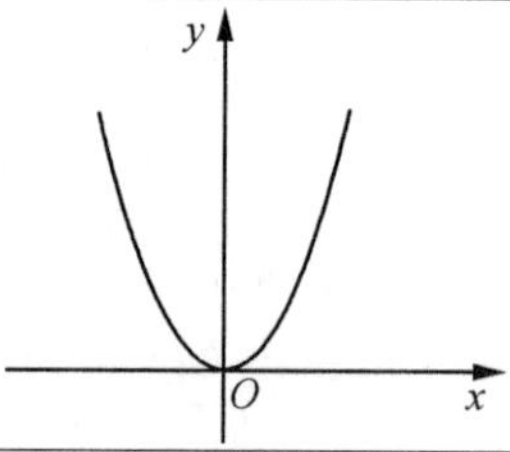	偶函数，在$(-\infty,0)$上单调减少，在$(0,+\infty)$上单调增加
	$y=x^3$	$x\in(-\infty,+\infty)$ $y\in(-\infty,+\infty)$	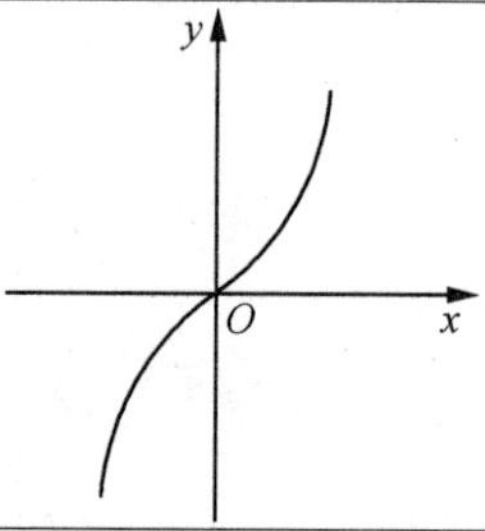	奇函数，单调增加
	$y=x^{-1}$	$x\in(-\infty,0)\cup(0,+\infty)$ $y\in(-\infty,0)\cup(0,+\infty)$	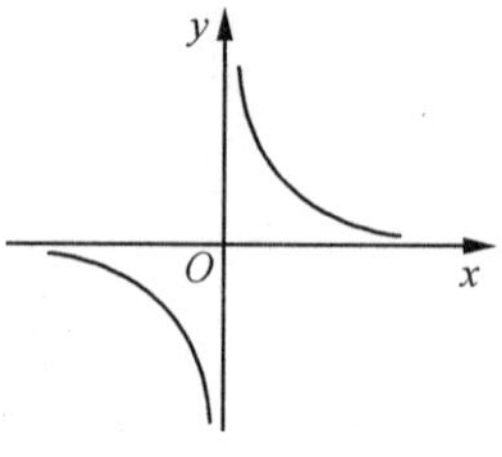	奇函数，单调减少

续表

函数类型	函　数	定义域与值域	图　形	性　质
幂函数	$y=x^{\frac{1}{2}}$	$x\in[0,+\infty)$, $y\in[0,+\infty)$	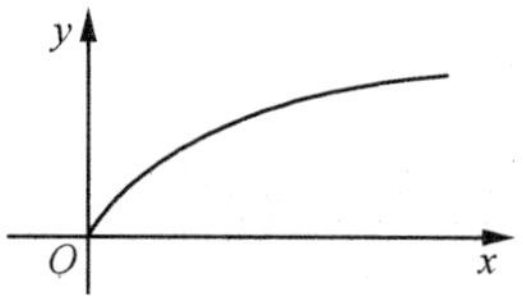	单调增加
指数函数	$y=a^x$ $(0<a<1)$	$x\in(-\infty,+\infty)$, $y\in(0,+\infty)$	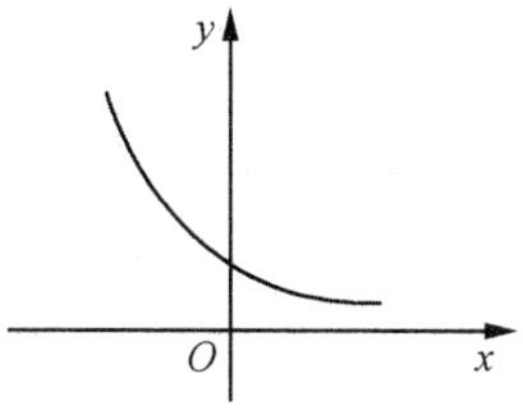	单调减少
	$y=a^x$ $(a>1)$	$x\in(-\infty,+\infty)$, $y\in(0,+\infty)$	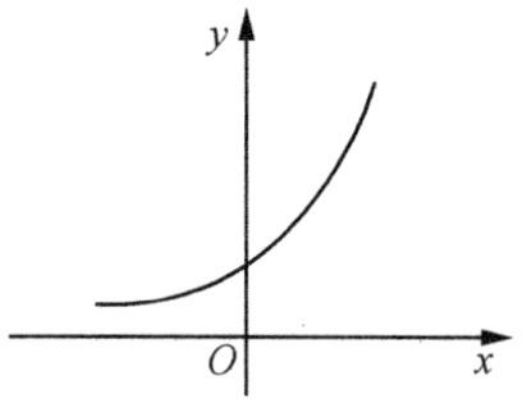	单调增加
对数函数	$y=\log_a x$ $(0<a<1)$	$x\in(0,+\infty)$, $y\in(-\infty,+\infty)$	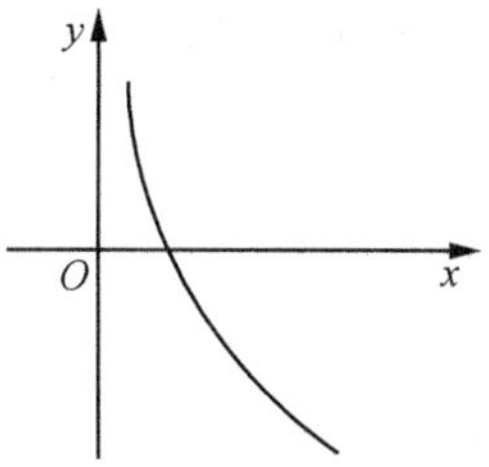	单调减少
	$y=\log_a x$ $(a>1)$	$x\in(0,+\infty)$, $y\in(-\infty,+\infty)$	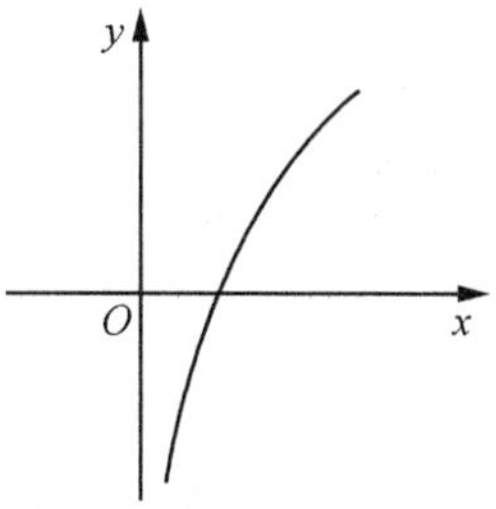	单调增加
三角函数	$y=\sin x$	$x\in(-\infty,+\infty)$, $y\in[-1,1]$	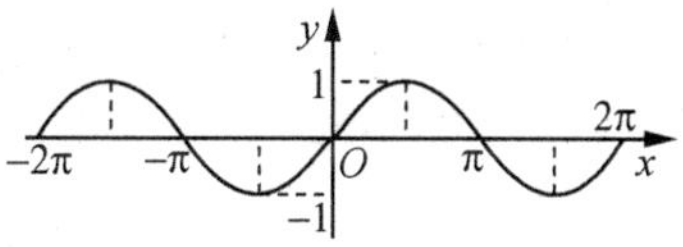	奇函数，周期为 2π，有界，在 $\left(2k\pi-\frac{\pi}{2},2k\pi+\frac{\pi}{2}\right)$ 上单调增加，在 $\left(2k\pi+\frac{\pi}{2},2k\pi+\frac{3\pi}{2}\right)$ 上单调减少$(k\in\mathbf{Z})$

续表

函数类型	函　数	定义域与值域	图　形	性　质
三角函数	$y=\cos x$	$x\in(-\infty,+\infty)$， $y\in[-1,1]$	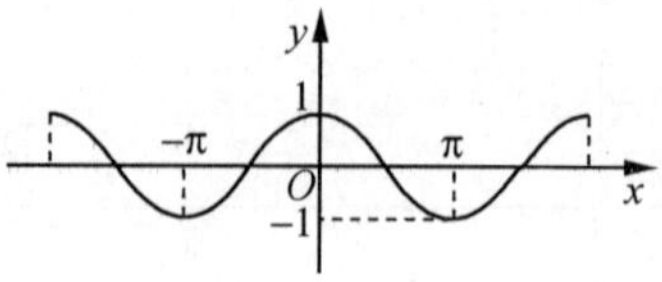	偶函数，周期为 2π，有界，在 $(2k\pi, 2k\pi+\pi)$ 上单调减少，在 $(2k\pi+\pi, 2k\pi+2\pi)$ 上单调增加 $(k\in\mathbf{Z})$
	$y=\tan x$	$x\neq k\pi+\frac{\pi}{2}(k\in\mathbf{Z})$， $y\in(-\infty,+\infty)$	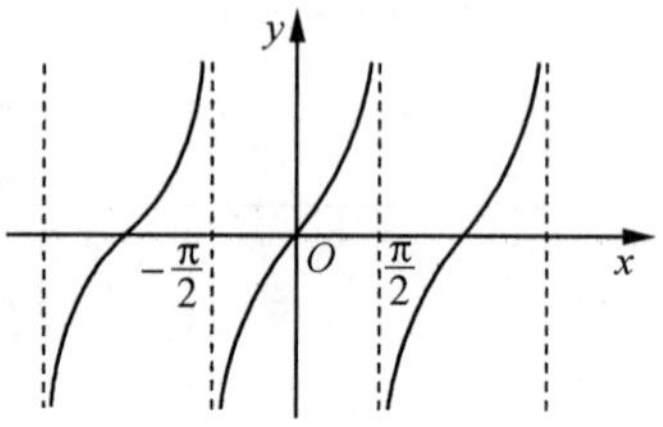	奇函数，周期为 π，在 $\left(k\pi-\frac{\pi}{2},k\pi+\frac{\pi}{2}\right)$ 上单调增加 $(k\in\mathbf{Z})$
	$y=\cot x$	$x\neq k\pi(k\in\mathbf{Z})$， $y\in(-\infty,+\infty)$	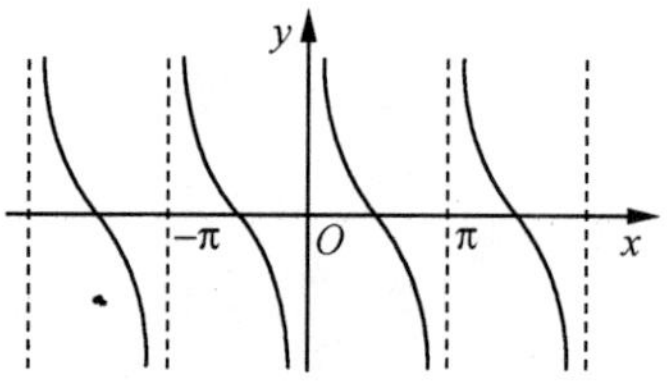	奇函数，周期为 π，在 $(k\pi, k\pi+\pi)$ 上单调减少 $(k\in\mathbf{Z})$
反三角函数	$y=\arcsin x$	$x\in[-1,1]$， $y\in\left[-\frac{\pi}{2},\frac{\pi}{2}\right]$	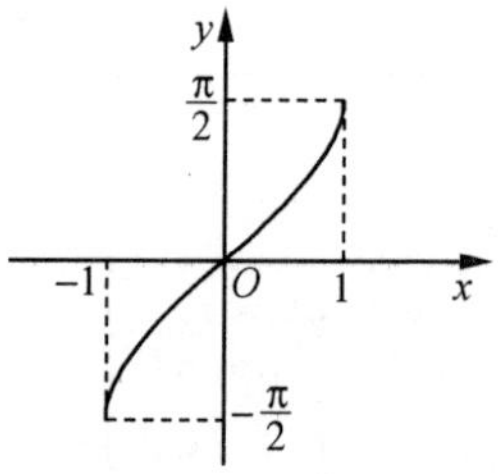	奇函数，单调增加，有界
	$y=\arccos x$	$x\in[-1,1]$， $y\in[0,\pi]$	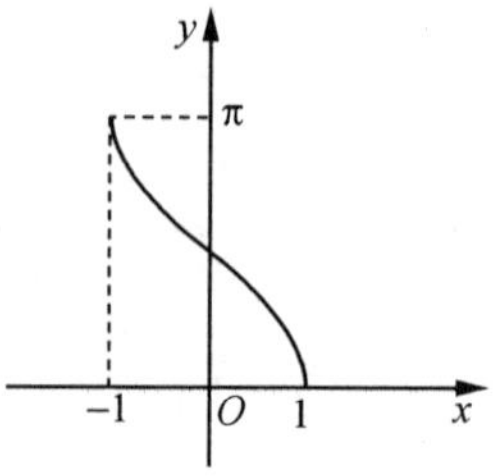	单调减少，有界

续表

函数类型	函　数	定义域与值域	图　形	性　质
反三角函数	$y=\arctan x$	$x\in(-\infty,+\infty)$ $y\in\left(-\frac{\pi}{2},\frac{\pi}{2}\right)$	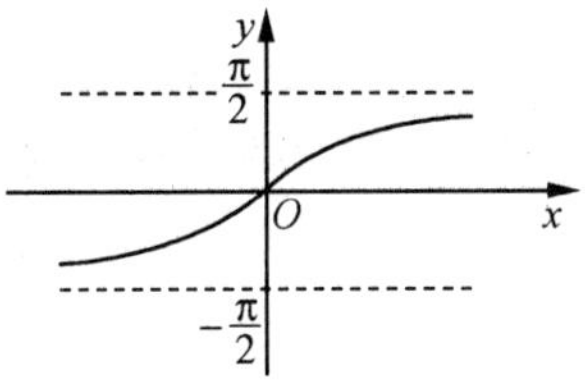	奇函数,单调增加,有界
	$y=\operatorname{arccot} x$	$x\in(-\infty,+\infty)$, $y\in(0,\pi)$	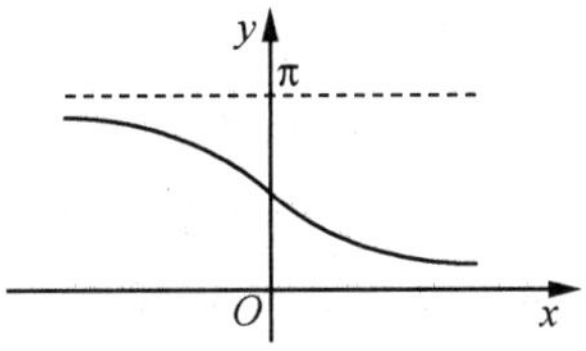	单调减少,有界

附录二　与本教材知识相关的数学发展史

一、微积分的发展简史

微积分学是微分学和积分学的总称.

客观世界的一切事物,小至粒子,大至宇宙,始终都在运动和变化着.因此,在数学中引入了变量的概念后,就有可能把运动现象用数学来加以描述.

早在17世纪,由于函数概念的产生和运用的加深,也由于当时科学技术发展的需要,一门崭新的独立的学科——微积分学继解析几何之后诞生了.微积分学在数学发展中的地位十分重要,它是继欧几里得几何学(即欧氏几何)之后,数学发展史中的又一次革命,它的发展也验证了"科技是第一生产力"这一真理.

1. 微积分学的建立

微积分成为一门学科是在17世纪,但是,微积分学的思想,特别是它的理论基础——极限的思想,在古代就已经产生了.

在战国时期,哲学家庄子(约公元前369年—前286年,名周,字子休)所著的《庄子》一书的《杂篇・天下》中,记有"一尺之棰,日取其半,万世不竭".三国时期的数学家刘徽(约公元225年—295年),在他的割圆术中提到"割之弥细,所失弥小,割之又割,以至于不可割,则与圆周和体而无所失矣."祖冲之(公元429年—500年)在计算圆周率π的问题中,也包含了极限的思想.这些朴素的极限思想,虽然没有给出极限概念,更没有形成极限理论,但它们已经深刻地体现了极限的思想和方法,是我国古代数学思想史上的重大成果之一.

早在公元前560—公元前480年,古希腊的数学家、哲学家毕达哥拉斯关于不可公度的发现,以及对于数与无限的认识中,就已孕育了微积分的思想方法.公元前3世纪,古希腊的哲学家、数学家、物理学家阿基米德在几何学方面确定了圆形、抛物线弓形、螺线、球、球冠的面积以及椭球体、抛物面体等各种复杂几何体的表面积和体积的计算方法.在推演的过程中,他利用内接或外切的直边图形不断地逼近曲边图形,以此来解决曲面面积问题.这其中就隐含着近代微积分学的思想,也就是我们今天所说的"取近似求极限"的方法,因而阿基米德被公认为微积分计算的鼻祖.

到了17世纪,原有的几何和代数已难以解决当时生产和自然科学所提出的许多新问题,这些问题大致可归结为四种类型:第一类是研究物体运动时直接出现的,也就是求变速运动的瞬时速度问题;第二类是求曲线的切线问题;第三类是求函数的最大值和最小值问题(如近日点、远日点、最大射程等);第四类是求曲线的长度(如行星路程)、曲线围成的图形的面积、曲面围成的立体的体积、物体的重心、引力(如天体间的引力)等问题.人们对于这些问题的研究与思考,是促使微积分诞生的直接因素.17世纪有许多著名的数学家、天文学家、

物理学家都为解决上述几类问题作了大量的研究工作，如法国的费尔玛、笛卡尔、罗伯瓦、笛沙格，英国的巴罗、瓦里士，德国的开普勒，意大利的卡瓦列利等人都提出许多很有建树的理论，为微积分的创立作出了不可磨灭的贡献.

直到17世纪下半叶，在前人工作的基础上，英国大科学家牛顿和德国数学家莱布尼茨分别在自己的国度里独自研究和完成了微积分的创立工作.

在牛顿和莱布尼茨之前，人们在研究微积分时，是将微分学与积分学分开来研究的.牛顿和莱布尼茨的最大功绩是把两个貌似毫不相干的问题联系在了一起，一个是微分学的中心问题——变化率问题，另一个是积分学的中心问题——求积问题.

牛顿在物理学上造诣颇深，他研究微积分着重于从运动学方面来研究，而数学家莱布尼茨研究微积分则侧重于从几何学方面来研究.牛顿和莱布尼茨建立微积分的出发点是直观的无穷小量，因此这门学科早期也叫作无穷小分析，现代数学中的一大分支——分析学的名称就来源于此.

1665年，牛顿在他的手稿里第一次提出了“流数术”(即今天我们所说的微积分).当时，牛顿总结了古希腊以来求解无穷小问题的种种特殊方法，并将它们统一为两类算法：正流数术(即微分)和反流数术(即积分).形成牛顿“流数术”理论的主要三部著作是：《应用无穷多位方程的分析学》(写于1669年)、《流数法与无穷级数》(写于1671年，但直到1736年才出版)和《曲线求积术》(写于1676年).尤其是在1687年，牛顿出版了划时代的名著《自然哲学的数学》，这本著作虽然是研究天体力学的，但是对数学史有极大的重要性.牛顿在这些书中给出，所谓“流量”就是随时间而变化的变量，如x,y,s,u等；“流数”就是流量的改变速度(即变化率)；“差率”“变率”就是微分.他还指出变量是由点、线、面的连续运动产生的，否定了以前自己认为的变量是无穷小元素的静止集合.牛顿在“流数术”中所提出的中心问题有两个：已知连续运动的路径，求给定时刻的速度(即微分法)；已知运动的速度，求给定时间内经过的路程(即积分法).

莱布尼茨是一个博才多学的学者.1684年，他发表了现在世界上认为是最早的微积分文献.这篇文章有一个很长而且很古怪的名字《一种求极大极小和切线的新方法，它也适用于分式和无理量，以及这种新方法的奇妙类型的计算》.就是这样一篇说理还颇为含糊的文章，却有着划时代的意义.它已经含有现代的微分符号和基本微分法则.1686年，他又发表了第一篇积分学的文献.莱布尼茨是历史上最伟大的符号学者之一，他所创设的微积分符号远远优于牛顿使用的符号，这对微积分的发展有极大的影响.现在我们教科书中使用的积分通用符号“$\int$”就是当时莱布尼茨精心设计的.积分号“$\int$”是由字母S拉长变形而来的，在那么多的字母中，为什么莱布尼茨当时选择字母S呢？这是因为字母S是德语单词Summe(指总数、和的意思，英语单词是Sum)的头一个字母.那又为什么会与“和”这个单词有关呢？读者只要学习了定积分的概念，就一定会明白的.

微积分的创立，极大地推动了数学的发展，同时也极大地推动了科学技术的发展.过去很多初等数学束手无策的问题，运用微积分，往往能迎刃而解，显示出微积分的非凡威力.

前面已经提到，一门科学的创立绝不是某一个人的业绩，它必定要经过一代人或几代人的努力后，在积累了大量成果的基础上，最后由某个人或几个人总结完成的.微积分也是

这样.

不幸的是,人们在欣赏微积分的宏伟功效之余,在提出谁是这门学科的创立者之时,竟然引起了一场轩然大波,展开了一场长达一百多年的马拉松式的大争论!在这场争论中,牛顿和莱布尼茨双方的学生、支持者、数学家甚至国家都卷入其中.在1699年年初,英国皇家学会(当时牛顿就是其中的一员,牛顿还在1703—1727年担任过该学会的会长)的成员们指控莱布尼茨剽窃了牛顿的成果.两年之后,牛顿所在的英国皇家学会宣布,一项调查表明了牛顿才是真正的发现者,而莱布尼茨被斥为骗子.但在后来,发现这项调查中评论莱布尼茨的结语是由牛顿本人书写,因此该调查遭到了质疑.这场争论在英国和欧洲大陆的数学家间划出了一道鸿沟,造成了英国数学家和欧洲大陆的数学家的长期对立.英国数学界在一个时期里闭关锁国,囿于民族偏见,过于拘泥在牛顿的"流数术"中停步不前,因而数学的发展整整落后了一百年.

当今大多数现代历史学家都相信,牛顿与莱布尼茨是独立研究和创立了微积分.事实上,牛顿和莱布尼茨是在大体上相近的时间里,先后独立完成了微积分的研究.比较特殊的是牛顿创立微积分要比莱布尼茨早10年左右,但是正式公开发表微积分这一理论,莱布尼茨却要比牛顿早三年.此外,莱布尼茨的积分符号"$\int$"和"微分法"早被欧洲大陆全面地采用,在1820年,英国也采用了该方法.莱布尼茨的笔记本记录了他的思想从初期到成熟的发展过程,而在牛顿已知的记录中只发现了他最终的结果.牛顿声称他一直不愿公布他的微积分学,是因为他怕被人们嘲笑.也有人认为,牛顿是受到了他的老师巴罗的影响,而没有及早地公布他的"流数术".总而言之,由于种种原因,使得这场发明优先权的争论竟从1699年始持续了一百多年,称得上是18世纪的一场大争论.

应该指出,和历史上任何一项重大理论的完成都要经历一段时间一样,牛顿和莱布尼茨的工作都不是很完善,他们的研究各有长处,也都各有短处.他们在无穷小量这个问题上,说法不一,十分含糊.牛顿的无穷小量,有时候是零,有时候不是零而是有限的小量;莱布尼茨的也不能自圆其说.直到19世纪前,人们对微积分这门学科的逻辑基础仍然缺乏清晰的观念.这些基础方面的缺陷,最终导致了第二次数学危机的产生.

到了19世纪初,以柯西为首的法国科学学院的数学家,对微积分的理论进行了认真研究,建立了极限理论.后来,被誉为"现代分析之父"的德国数学家维尔斯特拉斯又给函数的极限建立了严格的定义,使极限理论成了微积分坚实的基础,微积分又进一步地发展起来.可以说,经过一大批杰出的数学家的不懈努力,到了19世纪末,才把微积分建立在实数理论的坚实基础上,使之有了牢固的逻辑基础,形成了现在的微积分体系.

任何新兴的、前途无量的科学成就都吸引着广大的科学工作者.在微积分的历史上也闪烁着这样的一些明星:德国的黎曼,瑞士的雅各布·伯努利和他的弟弟约翰·伯努利、欧拉、塞莱里埃,法国的拉格朗日等.

欧氏几何也好,远古时代或中世纪的代数学也罢,都是一种常量数学.微积分才是真正的变量数学,在它里面有一种永无止境的变化的思想,它的创立是数学史上的一次大革命.它已经涉及现代社会中的各个领域,驰骋在现代科学技术的园地里,它建立了数不清的丰功伟绩.

2. 微积分的基本内容

研究函数，从量的方面研究事物运动变化是微积分的基本方法. 这种方法叫作数学分析.

本来从广义上说，数学分析包括微积分、函数论等许多分支学科. 但是，现在一般已习惯于把数学分析和微积分等同起来，微积分成了数学分析的代名词.

微积分的基本内容包括微分学和积分学. 微分学主要包括导数、微分等，而积分学主要包括定积分、不定积分等. 极限理论是微积分的基础.

微积分是与它的应用联系着发展起来的. 最初，牛顿使用和研究微积分以及微分方程，其目的是想利用他的第二定律和万有引力定律，在数学上严格地证明并导出德国天文学家开普勒的行星运动定律. 但此后，微积分学不但极大地推动了数学的发展，同时也极大地推动了天文学、力学、物理学、化学、生物学、工程学、经济学等自然科学和社会科学及应用科学的发展，并在这些学科中得到越来越广泛的应用，特别是计算机的出现更有助于这些应用的不断发展.

二、解析几何的发展简史

1. 解析几何的建立

16 世纪以后，由于生产和科学技术的发展，天文、力学、航海等方面都对几何学提出了新的需要. 比如，开普勒发现行星是绕着太阳沿着椭圆轨道运行的，太阳处在这个椭圆的一个焦点上；意大利科学家伽利略发现投掷物体是沿着抛物线运动的. 这些发现都涉及圆锥曲线，要研究这些比较复杂的曲线，原先的一套方法显然已经不适用了，这就导致了解析几何的出现.

1637 年，法国的哲学家和数学家笛卡尔发表了他的著作《方法论》，这本书的后面有三篇附录，一篇叫《折光学》，一篇叫《流星学》，一篇叫《几何学》. 当时的这个"几何学"实际上指的是数学，就像我国古代"算术"和"数学"是一个意思一样.

笛卡尔的《几何学》共分三卷，第一卷讨论尺规作图；第二卷是曲线的性质；第三卷是立体和"超立体"的作图. 但它实际是代数问题，探讨方程的根的性质. 后世的数学家和数学史学家都把笛卡尔的《几何学》作为解析几何的起点.

从笛卡尔的《几何学》中可以看出，笛卡尔的中心思想是建立起一种"普遍"的数学，把算术、代数、几何统一起来. 他设想，把任何数学问题转化为一个代数问题，再把任何代数问题归结到去解一个方程式.

为了实现上述的设想，笛卡尔从天文和地理的经纬制度出发，指出平面上的点和实数对(x,y)的对应关系. x,y 的不同数值可以确定平面上许多不同的点，这样就可以用代数的方法来研究几何的问题，这就是解析几何的基本思想. 具体地说，平面解析几何的基本思想有两个要点：第一，在平面上建立坐标系，平面的一点与一组有序实数对相互对应；第二，有了坐标系后，平面上的一条曲线就可用一个代数方程来表示. 总的来说，解析几何运用坐标法可以解决两类基本问题：一类是满足给定条件点的轨迹，通过坐标系建立它的方程；另一类是通过方程的讨论，研究方程所表示的曲线性质.

应该看到，坐标系是架在代数与几何之间的一座桥梁. 在 16 世纪之前，代数与几何分别处在河的两岸，彼此无法进行"对话"与"交流".有了坐标系这座桥梁，不仅可以用代数(如方程等)的方法来解决几何(如直线、曲线等)问题，而且可以把变量、函数以及数和形等重要概念紧密地联系在一起.

解析几何的产生并不是偶然的.在笛卡尔写《几何学》以前，就有许多学者研究过用两条相交直线作为一种坐标系;也有人在研究天文、地理的时候，提出了一点位置可由两个"坐标"(经度和纬度)来确定.这些都对解析几何的创建产生了很大的影响.

笛卡儿受到前人工作的启示，明确建立起直角坐标系，并借助坐标系自觉地运用代数方法去解决几何问题，从而使代数的思想方法能够全面地渗透到几何学，这就开拓出数学的一个新领域——解析几何学.但在当时，解析几何还明显地带有问世前的某些不成熟痕迹.例如，只有横坐标轴，没有纵坐标轴，并且坐标轴只有正向而没有负向，等等.笛卡儿在他的著作中，把这种新几何称为代数几何.现在我们所说的"解析几何"这一术语，是后人在一百多年后提出的.

尽管笛卡尔的《几何学》作为一本解析几何的书来看是不完整的，但重要的是它引入了新的思想，为开辟数学新园地作出了贡献.

在数学史上，一般认为和笛卡尔同时代的法国业余数学家费尔马也是解析几何的创建者之一，应该分享这门学科创建的荣誉.费尔马是一个业余从事数学研究的学者，在数论、解析几何、概率论这三个方面都有重要贡献.他性情谦和，好静成癖，对自己所写的"书"无意发表.但是，从他给友人的通信中知道，他早在笛卡尔发表《几何学》以前，就已写了关于解析几何的论文，就已经有了解析几何的思想.只是直到1679年，费尔马死后，他的思想和著述才公开发表.

解析几何的创立，引入了一系列新的数学概念，特别是将变量引入数学，使数学进入了一个新的发展时期，它预示着变量数学时代的到来.解析几何在数学发展中起了推动作用.

德国思想家、哲学家、革命家恩格斯对此曾经作过评价:"数学中的转折点是笛卡尔的变数，有了变数，运动进入了数学;有了变数，辩证法进入了数学;有了变数，微分和积分也就立刻成为必要的了."

2. 解析几何的基本内容

解析几何分为平面解析几何和空间解析几何.

在平面解析几何中，除了研究直线及其性质外，主要是研究圆锥曲线(即圆、椭圆、抛物线、双曲线这四种曲线)的有关性质.

在空间解析几何中，除了研究平面、直线有关性质外，主要研究柱面、锥面、旋转曲面等曲面的有关性质.

椭圆、双曲线、抛物线的有些性质，在生产和生活中被广泛应用.比如，电影放映机的聚光灯泡的反射面是椭圆面，灯丝在一个焦点上，影片门在另一个焦点上;探照灯、聚光灯、太阳灶、雷达天线、卫星的天线、射电望远镜等都是利用抛物线的原理制成的.

解析几何的思想促使人们运用各种代数的方法解决几何问题.先前被看作几何学中的难题，一旦运用代数方法后就变得平淡无奇了.解析几何的方法对近代数学的机械化证明也提供了有力的工具.

三、常微分方程的发展简史

如果将微积分学比作数学王国里的一棵参天大树，那么常微分方程就是伴随着它一起成长的一朵奇葩.

苏格兰数学家耐普尔在创立对数的时候，就讨论过微分方程的近似解. 但微分方程理论主要是在17世纪末发展起来的，并迅速成了研究自然科学的强有力的工具.

牛顿在研究天体力学和机械力学的时候，利用了微分方程这个工具，从理论上得到了行星的运动规律. 牛顿在建立微积分的同时，曾使用级数来求解简单的微分方程.

我们在谈论微分方程的作用时，必须特别提及发生在科学史上的一件大事. 在19世纪40年代，年轻的法国天文学家勒维烈(在1846年)和英国天文学家亚当斯(在1843年)使用微分方程各自精确地推算出了那时尚未发现的海王星的位置，当时人们还根据勒维烈的推算观测到了海王星. 新行星的发现轰动了世界，后来，人们把这颗从笔尖上算出来的新行星叫作海王星. 这一事件足以证明微分方程的巨大成就，也使科学家更加深信微分方程在认识自然、改造自然方面的巨大作用.

瑞士数学家雅各布·伯努利、欧拉，法国数学家克雷洛、达朗贝尔、拉格朗日等人又不断地研究和丰富了微分方程的理论. 当微分方程的理论逐步完善的时候，利用它就可以精确地表述事物变化所遵循的基本规律，只要列出相应的微分方程，并寻找出解微分方程的方法. 微分方程也就成了最有生命力的数学分支之一.

常微分方程的形成与发展始终与力学、天文学、物理学以及其他科学技术的发展密切相关. 数学的其他分支的新发展，如复变函数、组合拓扑学等，都对常微分方程的发展产生了深刻的影响. 当前计算机的发展更是为微分方程的应用及理论研究提供了非常有力的工具.

对于学过初等数学的人来说，方程是比较熟悉的一个概念. 在初等数学中，有一次方程、二次方程、高次方程、指数方程、对数方程、三角方程以及方程组等. 但是，在实际生活和科学技术中，常常会遇到这类问题：比如，某物体在重力作用下做自由落体运动，要寻求物体下落的距离随时间变化的规律；火箭在发动机的推动下在空间飞行，要寻求它飞行的轨道；等等.

物质运动和它的变化规律在数学上是可以用函数关系来描述的. 因此，这类问题就是要去寻求满足某些条件的一个或者几个未知函数. 也就是说，凡是这类问题都不是简单地去求一个或者几个固定不变的数值，而是要求一个或者几个未知的函数.

解这类问题的基本思想与初等数学解方程的基本思想很相似，也是要把问题中的已知函数和未知函数之间的关系找出来，从列出的包含未知函数的一个或几个方程中求得未知函数的表达式. 但是在方程的形式、求解的具体方法、求出解的性质等方面，和初等数学中的解方程有许多不同的地方.

在数学上，解这类方程要用到微分和导数的知识. 因此，凡是含有未知函数的导数以及自变量之间的关系的等式，就叫作微分方程. 未知函数为一元函数的微分方程叫作常微分方程，也简称微分方程. 未知函数为多元函数，且出现多元函数的偏导数的微分方程叫作偏微分方程. 本教材讨论的是常微分方程.

在历史上，曾把求微分方程的通解作为主要目标来研究，一旦求出通解的表达式，就容易从中得到问题所需要的特解. 也可以由通解的表达式，了解对某些参数的依赖情况，便于选取合适的参数，使它对应的解具有所需要的性能，还有助于进行关于解的其他研究. 但是，后来的发展表明，在实际应用中，需要求出通解的情况不多，更多地需要是求出满足某种指定条件的特解. 当然，通解是有助于研究解的属性的，但是人们已把研究重点转移到定解问题(即初值问题)上来.

一个常微分方程是不是有特解呢？如果有，又有几个呢？这是微分方程论中一个基本的问题，数学家把它归纳成基本定理，叫作存在和唯一性定理. 因为如果没有解，而我们要去求解，那是没有意义的；如果有解而又不是唯一的，那又不好确定. 因此，存在和唯一性定理对于微分方程的求解是十分重要的.

大部分的常微分方程求不出十分精确的解，而只能得到近似解. 当然，这个近似解的精确程度是比较高的. 另外，还应该指出，用来描述物理过程的微分方程，以及由试验测定的初始条件也是近似的，这种近似之间的影响和变化还必须在理论上加以解决.

现在，常微分方程在很多学科领域内有着重要的应用，如自动控制、各种电子学装置的设计、弹道的计算、飞机和导弹飞行的稳定性的研究、化学反应过程稳定性的研究等. 这些问题都可以化为求常微分方程的解，或者化为研究解的性质的问题. 应该说，应用常微分方程理论已经取得了很大的成就，但是，它的现有理论也还远远不能满足需要，还有待于进一步发展，使这门学科的理论更加完善.

四、级数的发展简史

无穷级数(以下简称级数)是人们借以表达和计算种种不同量的一种重要工具，也是某些函数的唯一表达式和计算某些超越函数的最有效的工具. 许多数值方法都是以级数理论为基础的. 级数常可用来计算一些特殊的量，如 π、e 及对数函数和三角函数等. 级数还是以代数多项式逼近分析函数的有用工具.

级数在数学中早已出现，其最早的形式通常是公比小于 l 的几何级数. 公元前 3 世纪希腊哲学家亚里士多德(Aristotle，公元前 384—322 年)就已认识到这种级数有和. 级数还散见于中世纪后期数学著作中，并被用来计算变速运动物体所走过的路程.

1360 年，法国数学家奥力森在他的著作《欧几里得几何问题》中曾给出证明：调和级数

$$1+\frac{1}{2}+\frac{1}{3}+\frac{1}{4}+\cdots \tag{1}$$

是发散的. 他用的方法正是今天教科书中的证明方法，即代之以较小项. 注意到

$$\frac{1}{2}+\frac{1}{2}+\left(\frac{1}{4}+\frac{1}{4}\right)+\left(\frac{1}{8}+\frac{1}{8}+\frac{1}{8}+\frac{1}{8}\right)+\cdots \tag{2}$$

是发散的，而级数(1)的变形

$$1+\frac{1}{2}+\left(\frac{1}{3}+\frac{1}{4}\right)+\left(\frac{1}{5}+\frac{1}{6}+\frac{1}{7}+\frac{1}{8}\right)+\cdots$$

中相应项总不小于级数(2)中对应项，因而可以断言级数(1)发散.

然而级数理论的确立是 18 世纪的成果. 有人称 17 世纪是天才的世纪，称 18 世纪为发明的世纪. 18 世纪虽然没有引入像微积分那样新颖、基本的概念，但人们施展了高超的技巧，发掘并增进了微积分的威力，产生了一些重要的数学分支，如级数、微分方程等.

自 18 世纪至今，级数一直被认为是微积分不可缺少的部分. 级数理论的发展与无穷小

分析的发展有着密切的联系.17世纪中叶苏格兰数学家格列哥里第一次明确指出级数表示一个数,即它的和.他称这个数为级数的极限.他用几何级数的求和解决了阿基里斯追龟悖论.

17世纪人们主要将级数用于微积分,计算一些特殊量,如π,e和三角函数、对数函数,以及用级数将隐函数 $f(x,y)=0$ 表示成 y 对 x 的函数.

1665年牛顿对 $\frac{1}{1+x}$ 逐项积分,得到

$$\ln(1+x)=x-\frac{x^2}{2}+\frac{x^3}{3}-\cdots.$$

1666年牛顿还得到许多表达代数函数和超越函数的级数,如 $\arcsin x$,$\arctan x$ 的级数.1669年在他的《分析学》一书中,他又给出了 $\sin x$,$\cos x$,e^x 的级数.但是他用的方法是粗糙的和归纳性的.同年,他又发现了 $(1+x)^\mu$(μ 为任意实数)可以表示成 x 的幂级数.1670年格列哥里得到了牛顿的上述结果,于1671年在《通信》中发表了他得到的 $\tan x$,$\sec x$ 的级数.1674年莱布尼茨得到著名结论

$$\frac{\pi}{4}=1-\frac{1}{3}+\frac{1}{5}-\frac{1}{7}+\cdots.$$

他还用这个级数得到一个极端重要的化圆为方问题的定理.

英国数学家泰勒继承了牛顿等人的遗业,1712年提出了“泰勒级数”,并于1715年将此级数载入他的名著《增量法及其逆》一书,但在他的证明中没有提到收敛性问题.

约翰·伯努利、雅各布·伯努利和欧拉在级数方面也都做了大量工作.他们主要将级数用于求函数的微分和积分,以及求曲线下的面积和曲线的弧长.欧拉还引入了一些函数的无穷级数和无穷乘积展开式.这些工作不但是对微积分的重大贡献,也反映出18世纪数学思想的特征.

然而,在相当长的一段时间内,人们把级数只当作无穷多项式,并按有穷多项式处理.18世纪,对级数的收敛与发散问题并没有解决.当时人们不加辨别地使用级数.直到18世纪末,由于应用级数而得到一些可疑的或者完全荒谬的结果,才促使人们对于级数运算的合理性进行追究.

1810年前后,法国数学家、物理学家傅里叶和波尔查诺等人开始确切处理级数.波尔查诺强调必须考虑级数的收敛性.

1811年傅里叶给出级数的较满意的定义,它接近于现代教科书中的定义.他在其著作《热的分析理论》中指出:当 n 增加时,前 n 项的和愈来愈趋近一个固定的值,且与这个值的差异变得小于任何给定值.他在这篇著作中还指出,级数收敛的必要条件为其通项的极限等于0.德国数学家高斯第一个认识到需要把级数的使用限制在它们的收敛域内.

19世纪20年代,柯西在他的《分析教程》一书中给出了至今还沿用的级数收敛、发散的定义:令

$$s_n=u_0+u_1+u_2+\cdots+u_{n-1}$$

是级数的前 n 项之和,如果对于不断增加的 n 的值,和 s_n 无限趋近某一极限 s,则称级数为收敛的,而这个极限值叫作该级数的和.反之,如果当 n 无限增加时,s_n 不趋于一个固定的极限,该级数就称为发散的,此时级数没有和.他在该书中还给出了正项级数的比值判别法.

柯西还研究了函数项级数 $\sum_{n=1}^{\infty} u_n(x)=u_1(x)+u_2(x)+\cdots+u_n(x)+\cdots$，并给出：若泰勒级数中余项趋于零，则泰勒级数收敛于导出该级数的函数；否则，结论不成立. 他于 1823 年还给出了反例，指出 $e^{-\frac{1}{x^2}}$ 在 $x=0$ 处有各阶导数，但在 $x=0$ 的邻域内没有泰勒展开式.

18 世纪，由于天文学的发展，而天文现象大都是周期现象，引起了数学家们广泛研究三角级数，并用于天文理论之中. 当时的著名数学家欧拉、克雷罗、达朗贝尔、拉伯朗日等在这方面都做了不少开创性工作. 1729 年欧拉着手研究插值问题，1747 年他将他得到的方法应用于行星扰动理论中出现的一个函数上，得到了函数的三角级数表示. 1777 年，欧拉在研究天文问题时引入

$$f(x)=\frac{a_0}{2}+\sum_{k=1}^{\infty} a_k \cos \frac{k\pi x}{l},$$

其中，$a_k=\frac{2}{l}\int_0^l f(x)\cos \frac{k\pi x}{l}\mathrm{d}x$.

1757 年，由于研究太阳引起的摄动问题，克雷罗将任意一个函数写成

$$f(x)=A_0+2\sum_{n=1}^{\infty} A_n \cos nx,$$

其中，$A_n=\frac{1}{2\pi}\int_0^{2\pi} f(x)\cos nx\,\mathrm{d}x$.

1759 年，拉格朗日在对声的传播的研究中，得到了级数

$$\frac{1}{2}=1\pm\cos x+\cos 2x\pm\cos 3x+\cos 4x\pm\cdots.$$

上面关于三角级数的全部工作，处处都渗透了这种矛盾现象：虽然当时正在进行着把所有类型的函数表示成三角级数，而欧拉、达朗贝尔、拉格朗日却始终没有放弃过这种立场，即认为并非任意函数都可以用这样的级数表示. 于是，是否任意函数都能用三角级数来表示的争论，成了当时人们研究的中心课题.

三角级数理论进一步的发展归于 1822 年傅里叶的著作出版. 该书的基本思想是用特殊的周期函数(三角函数)表示周期函数. 他的工作表明，相当广泛的函数类都可以用三角级数表示，但他并没有解决函数具有收敛的傅里叶级数的确切条件. 经过柯西和泊松的努力也没得到满意的结果. 狄利克雷 1822—1825 年间在巴黎会见傅里叶之后，对傅里叶级数产生了兴趣. 而后致力于傅里叶级数的研究，他在一篇题目为《关于三角级数的收敛性》论文中给出了傅里叶级数展开的充分条件——狄利克雷条件. 19 世纪中叶，德国数学家黎曼在柏林受业于狄利克雷，也对傅里叶级数产生了兴趣. 1845 年在哥廷根他为取得大学教授资格而写的一篇题目为《用三角级数来表示函数》的论文中，证明了下述定理：如果 $f(x)$ 在 $[-\pi,\pi]$ 上有界且可积，那么傅里叶系数 $a_n=\frac{1}{\pi}\int_{-\pi}^{\pi} f(x)\cos nx\,\mathrm{d}x, b_n=\frac{1}{\pi}\int_{-\pi}^{\pi} f(x)\sin nx\,\mathrm{d}x$，当 $n\to\infty$ 时，都趋近于零. 此定理也表明有界可积函数 $f(x)$ 的傅里叶级数在 $[-\pi,\pi]$ 中任一点处的收敛性只依赖于 $f(x)$ 在该点邻域的特性. 但是，$f(x)$ 的傅里叶级数收敛于它本身的充要条件的问题并没有得到解决.

在斯托克斯等引进了一致收敛的概念之后，傅里叶级数的收敛性引起了人们的进一步

关注.海涅1870年证明了:有界函数 $f(x)$ 可以唯一地表示为$[-\pi,\pi]$上的三角级数.并指出,满足狄利克雷条件的有界函数的傅里叶级数在$[-\pi,\pi]$中去掉函数间断点的任意小邻域后剩下的区间内是一致收敛的.还证明了:如果表示一个函数的三角级数具有上述的一致收敛性,那么级数表达式是唯一的.

在狄利克雷研究工作之后的大约50年间,人们一直相信在$[-\pi,\pi]$上的任何一个连续的傅里叶级数都收敛于该函数.但是1873年得到了在$[-\pi,\pi]$上的连续函数,其傅里叶级数在一个特定点上不收敛的例子,而后又得到一个连续函数,其傅里叶级数几乎处处不收敛的例子.这些问题的出现,也使狄利克雷条件得到了完善.

级数理论就是在人们不断地发现与探索中形成的.如今,级数在数论、组合数学、信号处理、概率论、统计学、密码学、声学、光学等领域都有着广泛的应用.

附录三　数学建模简介

数学要真正得到应用，数学建模是取得成功的最重要途径之一.

——首届国家最高科学技术奖获得者、数学家吴文俊院士

一、数学建模及其意义

在日常生活中，我们经常会遇到或用到模型，如飞机模型、坦克模型、楼群模型等实物模型，水箱中的舰艇、风洞中的飞机等物理模型，地图、电路图、分子结构图等符号模型，也有用文字、符号、图表、公式等描述客观事物的某些特征和内在联系的模型，如数据库的关系模型、网络的六层次模型以及我们这里要介绍的数学模型等抽象模型.

模型是为了一定目的，对客观事物的一部分进行简缩、抽象、提炼出来的原型的替代物，是对客观事物的一种模拟或抽象，它必须具有所研究系统的基本特征或要素，集中反映了原型中人们需要的那一部分特征.

数学模型就是对一个现实对象，为了一个特定目的，根据其内在规律，作出必要的简化假设，运用适当的数学工具，得到的一个数学结构.简单地说，就是为了某种目的，用字母、数字及其他数学符号建立起来的等式、不等式、图表、图形和框图等描述客观事物特征及内在联系的数学结构，是客观事物本质的抽象与简化，是沟通现实世界与数学世界的理想桥梁.

可以说，从数学诞生的第一天起就有了数学模型.原始的人类从具体的一只羊、一头牛等事物中抽象出自然数 1 的概念，而自然数 1 也就是具体的一只羊、一头牛等的数学模型；从光线、木棍等具体事物抽象出直线的概念，而直线也就是光线、木棍等的数学模型.本教材在讲授一元函数微积分时，就是从变速直线运动的瞬时速度、曲边梯形的面积抽象出导数和定积分的概念，导数和定积分就是两个典型的数学模型.因为每一个数学概念都是从客观世界中抽象出来的，所以每一种数学概念、每个数学分支都是客观世界中某些具体事物的数学模型.

建立数学模型的全过程(包括表述、求解、解释、检验等)就称为数学建模，即用数学的语言、方法去近似地刻画并解决实际问题的过程.这个过程需要借助抽象、简化、假设、引进变量等手段，将实际问题用数学方式表达，建立起数学模型，然后运用先进的数学方法及计算机软件进行求解.

数学建模其实并不是什么新东西，可以说有了数学并需要用数学去解决实际问题，就一定要用数学的语言、方法去近似地刻画该实际问题，这种刻画的数学表述就是一个数学模型，其过程就是数学建模的过程.数学模型一经提出，就要用一定的技术手段(如计算、证明等)来求解并验证，其中大量的计算往往是必不可少的，高性能的计算机的出现使数学建模如虎添翼，发展迅速.

一般来说，当实际问题需要我们对所研究的现实对象提供分析、预报、决策、控制等方面的定量结果时，往往都离不开对数学的应用，而建立数学模型则是这个过程的关键环节. 电气工程师必须建立所要控制的生产过程的数学模型，用这个模型对控制装置作出相应的设计和计算；气象工作者为了得到准确的天气预报，也离不开根据气象站、气象卫星汇集的气压、雨量、风速等资料建立的数学模型；城市规划工作者需要建立一个包括人口、经济、交通、环境等大系统的数学模型，为决策层对城市发展规划提供科学依据等.

数学既是科学，也是技术. 数学在许多高新技术中起着十分关键的作用. 数学正以空前的广度和深度向经济、金融、生物、医学、环境、地质、人口、交通甚至政治、社会等新的领域渗透，也为数学建模开拓了许多处女地. 在一般工程技术领域，数学建模大有用武之地，而在高新技术领域，数学建模几乎是必不可少的工具. 数学建模作为用数学方法解决实际问题的平台，越来越受到人们的重视，也给人们提供了施展才能的空间. 数学建模将数学知识、计算机技术及各种知识综合应用于解决实际问题中，是培养和提高人们分析问题、解决问题的能力以及激发创造力的必备手段之一.

二、数学建模的基本方法

1. 机理分析

依据对现实客观事物对象的特性的认识，分析出其因果关系，找出反映其内部机理的规律，建立的模型常有明确的物理或现实意义.

2. 测试分析

将研究对象看作一个“黑箱”系统，内部机理无法直接寻求，可以测量系统的输入输出数据，通过对测量数据的统计分析，按照事先确定的准则在某一类模型中选出一个与数据拟合得最好的模型.

3. 综合分析

用机理分析建立模型结构，用测试分析确定模型参数也是常用的方法.

三、数学建模的一般过程

1. 问题的形成

在建模前，应对实际问题的历史背景和内在机理有深刻的了解，必须对该问题进行全面的、深入细致的调查研究. 首先要明确所要解决问题的目的和要求，并着手收集数据. 数据是为建立模型而收集的. 因此，如果在调查研究时对建立什么样的模型有所考虑的话，那么就可以按模型需要，更有目的地、更合理地来收集有关数据. 收集数据时应注意精度要求，在对实际问题做深入了解时，向有关专家或从事相关实际工作的人员请教，可以使你对问题了解得更快、更直接.

2. 模型的假设与简化

现实问题错综复杂，常常涉及面极广. 要想建立一个数学模型来面面俱到地反映现实问题是不可能的，也是没有必要的. 一个模型，只要它能反映我们所需要的某一个侧面就够了，建模前应先将问题理想化、简单化，即首先抓住主要因素，忽略次要因素，在相对简单的情况下，理清变量间的关系，建立相应的数学模型. 为此对所给问题作出必要且合理的假设，是建立模型的关键,也是这一步重点要解决的问题.

若假设合理,所建模型就能反映实际问题的实际情况;否则,假设不合理或过多地忽略一些因素,将会导致模型与实际情况不能吻合或部分吻合.这时则要修改假设,修改模型.

3. 模型的建立与求解

根据所作的假设以及事物间的联系,抓住问题的本质,建立各种量之间的关系,把问题转化为数学问题.模型建立过程中要注意分清变量类型,简化变量间的关系,恰当使用数学工具,并且要有较严密的推理以及保证足够的精度.

不同的模型要用到不同的数学工具才能求解.由于计算机的广泛使用,利用已有的许多计算机软件为求解各种不同的数学模型带来了方便,其中著名的有 Mathematica,MATLAB,LINGO 等.掌握了它们,解决问题将会事半功倍.

当然,利用高级语言也可以求解许多实际问题.模型建立后,则要根据所建立的数学模型,结合相应数学问题的求解算法(如方程的求根方法、极值问题求解的最速下降法、微分方程的数值解法等)编程求解才行.

4. 模型的分析与检验

对模型求出的解进行数学上的分析,有助于解决实际问题.分析时,有时要根据问题的要求对变量间的依赖关系并对解的结果的稳定性进行分析,有时要根据求出的解对实际问题的发展趋势进行预测,为决策者提供最优决策方案.除此之外,常常还需要进行误差分析、模型对数据的稳定性分析和灵敏度分析等.

要说明一个模型是否反映了客观实际,也可用已有的数据去验证.若由模型计算出来的理论数据与实际数据比较吻合,则可以认为模型是成功的;若理论数值与实际数值差别较大,则模型失败;若是部分吻合,则可找原因,发现问题,修改模型.修改模型时,对约束条件也要重新考虑,增加、减少或修改约束条件,甚至于修改模型假设,重新建模.

5. 模型的应用

数学模型的应用非常广泛,可以说已经应用到各个领域,而且越来越多地渗透到社会学科、生命学科、环境学科等各领域.由于建模是预测的基础,而预测又是决策与控制的前提,所以用数学模型对实际工作进行指导,可以节省开支、减少浪费、增加收入.特别是对未来的预测和估计,对促进科学技术和工农业生产的发展具有更大的意义.

四、数学建模举例

案例 1　包饺子

1. 问题的提出

通常 1 kg 面和 1 kg 馅包 100 个饺子,现在 1 kg 面不变,但馅比 1 kg 多了,问应多包几个(小一些),还是少包几个(大一些),才能把馅包完?

符号说明:

S——大皮的面积,s——小皮的面积;

V——大皮的体积,v——小皮的体积;

R——大皮的半径,r——小皮的半径.

分析 面积为 S 的一个圆形饺子皮，包成体积为 V 的饺子. 若分成 n 个皮，每个皮的面积为 s，包成体积为 v 的小饺子，则 V 比 nv 大或小多少？

2. 模型的假设

(1) 皮的厚度一样；

(2) 饺子的形状一样.

3. 模型的建立与求解

对大饺子有 $S=k_1R^2$，$V=k_2R^3$，所以 $V=kS^{\frac{3}{2}}$；

对小饺子有 $s=k_1r^2$，$v=k_2r^3$，所以 $v=ks^{\frac{3}{2}}$.

又因为 $S=ns$，所以 $V=n^{\frac{3}{2}}v$，$V=\sqrt{n}(nv)\geqslant nv$，即 V 是 nv 的$\sqrt{n}$倍.

4. 模型的应用

(1) 已知将 1 kg 面包成 100 个饺子可包 1 kg 馅，若将其包成 50 个饺子，则可以包 1.4 kg馅.

(2) 买日用品的诀窍. 市场上牙膏、香皂和洗发水等日用品，同一种品牌一般有规格大小不同的包装，你是选择购买大包装还是购买小包装呢？当然是买大包装.

案例 2 不允许缺货的存储模型或允许缺货的存储模型

(一) 不允许缺货的存储模型

1. 问题的提出

存储原料或货物对于企业、商品流动各部门都是不可少的. 存储量过多，会导致占用资金过多、存储费用过高等问题. 但存储量过少，会导致订货批次增多而增加订货费用，有时造成的缺货可发生经营的损失. 所以应该存在最佳的储存量.

问题的进一步分析：

不允许缺货的情况只考虑两种费用：订货时的一次性费用和货物存储费.

在单位时间(每天)的需求量为常数的情况下，制订最优存储策略(即多长时间订货一次，每次多少)，使总费用最少.

中心问题转为：以总费用为目标函数，确定订货周期 T 和订货量 Q 的最优值.

2. 模型的假设与简化

(1) 时间以天为单位，每隔 T 天订货一次(T 叫订货周期)；货物以吨为单位，订货量为 Q 吨；

(2) 每次订货费为 C_1，每天每吨货物的存储费为 C_2；

(3) 每天货物需求量为 r 吨；

(4) 每 T 天订货 Q 吨，当储存量降到 0 时，订货立即到达(假定订货瞬间完成).

3. 模型的建立与求解

订货周期 T，订货量 Q 与每天的需求量 r 之间满足关系：

$$Q=r\cdot T. \tag{1}$$

记任意时刻 t(一个周期 T 内)的存储量为 q，则 $q(t)$的变化规律如下图所示：

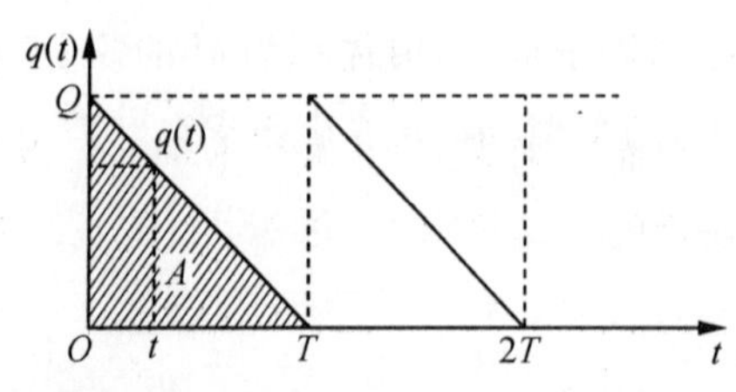

考察一个订货周期 T 的总费用

$$C'=\text{订货费用 }C_1+\text{存储费用 }C_2\cdot\int_0^T q(t)\,\mathrm{d}t,$$

其中 $\int_0^T q(t)\,\mathrm{d}t$ 的值就是图中阴影部分的面积 A，显然，$A=\frac{1}{2}QT$.

所以

$$C'=C_1+\frac{1}{2}C_2\cdot Q\cdot T=C_1+\frac{1}{2}C_2\cdot rT\cdot T=\frac{1}{2}C_2\cdot r\cdot T^2+C_1,$$

当且仅当 $T=0$ 时，才有 $\frac{\mathrm{d}C'}{\mathrm{d}T}=0$，不符合现实. 所以 C' 不能作为目标函数.

选取每天的平均费用（记为 $C(T)$）作为目标函数

$$C(T)=\frac{C'}{T}=\frac{C_1}{T}+\frac{1}{2}C_2rT,$$

利用微分法对模型求解，令 $\frac{\mathrm{d}C}{\mathrm{d}T}=0$，得

$$T=\sqrt{\frac{2C_1}{rC_2}},$$

再由(1)式，得

$$Q=\sqrt{\frac{2C_1r}{C_2}}.$$

这就是经济订货批量公式(EQQ).

为什么货物本身的价格在本模型中可以不考虑？

设货物本身的价格为 k（单价），则

$$C'=C_1+\frac{1}{2}C_2QT+kQ,$$

又因为

$$Q=rT,$$

所以

$$C(T)=\frac{C'}{T}=\frac{C_1}{T}+\frac{1}{2}C_2rT+kr.$$

可见是否考虑货物本身价格不影响模型的最终结果.

4. 模型的验证与评注

经济订货批量公式(EQQ)表明：订货费用 C_1 越高，需求量 r 越大，则订货量 Q 应越大；储存费用 C_2 越高，Q 应越小，则 T 越短. 符合常识.

（二）允许缺货的存储模型

1. 问题的形成

与不允许缺货的存储模型问题的提出相同.

2. 模型的假设与简化

允许缺货时因失去销售机会而使利润减少，减少的利润可以视为因缺货而付出的费用，称为缺货费. 于是对“不允许缺货的存储模型”中的第(4)条假设修改为“(4) 每隔 T 天订货 Q 吨，允许缺货，每天每吨货物缺货费为 C_3.”其他假设不变.

3. 模型的建立与求解

订货周期 T，订货量 Q 与每天的需求量 r 之间满足关系

$$Q=r\cdot T_1.$$

记任意时刻 t（一个周期 T 内）的存储量为 q，则 $q(t)$ 的变化规律如下图所示：

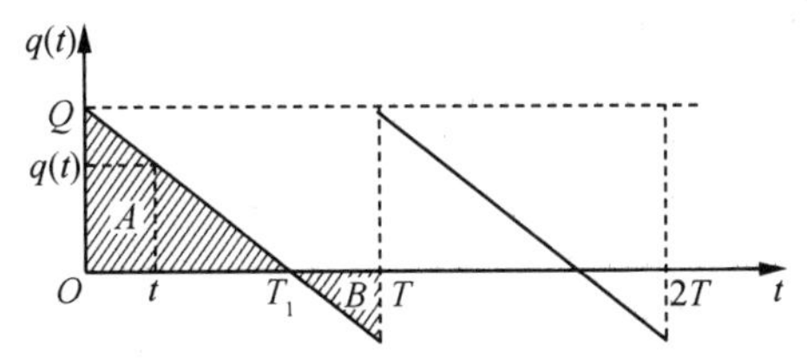

考察一个订货周期 T 的总费用

$$C'=\text{订货费用 } C_1+\text{存储费 } C_2\cdot\int_0^{T_1}q(t)\mathrm{d}t+\text{缺货费 } C_3\cdot\int_{T_1}^{T}|q(t)|\mathrm{d}t,$$

其中 $\int_0^{T_1}q(t)\mathrm{d}t$ 的值就是图中阴影部分的面积 A，显然，$A=\frac{1}{2}QT_1$，$\int_{T_1}^{T}|q(t)|\mathrm{d}t$ 的值是图中阴影部分的面积 B，$B=\frac{1}{2}r(T-T_1)^2$. 所以

$$C'=C_1+\frac{1}{2}C_2\cdot Q\cdot T_1+\frac{1}{2}C_3\cdot r(T-T_1)^2,$$

注意 C' 是 T 和 Q 的二元函数.

仍以每天的平均费用作为目标函数，记为 $C(T,Q)$，则

$$C(T,Q)=\frac{C_1}{T}+\frac{C_2Q^2}{2rT}+\frac{C_3(rT-Q)^2}{2rT}.$$

利用偏导数对上述模型求解. 令 $\frac{\partial C}{\partial T}=0$，$\frac{\partial C}{\partial Q}=0$，求得 T,Q 的最优值，记为 T',Q'，则

$$T'=\sqrt{\frac{2C_1}{rC_2}\cdot\frac{C_2+C_3}{C_3}},Q'=\sqrt{\frac{2C_1r}{C_2}\cdot\frac{C_3}{C_2+C_3}}.$$

4. 模型的验证与评注

记 $\mu=\sqrt{\frac{C_2+C_3}{C_3}}$ $(\mu>1)$，则有 $T'=\mu T$，$Q'=\frac{Q}{\mu}$.

显然 $T'>T$，$Q'<Q$，这表明允许缺货时订货周期应增大，而订货批量应减小.

缺货费 C_3 越大（相对 C_2 而言），则 μ 越小，T' 和 Q' 越接近 T 和 Q.

特别地，当 $C_3\to\infty$ 时，$\mu\to1$，$T'\to T$，$Q'\to Q$.

因为 $C_3\to\infty$ 造成的损失无限变大，这相当于不允许缺货.

案例3 人口预报问题

问题的提出

人口问题是当前世界上人们最关心的问题之一. 认识人口数量的变化规律,作出较准确的预报,是有效控制人口增长的前提. 下面介绍两个最基本的人口模型,并利用表1给出的近两百年的美国人口统计数据,对模型进行检验,最后用它预报2000年、2010年的美国人口.

表1 美国人口统计数据

年份	1790	1800	1810	1820	1830	1840	1850
人口/百万	3.9	5.3	7.2	9.6	12.9	17.1	23.2
年份	1860	1870	1880	1890	1900	1910	1920
人口/百万	31.4	38.6	50.2	62.9	76.0	92.0	106.5
年份	1930	1940	1950	1960	1970	1980	1990
人口/百万	123.2	131.7	150.7	179.3	204.0	226.5	251.4

(一) 指数增长模型(马尔萨斯人口模型)

此模型由英国人口学家马尔萨斯(Malthus,1766—1834)于1798年提出.

1. 模型的假设

人口增长率 r 是正的常数(或单位时间内人口的增长量与当时的人口成正比).

2. 模型的建立

记时刻 $t=0$ 时人口数量为 x_0,时刻 t 的人口数量为 $x(t)$,由于量大,$x(t)$ 可视为连续且可微的函数. 在 t 到 $t+\Delta t$ 时间内人口的增量为

$$\frac{x(t+\Delta t)-x(t)}{\Delta t}=rx(t),$$

于是 $x(t)$ 满足微分方程

$$\begin{cases}\dfrac{dx}{dt}=rx,\\ x(0)=x_0.\end{cases} \tag{1}$$

3. 模型的求解

解微分方程(1),得

$$x(t)=x_0e^{rt}. \tag{2}$$

(2)式表明:当 $t\to\infty$ 时,$x(t)\to\infty$(注意 $r>0$).

4. 模型的评价

该模型的结果说明人口将以指数规律无限增长. 而事实上,随着人口的增加,自然资源、环境条件等因素对人口增长的限制作用越来越显著. 如果当人口较少时人口的自然增长率可以看作常数,那么当人口增加到一定数量以后,这个增长率就要随着人口增加而减少. 于是应该对指数增长模型关于人口净增长率是常数的假设进行修改. 下面的模型是在修改的模型中比较著名的一个.

(二) 阻滞增长模型(Logistic 模型)

考虑资源、环境等因素对人口增长的阻滞作用,且阻滞作用随人口数量的增加而变大.

1. 模型的假设

(1) 人口增长率 r 为人口 $x(t)$ 的函数 $r(x)$(减函数),最简单的是假定 $r(x)=r-sx$ $(r,s>0)$,这是一个线性函数,r 叫作固有增长率.

(2) 自然资源和环境条件年容纳的最大人口容量为 x_m.

2. 模型的建立

当 $x=x_m$ 时,增长率应为 0,即 $r(x_m)=0$,于是 $s=\frac{r}{x_m}$,代入 $r(x)=r-sx$,得

$$r(x)=r\left(1-\frac{x}{x_m}\right). \tag{3}$$

将(3)式代入方程(1),得到模型为

$$\begin{cases}\frac{\mathrm{d}x}{\mathrm{d}t}=r\left(1-\frac{x}{x_m}\right)x,\\ x(0)=x_0.\end{cases} \tag{4}$$

3. 模型的求解

解方程组(4),得

$$x(t)=\frac{x_m}{1+\left(\frac{x_m}{x_0}-1\right)\mathrm{e}^{-rt}}. \tag{5}$$

根据方程(4)作出 $\frac{\mathrm{d}x}{\mathrm{d}t}\sim x$ 曲线图,如图 1 所示,由该图可看出人口增长率随人口数量的变化规律. 根据结果(5)作出 $x\sim t$ 曲线,如图 2 所示,由该图可看出人口数量随时间的变化规律.

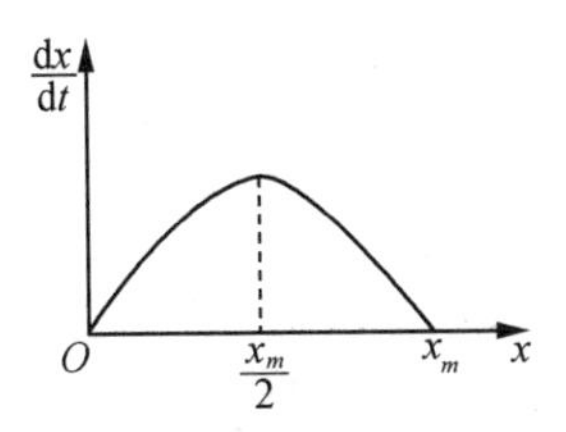

图 1 $\frac{\mathrm{d}x}{\mathrm{d}t}\sim x$ 曲线图

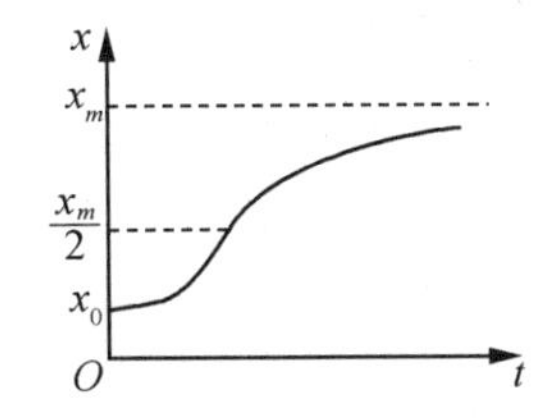

图 2 $x\sim t$ 曲线图

也可将方程组(4)离散化,得

$$x(t+1)=x(t)+\Delta x=x(t)+r\left(1-\frac{x(t)}{x_m}\right)x(t)\ (t=0,1,2,\cdots). \tag{6}$$

4. 模型的参数估计

利用表 1 中 1790—1980 年的数据对 r 和 x_m 拟合得 $r=0.2072$,$x_m=464$. 拟合的具体方法有兴趣的读者可阅读相关资料.

5. 模型的检验与比较

以下是 1790—1980 年美国实际人口与模型预测人口对比表.

表 2　1970—1980 年美国实际人口与模型预测人口对比表

年份(t)	实际人口/百万	指数增长模型		阻滞增长模型	
		预测人口/百万	误差/%	预测人口/百万	误差/%
1790(0)	3.9				
1800(1)	5.3	5.3		5.3	
1810(2)	7.2	7.2		7.2	
1820(3)	9.6	9.8	1.98	9.7	1.25
1830(4)	12.9	13.3	3.10	13.1	1.40
1840(5)	17.1	18.1	5.75	17.5	2.28
1850(6)	23.2	24.6	5.91	23.2	
1860(7)	31.4	33.4	6.34	30.5	−2.99
1870(8)	38.6	45.4	17.56	39.5	2.28
1880(9)	50.2	61.7	22.85	50.4	0.30
1890(10)	62.9	83.8	33.23	63.0	0.22
1900(11)	76.0	113.9	49.86	77.2	1.63
1910(12)	92.0	154.8	68.20	92.4	0.48
1920(13)	106.5	210.3	97.50	108.0	1.36
1930(14)	123.2	285.8	132.0	123.0	−0.15
1940(15)	131.7	388.5	194.97	137.0	4.01
1950(16)	150.7	527.9	250.32	149.4	−0.90
1960(17)	179.3	717.5	300.15	159.9	−10.83
1970(18)	204.0	975.0	377.95	168.6	−17.36
1980(19)	226.5	1325.0	485.02	175.5	−22.50

注意到从 1960 年后预报的结果与实际误差越来越大，这是因为一个国家的最大人口容量只是根据当时的自然资源与环境状况推测的. 随着科技的进步，它也是可以改变的. 如表 2 中 1970 年以后的实际人口数其实已大于原先认为的饱和量 $x_m=197.6$.

阻滞增长模型当然可用作人口预测，但要注意到预测时间越远，保持同样误差的概率越小(即可靠度越低). 故每隔若干年要对模型中的参数作修改.

6. 模型的应用

用模型计算 2000 年的美国人口数量，得到 $x(2000)=275$，实际人口为 281.4(百万). 加入 2000 年人口数据后重新估计模型参数得 $r=0.2490$，$x_m=434.0$，再用模型计算 2010 年的美国人口，得到 $x(2010)=306.0$，实际为 310.2 (百万)，十分吻合.

Logistic 模型应用范围很广，在生物数学(如传染病模型等)、经济领域(如耐用消费品的售量、森林砍伐等)等方面很有用. 只要你进入数学建模的世界，就会经常遇到这个模型. 如果你还想对数学建模做进一步的了解，请登录全国大学生数学建模竞赛网 www.mcm.edu.cn 和中国数学建模网 www.shumo.com.

附录四 Mathematica 简介

Mathematica 是一款由英国科学家史蒂芬·沃尔夫勒姆(Stephen Wolfram)领导的团队于1988年研发的数学软件.当 Mathematica 1.0 发布时,《纽约时报》首先报道:“这个软件的重要性不可忽视.”接着《商业周刊》又将 Mathematica 评为当年十大最重要的新产品之一.在科技界,Mathematica 被誉为智慧和实践的革命.

最初,Mathematica 的影响主要局限于数学、物理学和工程学领域.随着时间的推移,Mathematica 在相当广泛的技术和其他领域显示出其重要性.目前它已被应用于数学、物理、生物、社会学、经济、工程技术等领域,许多世界顶尖科学家都成为它的忠实支持者.在众多重要发现中它起了关键性的作用,同时它也是数以万计的科技文章的基石.在工程领域,Mathematica 已成为开发和制造的标准.迄今为止,世界上许多重要新产品在其设计的某一阶段都依靠了 Mathematica 的帮助.在经济领域,Mathematica 在复杂的金融模型中扮演了重要角色,被广泛地应用于规划和分析.同时,Mathematica 也是计算机科学和软件开发的重要工具.

Mathematica 是世界上最强大的通用计算系统,它以符号计算见长,具有简单易学的交互式操作方式,具有高精度的数值计算功能、强大的作图功能以及逻辑编程功能.在 Mathematica 中开发模型要比用 C, Fortran, Java 等语言快得多,往往几行程序就可以做复杂的事.它还提供了许多(免费)标准程序包扩展以及近百个外接应用商业程序包.它不仅可以完成数学各个分支中的符号运算、数值运算以及逻辑分析,还可以进行图形、声音、动画、文字、文件处理以及人工智能列表处理和结构化程序设计.

近几年来,Mathematic 的版本升级较快,下面介绍的是 Mathematica 5.0 版本.

一、Mathematica 界面

双击 Mathematica 的图标即可启动 Mathematica 系统的主程序,计算机屏幕上出现 Mathematica 的工作界面(图 1),它主要包括一个执行各种功能的工作条和一个工作区窗口,这两个部分是分开的.位于工作条标题行下的第二行是主菜单栏,包括“File”“Edit”“Cell”“Format”“Input”“Kernel”“Find”“Window”“Help”项.用户可以同时打开多个工作窗口,而这多个窗口也是彼此分开的,可以独立进行操作.每一个工作窗口代表一个文件,文件名显示在工作窗口的标题栏上.这种分开式的窗口结构使用起来很方便.用户可以对每一个工作区使用不同的名字保存,默认的文件名分别为 Untitled-1,Untitled-2,Untitled-3,….

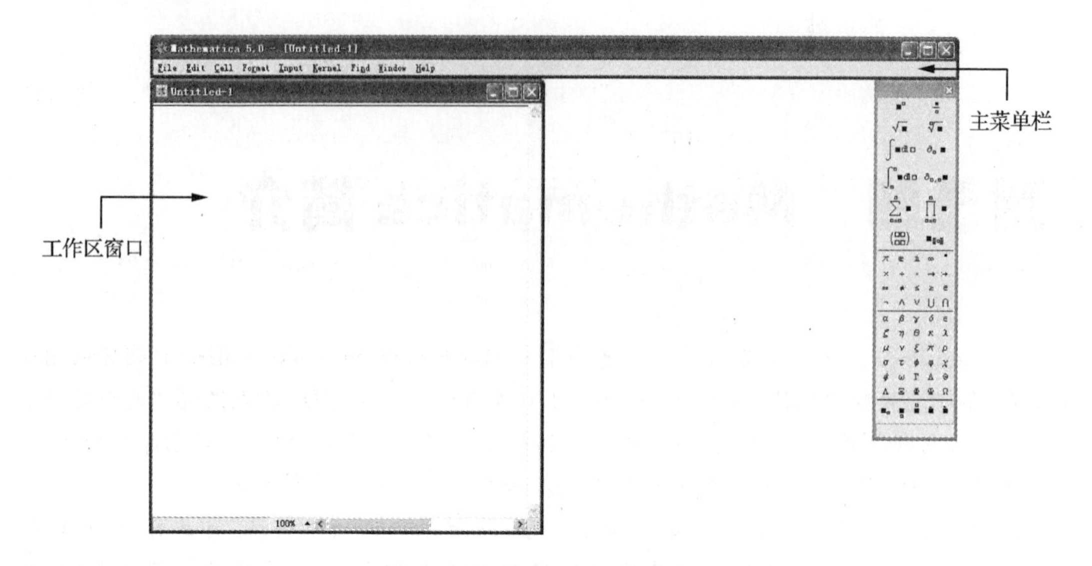

图 1　Mathematica 的界面图

1. 工作区窗口

工作区窗口也称作 Notebook，它是显示一切输入、输出内容的窗口. 无论直接输入各种算式或命令(如解方程、函数作图等)，还是已经编好的结构化程序(如 C 语言)，所有的操作和各种运算都在这个窗口以交互方式完成.

首先单击工作区窗口，可以看到工作区窗口的标题栏以高亮度显示，表示该窗口被选中，输入需要的计算式，如“2＋3”，然后同时按下[Shift]键和[Enter]键，这时系统开始计算并输出计算结果，并给输入和输出附上次序标识 In[1]和 Out[1]，注意 In[1]和 Out[1]均是在运算后由系统自动生成的，用户不必自己输入. 再输入第二个表达式按[Shift]＋[Enter]组合键输出计算结果后，系统分别将其标识为 In[2]和 Out[2]. 可以依次输入不同的计算式并执行计算. 用户输入计算公式时和普通的文本输入一样，Mathematica 将把每次的输入记录在案，并自动给每个输入记录用“In[n]”编号，计算结果用“Out[n]”编号，第 n 个计算结果对应第 n 个输入内容.

一个表达式只有准确无误地输入，才能得出正确结果. 学会看系统出错信息能帮助我们较快找出错误，提高工作效率. 如果输入了不合语法规则的表达式，系统会显示出错信息，并且不给出计算结果. 例如，要画正弦函数在区间[－10，10]上的图形，输入“plot[Sin[x]，{x，－10，10}]”，则系统提示“可能有拼写错误，新符号‘plot’很像已经存在的符号‘Plot’”、实际上，系统作图命令“Plot”的第一个字母必须大写. 再输入“Plot[Sin[x]，{x，－10，10}”，系统又提示缺少右方括号，并且将不配对的括号用紫色显示.

2. 基本输入模板

基本输入模板(Basic Input Palette)由一系列按钮组成，用以输入特殊符号、运算符号、常用表达式等. 用鼠标单击一个按钮，就可以将它所表示的符号输入到当前的工作区窗口中. 当启动 Mathematica 之后，基本输入模板会显示在屏幕的右边，若没有，则选择“File”下拉菜单中的“Palette”→“Basic Input”命令激活它.

3. 主菜单

Mathematica 的菜单项很多，以下只介绍一些最实用的菜单项.

(1) File(文件).

"File"下拉菜单项中的"New""Open""Close"及"Save"命令用于新建、打开、关闭及保存用户的文件,这些选项与 Word 相同.另外有几个选项是 Mathematica 特有的,其中最有用的是"Palettes"(用于打开各种模板)和"Generate Palette from Selection"(用于生成用户自制的模板).

单击"Palettes"项,会弹出 9 个英文选项,其中第四项"BasicInput"(基本输入模板)就是启动时已经显示在屏幕上的模板.其他最有用的选项是第三项"BasicCalculations"(基本计算模板),这个模板分类给出了各种基本计算的按钮.单击各项前面的小三角,会立即显示该项所包含的子项.再次单击各子项前面的小三角,则显示出子项中的各种按钮.若单击其中的某个按钮就可以把该运算命令(函数)输入到工作区窗口中,然后在各个小方块中键入数学表达式,就可以让 Mathematica 进行计算了.这两个模板便于查询和输入,用户无需死记大量的命令和相关的参数.

(2) Cell(单元).

Cell 是组成 Notebook 的基本单元.每一个输入、输出或图形都是一个 Cell,一个 Cell 的全部内容由靠窗口右边的方括号括起来,这个方括号就像 Cell 的手柄,单击这个方括号就选定了这个 Cell,然后就可以对这个 Cell 进行移动、复制、剪切、计算的按钮操作或执行菜单命令.

(3) Exit(退出).

当结束工作时,可以选择"File"菜单中的"Exit"选项或单击关闭按钮.如果文件未存盘,系统会询问是否保存当前工作区内容,选择"Yes",系统要求指定文件名,文件名以".nb"作为后缀,称为 Notebook 文件.用户可以任意给定一个文件名并指定位置,确认后系统将该文件保存在用户所指定的位置.以后想使用本次保存的结果时可以通过"File"菜单中的"Open"选项读入,也可以直接双击它,系统自动调用 Mathematica 将它打开.再次打开该文件可以继续上次的运算.选择"Don't Save"放弃保存,选择"Cancel"取消这次操作并返回 Mathematica.

二、Mathematica 的基本运算

Mathematica 最基本的功能是进行实数和复数的算术运算,包括加(+)、减(-)、乘(*)、除(/)、乘方(^)、阶乘(!)等.我们可按一般数学表达式的手写格式输入这些基本运算.

例如,
```
In[1]:= 2 + 3
Out[1]:= 5
In[2]:= 3^2
Out[2]:= 9
```

注意 (1)算术运算的输入方式有:

expr:直接输入表达式;

N[expr]:计算表达式的近似值,Mathematica 默认的有效数字位数为 16 位,但按标准输出只显示前 6 位有效数字;

N[expr,n]:计算表达式的具有任意指定数字位数的近似值,结果在末位是四舍五入的.

其中 expr 代表任何一个算术表达式，N[]是计算近似值及指定有效数字的位数的函数.

例如，求 e 的近似值，有效数字分别为 6 位、10 位.

```
In[1]:= N[e]
Out[1]:= 2.71828
In[2]:= N[e,10]
Out[2]:= 2.718281828
```

(2) Mathematica 中的运算规律与初等数学中的规定是一致的，运算次序符合通常的约定：先乘方，后乘除，最后加减. 改变表达式中运算次序的方法是圆括号(无论多少层)，不能用其他两种括号：[]和{}. 这两种括号有另外的用途.

例如，4 * (2+3/(2-5))表示 $4\left(2+\dfrac{3}{2-5}\right)$，2^(3^5)表示 2^{3^5}，但(2^3)^5 表示$(2^3)^5$，即 $2^{3\cdot 5}=2^{15}$，2^(3^5)也可以输入 2^3^5.

(3) 在 Mathematica 中，如果在输入的表达式末尾加上一个分号“;”，表示系统计算完不在屏幕上显示计算结果，但你可以利用该结果.

(4) 有时在后面的计算中要调用前面已经计算过的结果，这时 Mathematica 提供了一种简单的调用方式：

命　令	意　义
%	读取前一个输出结果
%%	读取前第二个输出结果
%%…%(n 个%)	读取前第 n 个输出结果
%n	读取第 n 个输出结果

例如，

```
In[1]:= 3^4
Out[1]:= 81
In[2]:= % * 5
Out[2]:= 405
In[3]:= %1 + %2
Out[3]:= 486
```

三、Mathematica 的常数、变量、函数、自定义函数

1. 数学常数

Mathematica 中定义了一些常见的数学常数，这些数学常数都是精确数.

数学常数	意　义	数学常数	意　义
Pi	π=3.14159…	I	虚数单位 i
E	e=2.71828…	Infinity	无穷大∞
Degree	1 度，或 π/180 弧度	-Infinity	负无穷大-∞
GondenRatio	黄金分割数 0.61803…		

2. 给变量赋值

为了方便计算或保存中间计算结果，常常需要引进变量. 利用变量来表示一些变化的量是一种好的程序书写习惯，也是一种方便的输入方法.

在 Mathematica 中，运算符号"＝"或"：＝"起赋值作用，一般形式为

变量＝表达式　或　变量 1＝变量 2＝表达式

其执行步骤为：先计算赋值号右边的表达式，再将计算结果送到变量中. 在后续计算中就可直接把变量作为常量使用. 同一个变量可以表示一个数值、一个数组、一个表达式，甚至一个图形. 例如，

```
In[1]:= u = v = 1(* 与 C 语言类似，可以对变量连续赋值 *)
Out[1]:= 1
In[2]:= r:= u + 1(* 定义 r 的一个延迟赋值 *)
In[3]:= r(* 计算 r *)
Out[3]:= 2
In[4]:= u = .(* 清除变量 u 的值 *)
```

你所定义的变量值是不会变的，具有永久性，一旦你给变量赋值后，这一变量值将一直保持不变. 当你不再使用它时，为防止变量值的混淆，可以随时用"＝". 清除它的值，如果变量本身也要清除，用清除命令"Clear[var]"将它清除. 在进行一项新的工作时，为避免可能的错误，务必先使用清除命令. 例如，

```
In[5]:= Clear[u]
```

3. 变量的替换

在给定一个表达式时，其中的变量可能取不同的值，这时可用变量替换来计算表达式的不同值，方法为：expr/. x －＞xval. 例如，

```
In[1]:= f = x/2 + 1
Out[1]:= 1 + x/2
In[2]:= f/.x ->1
Out[2]:= 3/2
```

如果表达式中有多个变量，也可同时替换，方法为：expr/. {x －＞xval，y －＞yval，…}.

```
In[3]:= (x + y)(x - y)^2/.{x ->3,y ->1 - a}
```

Out[3]:= $(4-a)(2+a)^2$

4. 系统内置函数

在 Mathematic 中定义了大量的数学函数可以直接调用，这些函数是根据定义规则命名的，其名称一般表达了一定的意义，可以帮助我们理解. 就大多数函数而言，通常是英文单词的全写. 对于一些非常通用的函数，系统使用传统的缩写. 例如，"积分"用其全名 Integrate，而"微分"则用其缩写名 D. 下面给出一些常用函数的函数名.

函数名	意　义	函数名	意　义
Sqrt[x]	平方根函数	Exp[x]	指数函数
Log[x]	自然对数	Log[b,x]	以 b 为底的对数函数
Abs[x]	绝对值函数	Sign[x]	符号函数
Min[x,y,…]	取最小值函数	Max[x,y,…]	取最大值函数
Floor[x]	小于或等于 x 的最大整数	Ceiling[x]	大于或等于 x 的最小整数
Round[x]	四舍五入函数	Random[]	取 0 和 1 之间的随机数

三角函数与反三角函数：

Sin[x]　Cos[x]　Tan[x]　Cot[x]　Sec[x]　Csc[x]

ArcSin[x]　ArcCos[x]　ArcTan[x]　ArcCot[x]　ArcSec[x]　ArcCsc[x]

Mathematica 中的函数与数学上的函数有些不同的地方，Mathematica 中的函数是一个具有独立功能的程序模块，可以直接被调用. 同时每一函数也可以包括一个或多个参数，也可以没有参数. 了解各个函数的功能和使用方法是学习 Mathematica 软件的基础.

5. 自定义函数

虽然 Mathematica 为用户提供了大量的函数，但是在很多时候，为了完成某些特定的运算，用户还需要自己定义一些新的函数，其命令格式为

f[x_]=函数表达式　或　f[x_]:=函数表达式

其用法和作用与变量类似. 注意等号左边方括号中的变量后必须紧跟一根下划线"_"，而等号右边表达式中的变量后没有这一符号. 定义了函数 f(x)后，就可对其进行各种算术运算、符号运算或作图.

例如，以下代码定义了函数 $f(x)=x\sin x+x^2$，并求其函数值.

```
In[1]: = f[x_]: = x * Sin[x] + x^2
Out[1]: = x² + xSin[x]
In[2]: = f[1]
Out[2]: = 1 + Sin[1]
In[3]: = f[x]/.x->2
Out[3]: = 4 + 2Sin[2]
```

建议读者在定义函数时，将函数名和要用到的变量清除. 可用"f[x_]:=."清除函数 f[x_]的定义，用"Clear[f]"清除所有以 f 为函数名的函数定义，用"Remove[f]"从系统中删除该函数.

四、多项式运算

Mathematica 的一个重要的功能是进行代数公式演算，即符号运算. 例如，多项式的加(+)、减(−)、乘(*)、除(/)、乘方(^)等. 不仅如此，Mathematica 还提供了许多关于多项式运算的函数，现列出较常用的一些命令：

命　　令	意　　义
Expand[expr]	展开多项式 expr
Factor[expr]	对多项式 expr 进行因式分解
Simplify[expr]	将表达式 expr 化为最简形式
FullSimplify[expr]	将表达式 expr 化为最简形式(功能更强)
Collect[expr,x]	以 x 的幂的形式重排多项式
Collect[expr,{x,y,…}]	以 $x,y,\cdots$ 的幂的形式重排多项式

例 1　按下列要求进行多项式运算:

(1) 对 x^8-1 进行分解;　　(2) 展开多项式$(1+x+3y)^4$;

(3) 展开并化简$(2+x)^4(1+x)^4(3+x)^3$.

解
```
In[1]:= Factor[x^8 - 1]
Out[1]:= (-1 + x)(1 + x)(1 + x^2)(1 + x^4)
In[2]:= Expand[(1 + x + 3y)^4]
Out[2]:= 1 + 4x + 6x^2 + 4x^3 + x^4 + 12y + 36xy + 36x^2 y + 12x^3 y + 54y^2 + 108xy^2 +
         54x^2 y^2 + 108y^3 + 108xy^3 + 81y^4
In[3]:= Simplify[Expand[(2 + x)^4(1 + x)^4(3 + x)^3]]
Out[3]:= (3 + x)^3 (2 + 3x + x2)^4
```

五、解方程

命　令	意　义
Solve[方程,变量]	求方程的解
Solve[方程组,变量(组)]	求方程组的解
NSolve[方程,变量,精度]	求方程的全部数值解
NSolve[方程组,变量(组),精度]	求方程组的全部数值解
Roots[方程,变量]	求表达式的根
FindRoot[方程,{x,x_0},{y,y_0},…]	从(x_0,y_0,…)出发,找方程(组)的一个解

注:(1) Mathematica 在解方程时,有时不能求出方程的精确解,但通常能求出方程的近似值解;

(2) 输入方程时一定要用"=="代替"=".

Solve 函数可处理的主要方程是多项式方程. Mathematica 总能对不高于四次的方程进行精确求解,对于三次或四次方程,解的形式可能很复杂.

例 2　解下列方程(组):

(1) $x^2-1=0$;　　(2) $x^5-2x+1=0$;　　(3) $\begin{cases}2x+y=4,\\x-y=2.\end{cases}$

解
```
In[1]:= Solve[x^2 - 1 = = 0,x]
Out[1]:= {{x→ - 1},{x→1}}
In[2]:= NSolve[x^5 - 2x + 1 = = 0,x,10]
Out[2]:= {{x→ - 1.290648801},{x→ - 0.114070631 - 1.216746004},
```

```
        {x→-0.114070631+1.216746004},{x→0.518790064},
        {x→1.000000000}}
In[3]:=Solve[{2x+y==4,x-y==2},{x,y}]
Out[3]:={{x→2,y→0}}
```

注意 若方程(组)无解时,输出结果是一个大括号{}.

六、解不等式

为减轻内存的负担,Mathematica 把不经常使用的命令或函数分类储存,形成多个外部函数库.在启动 Mathematica 时,这些函数库不会被自动加载,当需要某个函数库时必须手动加载.

Mathematica 没有解不等式的内部函数,但是它提供了求解不等式(组)的软件包函数"InequalitySolve",因此在解不等式时,首先要进行手动加载.

命　令	意　义
<<Algebra′InequalitySolve′	加载函数库
InequalitySolve[不等式(组),变量(组)]	解不等式(组)

例 3 解下列不等式(组):

(1) $x(x^2-2)(x^2-3)>0$;　　(2) $\begin{cases} x^2-2x-3>0, \\ x^2+3x-4<0. \end{cases}$

解
```
In[1]:=<<Algebra`InequalitySolve`
       InequalitySolve[x(x^2-2)(x^2-3)>0,x]
Out[1]:=-√3<x<-√2 || 0<x<√2 || x>√3
In[2]:=InequalitySolve[{x^2-2x-3>0,x^2+3x-4<0},x]
Out[2]:=-4<x<-1
```

注意 当重复使用同一个外部函数时,在第一次加载外部函数库后不需要再加载.

七、函数作图

1. 一元函数作图

在 Mathematica 中可以绘制出各种平面曲线、空间曲线、曲面以及一些特殊图形,如直方图、饼图等,还可以生成动画.Mathematica 系统利用内部函数与绘图函数库绘制图形,下面介绍一元函数作图的方法.

Plot 是一个用于制作函数 f(x)图形的作图函数,其格式如下:

命　令	意　义
Plot[f,{x,a,b},选择项]	在$[a,b]$上画出 $f(x)$的图形
Plot[{f,g,…},{x,a,b},选择项]	同时画出 $f(x),g(x),\cdots$的图形
Show[{u1,u2,…,un},选择项]	将函数图形 $u_1,u_2,\cdots,u_n$ 同时显示

例 4 绘制函数 $f(x)=x^2\sin 3x$ 在区间$[-\pi,\pi]$上的图形.

解
```
In[1]:=Plot[x^2Sin[3x],{x,-Pi,Pi}]
Out[1]:=-Graphics-
```

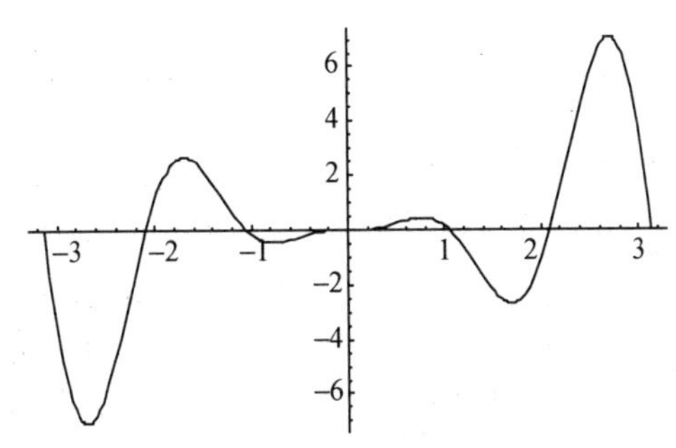

在用 Mathematica 系统作图时，可以使用选择项对所绘制图形的细节提出各种要求和设置. 例如，指定坐标轴的名称、给所绘制的曲线上色等. 这些要求和设置都是由上面作图命令中的"选择项"给出的. 每一个选择项都有一个确定的名称，以"选择项→选择项值"的形式放在"Plot"命令中最后面的位置. 一次可以设置多个选择项，选择项之间依次排列，以逗号相隔.

给上例中的函数图形指定坐标轴的名称.

In[2]: = p1 = Plot[x^2Sin[3x],{x, - Pi,Pi},AxesLabel ->{x,y}]

或者 In[2]: = Show[p1,AxesLabel ->{x,y}]

Out[2]: = -Graphics-

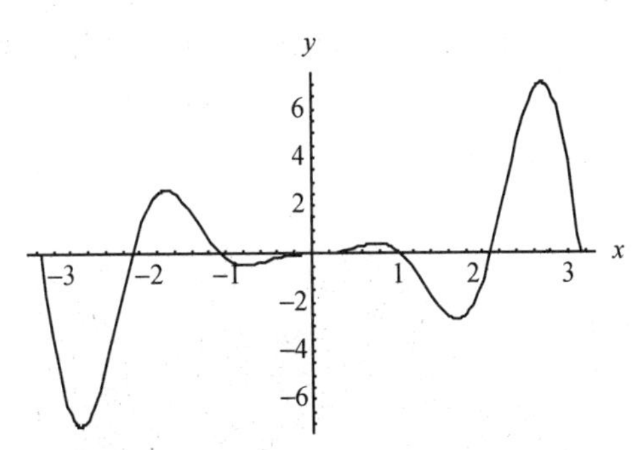

将线条加粗，并给图形加上网格.

In[3]: = Plot[x^2Sin[3x],{x, - Pi,Pi},PlotStyle ->Thickness[0.01], GridLines ->Automatic]

Out[3]: = -Graphics-

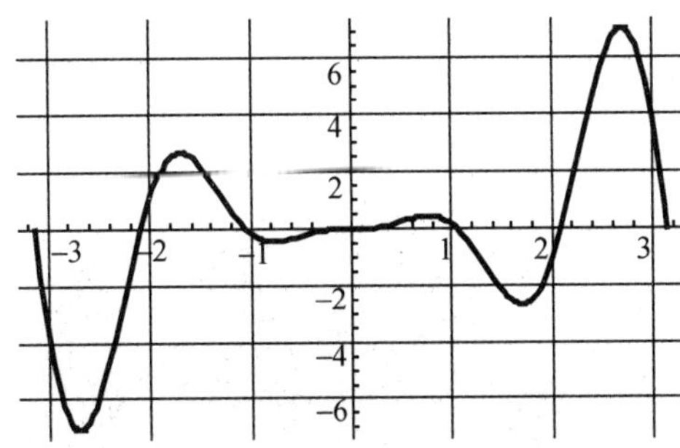

如果我们希望把几条曲线描绘在一起加以比较，可按以下方式操作：

In[4]: = Plot[{Sin[x],Cos[x]},{x, - 2Pi,2Pi},PlotStyle ->{RGBColor[1,0, 0], RGBColor[0,1,0]}]

另外，在 Mathematica 系统中还可以绘制参数方程图形、极坐标方程图形以及隐函数图形.相关命令如下：

命　令	意　义
ParametricPlot[{x(t),y(t)},{t,a,b},选择项]	在区间$[a,b]$上,作出参数曲线图,t为参数
ParametricPlot[{{x_1(t),y_1(t)},{x_2(t),y_2(t)},…},{t,a,b},选择项]	在一个坐标系中同时绘制多个参数曲线图
PolarPlot[r(θ),{θ,$θ_{min}$,$θ_{max}$}]	画出极坐标方程$r=r(\theta)$的曲线
PolarPlot[{r_1(θ),r_2(θ),…},{θ,$θ_{min}$,$θ_{max}$}]	在一个坐标系中同时绘制多个极坐标曲线
ImplicitPlot[表达式,{x,x_1,x_2},选择项]	作隐函数图形
ImplicitPlot[{表达式1,表达式2,…},{x,x_1,x_2},选择项]	作多个隐函数图形

注意　在绘制极坐标曲线时需先加载<<Graphics′Graphics′函数库，在绘制隐函数图形时需先加载<<Graphics′ImplicitPlot′函数库.

2. 空间曲线与曲面

(1) 利用 Plot3D 函数进行空间曲面的作图.

Plot3D 函数的用法：

命　令	意　义
Plot3D[f(x,y),{x,a,b},{y,c,d},选择项]	在$x\in[a,b]$, $y\in[c,d]$上画出$f(x,y)$的图形

例 5　作出$f(x,y)=\sin(xy)$的图形,并利用选择项对所作图形进行修饰.

解
```
In[1]:= Plot3D[Sin[x*y],{x,0,4},{y,0,4},AxesLabel→{x,y,z}]
Out[1]:= -SurfaceGraphics-
```

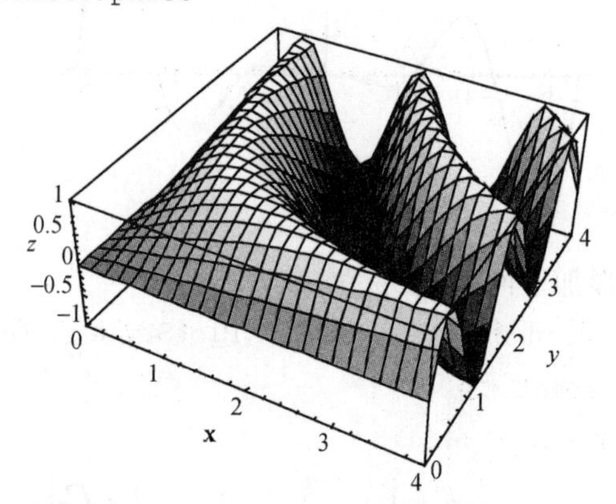


```
In[2]:= Plot3D[Sin[x*y],{x,0,4},{y,0,4}, Shading→False]
Out[2]:= -SurfaceGraphics-
```

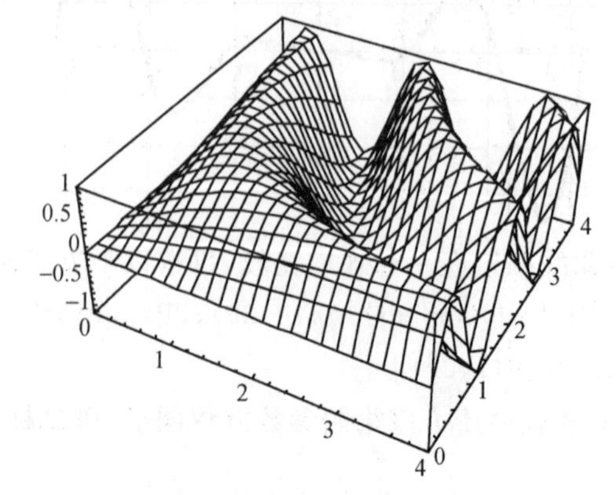

(2) 利用 ParametricPlot3D 函数进行空间曲面(曲线)的参数作图.

若函数是 $z=f(x,y)$的形式,则可以利用"Plot3D"命令绘制这个函数的曲面.但有些空间曲面(曲线)无法表示成 $z=f(x,y)$的形式,如球面、螺旋线等.这种空间曲面(曲线)有时可以利用一组参数方程来表示.对于这类用参数方程表示的曲面(曲线),我们用"ParametricPlot3D"函数进行作图,其格式如下:

命　令	意　义
ParametricPlot3D[{f,g,h},{u,u0,u1},{v,v0,v1},选择项]	画出由参数方程 $\begin{cases}x=f(u,v),\\y=g(u,v),\\z=h(u,v)\end{cases}$ 所确定的空间曲面图形
ParametricPlot3D[{f,g,h},{t,t0,t1},选择项]	画出由参数方程 $\begin{cases}x=f(t),\\y=g(t),\\z=h(t)\end{cases}$ 所确定的空间曲线图形

由上表可以看出,如果参数方程有两个变量,那么所作图形为空间曲面.如果参数方程只有一个变量,那么所作图形为空间曲线.选择项与 Plot3D 作图的选择项类似.

例 6　作出由参数方程$\begin{cases}x=\sin t,\\y=\cos t,(0\leqslant t\leqslant 8\pi)\\z=0.05t\end{cases}$所确定的圆柱螺旋线的图形.

解

```
In[1]:= ParametricPlot3D[{Sin[t],Cos[t],0.05t},{t,0,8Pi}]
Out[1]:= -Graphics3D-
```

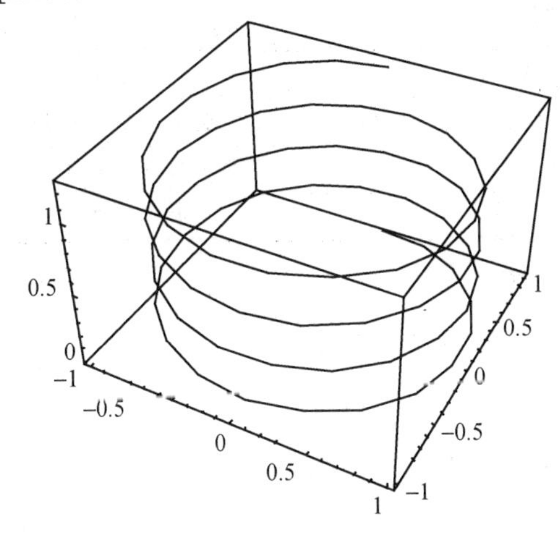

八、函数的极限

使用函数 Limit 求极限的命令如下:

命　令	意　义
Limit[f(x), x→x_0]	当 $x \to x_0$ 时，求函数 $f(x)$ 的极限
Limit[f(x), x→Infinity]	当 $x \to \infty$ 时，求函数 $f(x)$ 的极限
Limit[f(x), x→x_0, Direction→1]	当 $x \to x_0^+$ 时，求函数 $f(x)$ 的极限
Limit[f(x), x→x_0, Direction→−1]	当 $x \to x_0^-$ 时，求函数 $f(x)$ 的极限

例 7　计算下列极限：

(1) $\lim\limits_{x \to 0}\dfrac{\sin 4x}{\sin 7x}$；　(2) $\lim\limits_{x \to 0^-} 2^{\frac{1}{x}}$ 和 $\lim\limits_{x \to 0^+} 2^x$；　(3) $\lim\limits_{x \to -\infty} \arctan x$.

解　(1) In[1]:= Limit[Sin[4x]/Sin[7x],x->0]

Out[1]:= $\dfrac{4}{7}$

(2) In[2]:= Limit[2^(1/x),x->0,Direction->-1]

Out[2]:= ∞

In[3]:= Limit[2^x,x->0,Direction->1]

Out[3]:= 1

(3) In[4]:= Limit[ArcTan[x],x->-Infinity]

Out[4]:= $-\dfrac{\pi}{2}$

九、导数与微分

1. 求函数 $y=f(x)$ 的导数及微分

求导数和微分的命令如下：

命　令	意　义
D[f,x]	求 f 对 x 的导数
D[f,{x,n}]	求 f 对 x 的 n 阶导数
Dt[f]	求 f 的微分

例 8　(1) $f(x)=\sin x$，求 $f'(x)$；

(2) $f(x)=e^x\cos x$，求 $f''(x)$ 及 $f''\left(\dfrac{\pi}{2}\right)$；

(3) $y=\sin^3 2x$，求 dy.

解　(1) In[1]:= D[Sin[x],x]

Out[1]:= Cos[x]

(2) In[2]:= u=D[Exp[x]*Cos[x],{x,2}]

Out[2]:= $-2e^x$Sin[x]

In[3]:= u/.x->Pi/2

Out[3]:= $-2e^{\frac{\pi}{2}}$

(3) In[4]:= Dt[Sin[2x]^3]

Out[4]:= 6Cos[2x]Dt[x]Sin[2x]^2

2. 求偏导数与全微分

求偏导数与全微分的命令如下：

命　令	意　义
D[z,x]	计算函数 $z=f(x,y)$关于 x 的偏导数
D[z,y]	计算函数 $z=f(x,y)$关于 y 的偏导数
D[z,{x,n}]	计算函数 $z=f(x,y)$关于 x 的 n 阶偏导数
D[z,{y,n}]	计算函数 $z=f(x,y)$关于 y 的 n 阶偏导数
Dt[f(x,y)]	求函数 $z=f(x,y)$的全微分

例 9　已知 $z=e^{x-y}$，求 $\frac{\partial z}{\partial x},\frac{\partial z}{\partial y},\frac{\partial^2 z}{\partial x\partial y}$.

解　In[1]:= D[Exp[x - y],x]

Out[1]:= e^{x-y}

In[2]:= D[Exp[x - y],y]

Out[2]:= $-e^{x-y}$

In[3]:= D[%1,y]

Out[3]:= $-e^{x-y}$

例 10　设 $z=\sin\frac{x}{y}$，求 z 的全微分.

解　In[1]:= Dt[Sin[x/y]]

Out[1]:= $\text{Cos}\left[\frac{x}{y}\right]\left(\frac{\text{Dt}[x]}{y}-\frac{x\text{Dt}[y]}{y^2}\right)$

十、函数的极值与最值

在 Mathematica 系统中求函数的极值和最值的命令如下：

命　令	意　义
FindMinimum[f[x],{x,x_0}]	以 $x=x_0$ 为初始条件求 $f[x]$的极小值. 结果以{f_{min},{$x\to x_{min}$}}的形式输出，其中 f_{min}是极小值，x_{min}是极小值点
FindMaximum[f[x],{x,x_0}]	以 $x=x_0$ 为初始条件求 $f[x]$的极大值. 结果以{f_{max},{$x\to x_{max}$}}的形式输出，其中 f_{max}是极大值，x_{max}是极大值点
Minimize[{f,cons},{x,y}]	函数 f 在约束条件 cons 下关于 x,y 的最小值(精确值)
Maximize[{f,cons},{x,y}]	函数 f 在约束条件 cons 下关于 x,y 的最大值(精确值)

说明　在求函数极值时，首先要作出函数在某一区间的图形，通过图形观察函数在区间的不同区域内的大致极值点，然后用“FindMinimum”和“FindMaximum”命令以这些点作为初始条件搜索函数在这一区间内的极值.

例 11　求函数 $f(x)=6e^{-\frac{x^2}{4}}\sin 3x+x$ 在[-4,4]上的极值.

解　首先作出函数的图形：

In[1]:= f[x_]:= 6Exp[- x^2/4]Sin[3x] + x;

Plot[f[x],{x, - 4,4},AxesLabel ->{x,y}]

Out[1] = -Graphics-

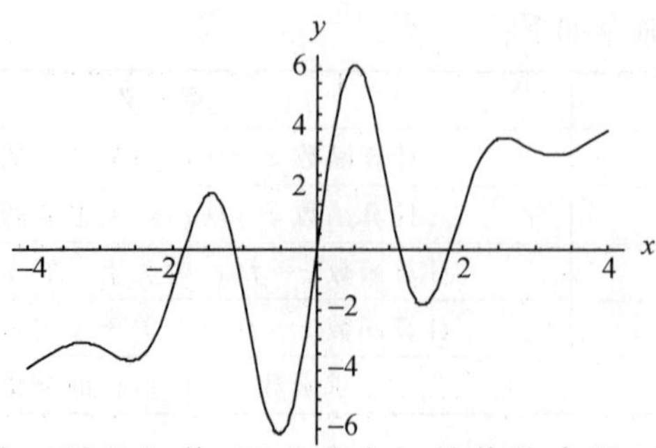

由于函数 $f(x)$有多个区域的极值,因此改变初始值能求得函数在不同区域的极值,下面通过观察图形用极值命令求极值.

```
In[2]: = FindMinimum[f[x],{x, - 0.5}]
Out[2]: = { - 6.1282,{x→ - 0.514795}}
```

在 $x=-0.514795$ 处有极小值 -6.1282.

```
In[3]: = FindMinimum[f[x],{x, - 2.5}]
Out[3]: = { - 3.70903,{x→ - 2.57313}}
```

在 $x=-2.57313$ 处有极小值 -3.70903.

```
In[4]: = FindMinimum[f[x],{x,1.5}]
Out[4]: = { - 1.86866,{x→1.46049}}
```

在 $x=1.46049$ 处有极小值 -1.86866.

```
In[5]: = FindMinimum[f[x],{x,3}]
Out[5]: = {3.11327,{x→3.24882}}
```

在 $x=3.24882$ 处有极小值 3.11327.

```
In[6]: = FindMaximum[f[x],{x, - 3}]
Out[6]: = { - 3.11327,{x→ - 3.24882}}
```

在 $x=-3.24882$ 处有极大值 -3.11327.

```
In[7]: = FindMaximum[f[x],{x, - 1.5}]
Out[7]: = {1.86866,{x→ - 1.46049}}
```

在 $x=-1.46049$ 处有极大值 1.86866.

```
In[8]: = FindMaximum[f[x],{x,0.5}]
Out[8]: = {6.1282,{x→0.514795}}
```

在 $x=0.514795$ 处有极大值 6.1282.

```
In[9]: = FindMaximum[f[x],{x,2.5}]
Out[9]: = {3.70903,{x→2.57313}}
```

在 $x=2.57313$ 处有极大值 3.70903.

在 Mathematica 中还可以求函数的最大值和最小值. 例如,

```
In[10]: = Minimize[x^2 - 3x + 6,x]
```

Out[10]: = $\left\{\frac{15}{4},\left\{x\to\frac{3}{2}\right\}\right\}$

In[11]:= Maximize[{5x * y - x^4 - y^4, x + y = = 1}, {x, y}]

Out[11]:= $\left\{\frac{9}{8},\left\{x\to\frac{1}{2},y\to\frac{1}{2}\right\}\right\}$

十一、积分计算

1. 一元函数的积分计算

在 Mathematica 系统中用 Integrate 函数或用模板中的积分运算符号进行积分的计算，其格式如下：

命　令	意　义
Integrate[f[x],x]或模板中的 $\int \mathrm{d}x$	计算不定积分 $\int f(x)\mathrm{d}x$
Integrate[f[x],{x,a,b}]或模板中的 $\int \mathrm{d}x$	计算定积分 $\int_a^b f(x)\mathrm{d}x$
NIntegrate[f[x],{x,a,b}]	计算定积分 $\int_a^b f(x)\mathrm{d}x$ 的数值解

例 12 计算下列积分：

(1) $\int x\mathrm{e}^{x^2}\mathrm{d}x$； (2) $\int_0^4 \mathrm{e}^{\sqrt{x}}\mathrm{d}x$； (3) $\int_{-\infty}^{+\infty}\frac{\mathrm{d}x}{1+x^2}$； (4) $\int_0^1\frac{\sin x}{x}\mathrm{d}x$.

解 (1) In[1]:= Integrate[x * Exp[x^2],x]或 In[1]:= $\int x * \mathrm{e}^{x^2}\mathrm{dx}$

Out[1]:= $\frac{\mathrm{e}^{x^2}}{2}$

(2) In[2]:= Integrate[Exp[Sqrt[x]],{x,0,4}]或 In[2]:= $\int_0^4 \mathrm{e}^{\sqrt{x}}\mathrm{dx}$

Out[2]:= $2(1+\mathrm{e}^2)$

(3) In[3]:= Integrate[1/(1 + x^2),{x, - Infinity, + Infinity}]

或 In[3]:= $\int_{-\infty}^{+\infty}\frac{1}{1+x^2}\mathrm{dx}$

Out[3]:= π

(4) In[4]:= NIntegrate[Sin[x]/x,{x,0,1}]

Out[4]:= 0.946083

2. 重积分的计算

重积分的计算可以利用“Integrate”命令完成，其格式如下：

命　令	意　义
Integrate[f(x,y), {x, a, b}, {y, c, d}]	将二重积分化为二次积分进行计算，即计算 $\int_a^b\int_c^d f(x,y)\mathrm{d}y\mathrm{d}x$
NIntegrate[f(x,y), {x, a, b}, {y, c, d}]	计算二重积分的数值解

注意 计算二重积分也可利用基本输入模板上的积分符号的组合来完成.

例 13 计算二重积分 $\iint\limits_D xy\mathrm{d}x\mathrm{d}y$，其中 D 是抛物线 $y^2=x$ 与直线 $y=x-2$ 所围成的区域.

解 In[1]:= Integrate[x * y,{y, - 1,2},{x,y^2,y + 2}]

Out[1]: = $\frac{45}{8}$

十二、常微分方程

在 Mathematica 系统中用"DSolve"命令求微分方程(组)的通解、特解,其调用格式如下:

命　令	意　义
DSolve[微分方程,y[x],x]	求微分方程的通解
DSolve[{微分方程,初始条件},y[x],x]	求微分方程的特解
DSolve[微分方程组,{y[x],…,z[x]},x]	求微分方程组的通解
DSolve[{微分方程组,初始条件组},{y[x],…,z[x]},x]	求微分方程组的特解

注意　在 Mathematica 中,方程中未知函数用 y[x]表示,其微分用 y′[x],y″[x]等表示.

例 14　求微分方程 $y''+2y'+y=0$ 的通解.

解　In[1]: = DSolve[y″[x] + 2y′[x] + y[x] = = 0,y[x],x]

Out[1]: = {{y[x]→e^{-x}C[1] + e^{-x}xC[2]}} (C[1],C[2]表示任意常数)

我们知道,对大多数微分方程而言,其精确解是不能用初等函数表示出来的.这时,只能求其数值解.只要微分方程式含有初值问题,且属于常微分方程式,则可以用"NDSolve"命令求得该微分方程的数值解."NDSolve"命令的调用格式如下:

命　令	意　义
NDSolve[{微分方程,初始条件},y,{x,x_{min},x_{max}},选择项]	求微分方程的数值解
NDSolve[{微分方程组,初始条件组},{y,z,…},{x,x_{min},x_{max}},选择项]	求微分方程组的数值解

注意　(1) 由于 NDSolve 输出微分方程的数值解是 InterpolatingFunction[{a,b},<>],{a,b}是数值解的定义区间.因此,我们可以根据 InterpolatingFunction 函数查询某一点的函数值.

(2) 选择项为 AccuracyGoal→n(n>0)时,表示数值解的精确度为 10^{-n}.

例 15　在区间[0,10]上求微分方程 $\begin{cases} y''+y'+8y=\sin x, \\ y(0)=1,y'(0)=0 \end{cases}$ 在 $x=0.1$ 处的解,精确到 10^{-5}.

解　In[1]: = NDSolve[{y″[x] + y′[x] + 8y[x] = = Sin[x],y[0] = = 1,y′[0] = = 0},y,
{x,0,10},AccuracyGoal→5]

Out[1]: = {{y→InterpolatingFunction[{{0.,10.}},<>]}}

In[2]: = y[0.1]/. %

Out[2]: = {0.961713}

十三、向量运算

Mathematica 系统中有关向量的加、减、数乘以及两个向量的点积、叉积等运算的命令的具体格式如下:

命　令	意　义
a={x,y,z}	向量 **a** 的输入
$a+b$	向量 **a** 与 **b** 的和
$a-b$	向量 **a** 与 **b** 的差
ca(c 为常数)	数量 c 与向量 **a** 的乘法
Dot[a,b]	向量 **a** 与 **b** 的点积（数量积）
Cross[a,b]	向量 **a** 与 **b** 的叉积（向量积）

例 16　已知 $\boldsymbol{a}=\{x_1,y_1,z_1\}$，$\boldsymbol{b}=\{x_2,y_2,z_2\}$，计算 $\boldsymbol{a}+\boldsymbol{b}$，$\boldsymbol{a}-\boldsymbol{b}$，$2\boldsymbol{a}$，$\boldsymbol{a}\cdot\boldsymbol{b}$，$\boldsymbol{a}\times\boldsymbol{b}$，$|\boldsymbol{a}|$.

解

```
In[1]: = a = {x1,y1,z1}
Out[1]: = {x1,y1,z1}
In[2]: = b = {x2,y2,z2}
Out[2]: = {x2,y2,z2}
In[3]: = a + b
Out[3]: = {x1 + x2,y1 + y2,z1 + z2}
In[4]: = a - b
Out[4]: = {x1 - x2,y1 - y2,z1 - z2}
In[5]: = 2a
Out[5]: = {2x1,2y1,2z1}
In[6]: = Dot[a,b]
Out[6]: = x1x2 + y1y2 + z1z2
In[7]: = Cross[a,b]
Out[7]: = { - y2z1 + y1z2,x2z1 - x1z2, - x2y1 + x1y2}
In[8]: = Sqrt[Dot[a,a]]
```

Out[8]: = $\sqrt{x1^2+y1^2+z1^2}$

十四、无穷级数

1. 级数求和

级数求和的命令如下：

命　令	意　义
Sum[u_n, {n, 1, Infinity}]	求级数 $\sum\limits_{n=1}^{\infty}u_n$ 在收敛域内的和(或和函数)

例 17　求下列级数的和：

(1) $\sum\limits_{n=1}^{\infty}(-1)^{n-1}\frac{1}{2^n}$；　(2) $\sum\limits_{n=1}^{\infty}\frac{1}{n}$；　(3) $\sum\limits_{n=0}^{\infty}(n+1)x^n$.

解

```
In[1]: = Sum[( - 1)^(n - 1) * 1/2^n,{n,1,Infinity}]
```

Out[1]: = $\frac{1}{3}$

```
In[2]: = Sum[1/n,{n,1,Infinity}]
```

Out[2]: = $\sum_{n=1}^{\infty}\frac{1}{n}$

In[3]: = Limit[Sum[1/n,{n,1,k}],k->Infinity]

Out[3]: = ∞

In[4]: = Sum[(n+1)*x^n,{n,0,Infinity}]

Out[4]: = $\frac{1}{(-1+x)^2}$

注意 (1) 上述结果出现$\sum_{n=1}^{\infty}\frac{1}{n}$表明该级数发散；

(2) 上述运算也可利用基本输入模板上的级数符号来完成.

2. 将函数在指定点展开成泰勒级数

将函数在指定点展开成泰勒级数的命令如下：

命　令	意　义
Series[函数表达式，{x, x_0, n}]	将函数在指定点 x_0 处展开至 n 阶泰勒(幂)级数，展开式中含有 $n+1$ 阶无穷小量
Normal[Series[函数表达式，{x, x_0, n}]]	将函数在指定点 x_0 处展开至 n 阶泰勒(幂)级数，展开式中不含有 $n+1$ 阶无穷小量

说明 当 $x_0=0$ 时，展开式为麦克劳林级数.

例 18 将函数 $y=e^x$ 展开成 6 阶麦克劳林级数.

解 In[1]: = Series[Exp[x],{x,0,6}]

Out[1]: = $1+x+x^2/2+x^3/6+x^4/24+x^5/120+x^6/720+O[x]^7$

例 19 将函数 $f(x)=\frac{1}{x}$展开成$(x-1)$的 7 阶幂级数.

解 In[1]: = Series[1/x,{x,1,7}]

Out[1]: = $1-(x-1)+(x-1)^2-(x-1)^3+(x-1)^4-(x-1)^5+(x-1)^6-(x-1)^7+O[x-1]^8$

附录五　习题与复习题参考答案或提示

习题 1.1

1. (1) $(3,+\infty)$； (2) $[0,\pi)$.

2. (1) $y=\sin x^2$； (2) $y=\sin^2 x$； (3) $y=\sqrt{\sin 2x}$； (4) $y=3\arcsin(1-x^2)$.

3. (1) $y=\sqrt{u},u=1-x$； (2) $y=e^u,u=-x$； (3) $y=5u^3,u=x+2$；

(4) $y=u^2,u=\sin v,v=3x+\frac{\pi}{4}$； (5) $y=\arccos u,u=\sqrt{v},v=x^2+1$；

(6) $y=3u^2,u=\ln v,v=x+e^x$.

习题 1.2

1. (1) 略； (2) 0,1； (3) 不存在.

2. (1) 0； (2) 0； (3) 1； (4) 2； (5) 不存在.

3. (1) 0； (2) 1； (3) 0.

习题 1.3

1. (1) -9； (2) $\frac{1}{2}$； (3) 1； (4) $-\frac{1}{2}$.

2. (1)(6)为无穷大量,(2)(3)(4)(5)为无穷小量.

3. (1) 0； (2) 0.

4. (1) $\frac{2}{3}$； (2) 3； (3) 1.

5. (1) e^2； (2) e^2； (3) $e^{\frac{1}{2}}$.

6. (1) x^3 是 $5x^2$ 的高阶无穷小量； (2) $\frac{1}{3x^2+10}$是$\frac{1}{10000+5x}$的高阶无穷小量； (3) 等价无穷小量；

(4) 等价无穷小量.

习题 1.4

1. (1)不连续； (2) 不连续； (3) 不连续； (4) 不连续； (5) 连续； (6) 连续,不连续.

2. 不连续.

3. (1) $\sqrt{5}$； (2) $-\frac{\sqrt{2}}{2}$； (3) $\sqrt{3}$.

4. (1) $y=0$； (2) $y=1$； (3) $y=1$.

复习题一

1. (1) $[-\sqrt{3},\sqrt{3}]$； (2) $(-\infty,1)\cup(1,2)\cup(2,+\infty)$； (3) $[2,3)\cup(3,5)$； (4) $\left[\frac{1}{3},1\right]$.

2. $2,1,2,2,\frac{\sqrt{2}}{2}$.

3. (1) 偶函数； (2) 奇函数.

4. (1) $y=x^3-2$； (2) $y=\frac{1-x}{1+x}$.

5. (1) $y=\sqrt{3x^2-6}$； (2) $y=\arccos(1-x^2)$； (3) $y=e^{2x+3}$； (4) $y=\lg(7x+1)^2$.

6. (1) $y=\sin u, u=3x$； (2) $y=\sqrt[3]{u}, u=2-5x$； (3) $y=u^2, u=\cos v, v=2x+\frac{\pi}{5}$；

(4) $y=5^u, u=\tan v, v=\frac{1}{x}$.

7. 14；不存在；2；4.

8. (1) 3； (2) -5； (3) 0； (4) ∞； (5) $\frac{1}{2}$； (6) 0； (7) $\frac{1}{2}$； (8) ∞.

9. (1)×； (2)√； (3)√； (4)×； (5)×； (6)√. 理由略.

10. (1) 0； (2) 0.

11. (1) $\frac{2}{7}$； (2) $\frac{5}{2}$； (3) e^{-2}； (4) e^2； (5) e； (6) e.

12. 不连续.

13. 2.

14. (1) 3； (2) 0； (3) 1； (4) $\frac{\pi}{4}$.

15. $y=0$.

习题 2.1

1. $Q'(t_0)$.

2. 略.

3. (1) $-\frac{1}{x^2}, -1$； (2) $3x^2, 0$.

4. $k=-1$.

5. (1) $y-1=x-2$； (2) $y-1=0$.

习题 2.2

1. (1) $3x^2-6x+4$； (2) $15x^2-2^x\ln 2+3e^x$； (3) $x(1+2\ln x)$； (4) $\frac{x\cos x-\sin x}{x^2}$.

2. (1) $5\cos 5x$； (2) $\frac{1}{2x\sqrt{\ln x}}$； (3) $-3\sin\left(3x+\frac{\pi}{3}\right)$； (4) $120(2x-1)^{19}$；

(5) $2(-x+1)e^{-x^2+2x+1}$； (6) $8\cos 2x(1+\sin 2x)^3$； (7) $-\frac{1}{\sqrt{1-x^2}}$； (8) $-\frac{2x}{1+x^4}$；

(9) $4x^2(3\sin 2x+2x\cos 2x)$； (10) $\frac{1}{\sqrt{a^2+x^2}}$.

3. (1) $-\frac{x^2}{y^2}$； (2) $\frac{y(1+e^x)}{1-xy}$； (3) $\frac{y(x-1)}{x(y-1)}$； (4) $\frac{\cos(x+y)}{1-\cos(x+y)}$.

4. (1) 6； (2) e^{-x}； (3) $\frac{2}{1-x}+\frac{2(2x-x^2)}{(1-x)^3}$； (4) $2\left(\arctan x+\frac{x}{1+x^2}\right)$.

5. (1) $(-1)^n\frac{n!}{(1+x)^{n+1}}$； (2) $e^x(n+x)$.

习题 2.3

1. $x=0$.

2. (1) 递增区间$(-2,0)$和$(2,+\infty)$，递减区间$(-\infty,-2)$和$(0,2)$； (2) 递增区间$(1,+\infty)$.

3. (1) 极大值 $y(1)=4$，极小值 $y(3)=0$； (2) 极大值 $y(1)=\frac{\pi}{4}-\frac{1}{2}\ln 2$.

4. (1) 最大值 13，最小值 4； (2) 最大值 $f(0)=10$，最小值 $f(8)=6$； (3) 最大值 512，最小值 128；

(4) 最大值 $f(1)=2$,最小值 $f(-1)=-10$.

5. 1 m.

6. $\sqrt{a},\sqrt{a}$.

7. (1) 凹区间$(2,+\infty)$,凸区间$(-\infty,2)$,拐点$\left(2,\frac{2}{3}\right)$;

(2) 凹区间$(-\infty,-1)$,$(0,+\infty)$,凸区间$(-1,0)$,拐点$(-1,0)$.

8. (1) 极小值; (2) 4℃,12 月 27 日;

(3) 1 月 4 日最低,1℃,不能,因为 1 月 5 日那天的气温图中没有给出.

习题 2.4

1. (1) $\sin x$; (2) $\frac{1}{2}x^2$; (3) e^x; (4) $2\sqrt{x}$; (5) $\arctan x$; (6) $\frac{1}{2}\sin 2x$.

2. (1) $\Delta y=1.161, dy=1.1$; (2) $\Delta y=0.110601, dy=0.11$.

3. (1) $\left(2x+\frac{1}{2\sqrt{x}}\right)dx$; (2) $-\frac{x}{\sqrt{(1+x^2)^3}}dx$; (3) $x\sin x dx$; (4) $-2\tan(1-x)\cdot\sec^2(1-x)dx$;

(5) $\left(-\frac{1}{x}+\frac{\sqrt{x}}{x}\right)dx$; (6) $2x(\sin 2x+x\cos 2x)dx$.

复习题二

1. 物体在任意时刻 t 的冷却速度为$\frac{dT}{dt}$.

2. 提示:物质的分解速度为$\frac{dm}{dt}$.

3. $2x-y-1=0$,$4x+y+4=0$.

4. $5x-y-3=0$.

5. (1) $(1,0)$; (2) $\left(\frac{1}{2},-\ln 2\right)$.

6. 29,18.

7. (1) 1; (2) $-\frac{1}{3}$.

8. (1) $3+\frac{1}{x^2}+3x^2$; (2) $\sin x\ln x+x\cos x\ln x+\sin x$; (3) $\frac{1+\sin x+\cos x}{(1+\cos x)^2}$.

9. (1) $\frac{\sec^2\frac{x}{2}}{4\sqrt{\tan\frac{x}{2}}}$; (2) $\frac{x\cos\sqrt{1+x^2}}{\sqrt{1+x^2}}$; (3) $\frac{1}{x\ln x\ln\ln x}$; (4) $2e^x\sqrt{1-e^{2x}}$.

10. (1) $-\frac{e^y}{1+xe^y}$; (2) $\frac{x^2-y}{x-y^2}$.

11. (1) $-2(1+x^2)(1-x^2)^{-2}$; (2) $2xe^{x^2}(3+3x^2)$; (3) $\frac{e^x(x^2-2x+2)}{x^3}$.

12. -1.

13. (1) $y'=\ln x+1$, $y^{(n)}=(-1)^n\frac{(n-2)!}{x^{n-1}}$ $(n\geqslant 2)$; (2) $2^{n-1}\sin\left[2x+(n-1)\frac{\pi}{2}\right]$.

14. $a=6$, $b=-9$.

15. (1) $(x^2+1)^{-\frac{3}{2}}dx$; (2) $\left(\ln x+1+\frac{1}{x^2}\right)dx$; (3) $e^{-x}[\sin(3-x)-\cos(3-x)]dx$;

(4) $4\cot(1-2x)\csc^2(1-2x)dx$.

16. (1) 递增区间$\left(-\frac{1}{2},0\right)$,$\left(\frac{1}{2},+\infty\right)$,递减区间$\left(-\infty,-\frac{1}{2}\right)$和$\left(0,\frac{1}{2}\right)$;

(2) 递增区间$\left(-\infty,-\frac{1}{2}\right)$,$\left(\frac{1}{2},+\infty\right)$,递减区间$\left(-\frac{1}{2},\frac{1}{2}\right)$.

17. (1) 极大值$y(1)=\frac{4}{e}$,极小值$y(-1)=0$; (2) 极小值$y\left(\frac{1}{4}\right)=-\frac{2187}{256}$.

18. (1) 最大值$f(1)=e$,最小值$f(0)=1$; (2) 最大值$f(0)=f(1)=1$,最小值$f\left(\frac{1}{2}\right)=\frac{3}{5}$.

19. 截成两半.

20. 将8分成4和4.

21. 5 h.

22. 凹区间$\left(-\infty,-\frac{1}{\sqrt{3}}\right)$,$\left(\frac{1}{\sqrt{3}},+\infty\right)$,凸区间$\left(-\frac{1}{\sqrt{3}},\frac{1}{\sqrt{3}}\right)$,拐点$\left(\pm\frac{1}{\sqrt{3}},\frac{3}{4}\right)$.

习题 3.1

1. (1) 正; (2) 正; (3) 负; (4)负.

2. (1) $\int_{-\frac{\pi}{2}}^{\frac{\pi}{2}}\cos x\mathrm{d}x$; (2) $\int_{-1}^{7}2^x\mathrm{d}x$; (3) $\int_{-2}^{0}(-x)\mathrm{d}x+\int_{0}^{4}\sqrt{x}\mathrm{d}x$; (4) $-\int_{-\frac{\pi}{2}}^{0}\sin x\mathrm{d}x+\int_{0}^{\pi}\sin x\mathrm{d}x$.

3. 略.

4. 略.

习题 3.2

1. 略.

2. (1) $\frac{1}{4}x^4$; (2) $-\cos x$; (3) $\frac{1}{2}x^2$; (4) $\frac{1}{6}x^3$.

3. (1) $\frac{1}{2019}x^{2019}+C$; (2) $-\frac{1}{4x^4}+C$; (3) $\frac{2}{3}x^{\frac{3}{2}}+C$; (4) $\frac{2}{11}x^{\frac{11}{2}}+C$; (5) $-\frac{2}{\sqrt{x}}+C$;

(6) $-\frac{6}{13}x^{-\frac{13}{6}}+C$.

4. (1) $\frac{1}{4}x^8+C$; (2) $2x^3+\frac{2}{x}+C$; (3) e^x+5x+C; (4) $2\sin x+7\cos x+C$;

(5) $2x-\frac{3}{2}x^2+x^4+C$; (6) x^3-x^2-x+C; (7) $2x+2\sqrt{x}+\ln|x|+C$; (8) $\sin x-\cos x+C$;

(9) $\arctan x-\frac{1}{x}+C$; (10) $\frac{1}{3}x^3-x+\arctan x+C$.

习题 3.3

1. (1) $\frac{3}{2}$; (2) $3-\frac{\pi}{2}$; (3) 18; (4) $\frac{4}{3}\pi$; (5) -3; (6) $\frac{17}{2}$; (7) $\frac{17}{4}$; (8) $\frac{51}{2}$.

2. (1) $\frac{1}{889}x^{889}+C$; (2) $\frac{1}{4}(3x+2)^{\frac{4}{3}}+C$; (3) $\frac{1}{2}\sin\left(2x+\frac{\pi}{3}\right)+C$; (4) $-\frac{1}{3}\ln|4-3x|+C$;

(5) $-\frac{1}{3}e^{1-3x}+C$; (6) $\frac{1}{2}\arctan 2x+C$; (7) $\frac{1}{3}\arctan\frac{x}{3}+C$; (8) $\arcsin\frac{x}{2}+C$;

(9) $-\frac{1}{2}\cos x^2+C$; (10) $\frac{1}{2}\ln^2x+C$; (11) $\frac{1}{2}\ln(1+x^2)+C$; (12) $\sin e^x+C$;

(13) $x\sin x+\cos x+C$; (14) $x\arcsin x+\sqrt{1-x^2}+C$; (15) $\frac{x^2}{2}\ln x-\frac{x^2}{4}+C$;

(16) $-x(e^{-x}+1)+C$; (17) $-x^2\cos x+2x\sin x+2\cos x+C$; (18) $\frac{1}{2}e^x(\sin x-\cos x)+C$.

3. (1) $-\frac{1}{5}$; (2) 5; (3) $\frac{1}{4}e-\frac{1}{4}$; (4) $\ln 2$; (5) $\frac{\pi}{8}$; (6) $\frac{20}{3}$; (7) $\frac{\pi^2}{72}$.

4. (1) $\frac{1}{4}e^2+\frac{1}{4}$; (2) 2; (3) e^2; (4) $\frac{\pi}{4}-\frac{1}{2}\ln 2$; (5) $\frac{1}{2}e^{\frac{\pi}{2}}+\frac{1}{2}$.

习题 3.4

1. (1) $\frac{3}{2}-\ln2$； (2) $57\frac{1}{6}$； (3) $\frac{3}{8}\sqrt{2}$； (4) $e+\frac{1}{e}-2$； (5) $\frac{8}{3}$； (6) 5.

2. 略.

3. (1) $\frac{\pi}{5}$； (2) $\frac{4}{3}\pi ab^2$.

4. 约 1.37×10^9 J.

5. 约 2116.8 kJ.

习题 3.5

(1) $\frac{\pi}{2}$； (2) $\frac{1}{2}$； (3) 积分发散； (4) 积分发散； (5) 积分发散； (6) ln2.

复习题三

1. (1) $-\frac{1}{x}+C$； (2) $-\frac{2}{3x\sqrt{x}}+C$； (3) $e^x+\frac{3}{4}x^{\frac{4}{3}}+C$； (4) $\sin x+\cos x+C$；

(5) $x+\cos x+C$； (6) $-\frac{1}{x}-\frac{1}{3x^3}+C$； (7) $\frac{1}{3}(x-2)^3+C$； (8) $2e^x+3\ln|x|+C$；

(9) $x-\arctan x+C$； (10) $2x-\frac{5\left(\frac{2}{3}\right)^x}{\ln\frac{2}{3}}+C$； (11) $-\cot x-\tan x+C$；

(12) $-\frac{1}{x}-\arctan x+C$； (13) $x^3+\arctan x+C$； (14) $\frac{1}{2}\tan x+C$； (15) $\tan x-\sec x+C$.

2. (1) $\frac{20}{3}$； (2) $3e+\cos1-\frac{15}{4}$； (3) 4； (4) ln2； (5) $\sqrt{3}-\frac{\pi}{3}$； (6) $\frac{44}{3}$； (7) $\frac{\pi}{2}-1$；

(8) $\frac{\pi}{12}-\frac{\sqrt{3}}{3}+1$； (9) $1+\frac{\pi}{4}$； (10) 4.

3. (1) $-\frac{1}{8}(3-2x)^4+C$； (2) $-\frac{1}{2}(2-3x)^{\frac{2}{3}}+C$； (3) $-\frac{1}{3}\cos\left(3x-\frac{\pi}{4}\right)+C$；

(4) $\frac{1}{26}(2x-1)^{13}+C$； (5) $-\frac{3^{2-5x}}{5\ln3}+C$； (6) $\arcsin\frac{x}{3}+C$； (7) $-2\cos\sqrt{t}+C$；

(8) $\sqrt{x^2-2}+C$； (9) $\frac{2}{3}(2+e^x)\sqrt{2+e^x}+C$； (10) $\frac{1}{2}\sin^2x+C$； (11) $-\frac{1}{\ln x}+C$；

(12) $\frac{1}{2}x+\frac{1}{4}\sin2x+C$； (13) $\arctan(e^x)+C$； (14) $\frac{1}{2a}\ln\left|\frac{a+x}{a-x}\right|+C$.

4. $\frac{1}{3}(e^3-e^{-3})+\frac{1}{2}\ln^2 3$.

5. (1) ln2； (2) $\frac{2}{3}$； (3) $\frac{\pi}{2}$； (4) $\frac{1}{2}\ln2$； (5) $e-\sqrt{e}$； (6) $\ln(1+e)-\ln2$.

6. (1) 3ln3； (2) 4−2arctan2； (3) $\frac{1}{6}$； (4) $\frac{\pi}{3}+\frac{\sqrt{3}}{2}$； (5) $-\frac{2\sqrt{3}+6\sqrt{2}}{3}$，提示：令 $x=\tan t$；

(6) $\sqrt{3}-1-\frac{\pi}{12}$，提示令 $x=\sec t$.

7. (1) $x\ln(1+x^2)-2x+2\arctan x+C$； (2) $\frac{1}{3}x^3\arctan x-\frac{1}{6}x^2+\frac{1}{6}\ln(1+x^2)+C$；

(3) $-x^2\cos x+2x\sin x+2\cos x+C$； (4) $x\ln^2x-2x\ln x+2x+C$；

(5) $\frac{x^3}{6}+\frac{1}{2}x^2\sin x+x\cos x-\sin x+C$； (6) $\frac{1}{3}x^2e^{3x}-\frac{2}{9}xe^{3x}+\frac{2}{27}e^{3x}+C$；

(7) $\frac{1}{2}e^x(\sin x-\cos x)+C$； (8) $\frac{1}{13}e^{3x}(2\cos 3x+3\sin 3x)+C$； (9) $2\sqrt{x}\sin\sqrt{x}+2\cos\sqrt{x}+C$；

(10) $x\arctan\sqrt{x+1}-\sqrt{x+1}+2\arctan\sqrt{x+1}+C$.

8. (1) $e^{\frac{\pi}{2}}$； (2) $2-\frac{2}{e}$； (3) 2； (4) $\frac{\pi}{12}+\frac{\sqrt{3}}{2}-1$； (5) $-\frac{\pi}{2}$； (6) $8\ln 2-4$； (7) $\frac{2}{5}(e^{\frac{\pi}{2}}+1)$；

(8) $\frac{e}{2}(\sin 1+\cos 1)+\frac{1}{2}$.

9. (1) $\sqrt{2}$； (2) $\frac{32}{3}$； (3) $20\frac{5}{6}$.

10. (1) $\frac{48}{5}\pi,\frac{24}{5}\pi$； (2) $160\pi^2$.

11. 约 57697.5 kJ.

12. 2.56×10^6(N).

13. $\frac{kmM}{a(a+l)}$（其中 k 为常数）.

14. (1) $\frac{1}{3}$； (2) $\frac{1}{a}$； (3) 1； (4) π.

习题 4.1

1. (1)(3)(4)(6)是微分方程.

2. (1)(2)(3)都是一阶的，(4)(5)(6)都是二阶的.

3. (1)(3)(4)(5)都是线性无关的，(2)(6)都是线性相关的.

4. $y=2x^2$.

5. 略.

6. $s=t^3+t+1$.

习题 4.2

1. (1) $y=Ce^x$； (2) $x^2-y^2=C$； (3) $y^2+1=Cx$； (4) $y=Ce^{-\cos x}$； (5) $e^y=e^x+C$；

(6) $\arctan y=\frac{1}{2}x^2+x+C$.

2. (1) $y=\frac{1}{3}x^2+\frac{C}{x}$； (2) $y=e^{-x}(x+C)$； (3) $y=\frac{1}{2}x^3+Cx$； (4) $y=\frac{1}{x}(\sin x+C)-\cos x$.

3. $y=-\frac{8}{x}$.

4. $T=20+80e^{-kt}$，其中 k 为正的常数.

习题 4.3

1. (1) $r^2-3r+2=0$； (2) $r^2-r=0$； (3) $2r^2+r-1=0$； (4) $r^2-1=0$.

2. $y''-3y'-3y=0$.

3. $y=C_1e^x+C_2e^{-x}$.

4. 略.

5. (1) $y=C_1e^{-x}+C_2e^{-4x}$； (2) $y=C_1+C_2e^{3x}$； (3) $y=(C_1+C_2x)e^{-x}$； (4) $y=(C_1+C_2x)e^{5x}$；

(5) $y=C_1e^{2x}+C_2e^{-\frac{4}{3}x}$； (6) $y=C_1\cos 2x+C_2\sin 2x$.

复习题四

1. (1) 一阶； (2) 二阶； (3) 三阶； (4) 一阶； (5) 二阶； (6) 四阶.

2. (1) 线性无关； (2) 线性相关； (3) 线性无关； (4) 线性无关； (5) 线性无关； (6)线性相关.

3. $y=\frac{1}{3}x^3$.

4. (1) $y^3=x^3+C$; (2) $e^x+e^{-y}+C=0$; (3) $y^2=2\ln(e^x+1)+C$; (4) $y=e^{x^3+x^2+1}$;

(5) $y^2+1=Ce^{-\frac{1}{x}}$; (6) $\frac{1}{3}e^{3y}=\frac{1}{2}e^{2x}+C$.

5. $y=e^{\frac{1}{3}x^3}$.

6. (1) $y=e^{Cx}$; (2) $y=Ce^{-x}-1$; (3) $y=x^3+Cx^2$; (4) $y=x+\frac{C}{\ln x}$.

7. $y=\left(\frac{1}{2}x^2+4\right)e^{-x^2}$.

8. $y=2(e^x-2x-1)$.

9. (1) $r^2+r-1=0$; (2) $2r^2+3r-4=0$; (3) $r^2-4=0$; (4) $r^2-4r=0$.

10. $r^2-5r+6=0$; $y''-5y'+6y=0$.

11. (1) $y=C_1e^x+C_2e^{-x}$; (2) $y=C_1+C_2e^x$; (3) $y=C_1\cos x+C_2\sin x$; (4) $y=(C_1+C_2x)e^x$;

(5) $y=e^{-2x}(C_1\cos 3x+C_2\sin 3x)$; (6) $y=C_1e^{\frac{1}{3}x}+C_2e^{2x}$.

12. (1) $y=e^{-2x}(C_1+C_2x)+1$; (2) $y=\frac{7}{4}x-\frac{1}{4}x^2+C_1+C_2e^{-2x}$.

13. $M(t)=M_0e^{-kt}$,其中 k 为正的常量.

习题 5.1

1. (1) Ⅴ; (2) Ⅱ; (3) Ⅳ; (4) Ⅶ.

2. (1) z 轴; (2) xOy 坐标面; (3) zOx 坐标面; (4) yOz 坐标面.

3. (1) 3; (2) $\sqrt{22}$.

4. (14,0,0)或(−10,0,0).

习题 5.2

1. (1) $\sqrt{11}$; (2) $\{3,-3,2\}$; (3) $\{-1,1,4\}$; (4) $\{-4,4,9\}$.

2. (1) $\{-1,-2,2\}$,$\{1,2,-2\}$; (2) $\sqrt{5}$,$\sqrt{5}$.

3. $k=-1$.

4. (1) −3; (2) −3; (3) 9; (4) $\frac{3\pi}{4}$.

5. 提示:证明 $\boldsymbol{a}\cdot\boldsymbol{b}=0$.

6. $m=5$.

7. (1) 垂直; (2) 平行.

8. (1) $\boldsymbol{i}+5\boldsymbol{j}+7\boldsymbol{k}$; (2) $-\boldsymbol{i}-5\boldsymbol{j}-7\boldsymbol{k}$.

9. $\boldsymbol{i}+5\boldsymbol{j}+7\boldsymbol{k}$.

10. $\{6,-6,-12\}$.

习题 5.3

1. (1) 不通过原点; (2) 通过原点; (3) 通过原点.

2. $x+3y-2z+7=0$.

3. (1) $\{1,-2,4\}$; (2) $\{1,1,1\}$; (3) $\{1,0,0\}$(或 $\boldsymbol{i}$); (4) $\{1,-1,0\}$.

4. $2x-3y-2z-1=0$.

5. $x+3y-2z+8=0$.

6. $\{3,-2,0\}$.

7. (1) $\frac{x}{-2}=\frac{y}{1}=\frac{z}{4}$; (2) 通过 A 点.

8. (1) $\frac{x+3}{2}=\frac{y-1}{-2}=\frac{z}{3}$； (2) $\sqrt{15}$.

习题 5.4

1. $(x-1)^2+(y+3)^2+(z-2)^2=25$,即 $x^2+y^2+z^2-2x+6y-4z-11=0$.
2. (1)(2)(5).
3. (1) 在 xOy 平面上是一条直线,在空间中是一个平面； (2) 在空间中是一个球面；
   (3) 在 xOy 平面上是一个圆,在空间中是一个圆柱面；
   (4) 在 xOy 平面上是一条直线,在空间中是一个平面；
   (5) 在 yOz 平面上是一条抛物线,在空间中是一个抛物柱面；
   (6) 在 xOy 平面上是两条直线的交点,在空间中是两个平面的交线.
4. $z^2=4(x^2+y^2)$. 该曲面是圆锥面,图略.
5. 圆(空间曲线).

复习题五

1. $(-2,-1,3)$;$(-2,1,3)$;$(2,-1,-3)$.
2. $(0,0,14)$.
3. $\boldsymbol{a}=2\boldsymbol{i}-\boldsymbol{j}+2\boldsymbol{k}$ 或 $\boldsymbol{a}=2\boldsymbol{i}-\boldsymbol{j}-2\boldsymbol{k}$.
4. $\sqrt{11}$.
5. (1) $\{2,1,0\}$； (2) 21 ； (3) $\{1,-2,2\}$.
6. (1) 不通过原点； (2) 不通过原点； (3) 通过原点； (4) 通过原点.
7. (1) $x+y-1=0$； (2) $\frac{x}{1}=\frac{y-1}{1}=\frac{z+1}{0}$.
8. 提示:证明直线的方向向量与平面的法向量平行.
9. $\frac{x}{1}=\frac{y}{2}=\frac{z}{3}\left(\text{或}\frac{x-1}{1}=\frac{y-2}{2}=\frac{z-3}{3}\right)$.
10. $\frac{x-2}{3}=\frac{y-1}{-1}=\frac{z-3}{1}$.
11. $(1,2,2)$.
12. (1) 球面(可以看作由 yOz 坐标面上的圆 $y^2+z^2=4$ 绕 z 轴旋转而得的旋转曲面)；
    (2) 以圆 $x^2+y^2=4$ 为准线,母线平行于 z 轴的圆柱面；
    (3) 以椭圆 $\frac{x^2}{4}+\frac{y^2}{9}=1$ 为准线,母线平行于 z 轴的椭圆柱面；
    (4) 旋转曲面,它是由 yOz 坐标面上的抛物线 $z=-y^2$ 绕 z 轴旋转而得的.
13. 图略.
14. $x^2+y^2+x=0$；$\begin{cases}x^2+y^2+x=0,\\ z=0.\end{cases}$

习题 6.1

1. (1) 3； (2) $a^2x^2-2abxy+3b^2y^2$； (3) $-2x+6y+3h$.
2. (1) $D=\{(x,y)\mid x^2+y^2<16\}$； (2) $D=\{(x,y,z)\mid x>0,y>0,z>0\}$.
3. (1) 1； (2) 不存在.

习题 6.2

1. (1) $\frac{\partial z}{\partial x}=2y^2-\cos x$， $\frac{\partial z}{\partial y}=4xy+15y^2$； (2) $\frac{\partial z}{\partial x}=2x\sin y$， $\frac{\partial z}{\partial y}=x^2\cos y$；
   (3) $\frac{\partial z}{\partial x}=y\cos(xy)$， $\frac{\partial z}{\partial y}=x\cos(xy)$； (4) $\frac{\partial z}{\partial x}=\frac{y^2}{(x+y)^2}$， $\frac{\partial z}{\partial y}=\frac{x^2}{(x+y)^2}$；

(5) $\frac{\partial u}{\partial x}=y+z$， $\frac{\partial u}{\partial y}=x+z$， $\frac{\partial u}{\partial z}=x+y$；

(6) $\frac{\partial u}{\partial x}=yz^2x^{yz^2-1}$， $\frac{\partial u}{\partial y}=z^2x^{yz^2}\ln x$， $\frac{\partial u}{\partial z}=2yz(x^{yz^2})\ln x$.

2. (1) $f'_x(1,2)=\frac{1}{3},f'_y(1,2)=\frac{2}{3}$； (2) $f'_x\left(\frac{\pi}{2},0\right)=0,f'_y\left(\frac{\pi}{2},0\right)=0$.

3. $\frac{\sqrt{5}}{5}$.

4. (1) $\frac{\partial^2 z}{\partial x^2}=2,\frac{\partial^2 z}{\partial y^2}=2,\frac{\partial^2 z}{\partial x\partial y}=2,\frac{\partial^2 z}{\partial y\partial x}=2$；

(2) $\frac{\partial^2 z}{\partial x^2}=-9\sin(3x+2y),\frac{\partial^2 z}{\partial y^2}=-4\sin(3x+2y),\frac{\partial^2 z}{\partial x\partial y}=-6\sin(3x+2y),\frac{\partial^2 z}{\partial y\partial x}=-6\sin(3x+2y)$；

(3) $\frac{\partial^2 z}{\partial x^2}=6yx-6y^3,\frac{\partial^2 z}{\partial y^2}=-18x^2y,\frac{\partial^2 z}{\partial x\partial y}=3x^2-18xy^2,\frac{\partial^2 z}{\partial y\partial x}=3x^2-18xy^2$；

(4) $\frac{\partial^2 z}{\partial x^2}=a^2e^{ax+by}$，$\frac{\partial^2 z}{\partial y^2}=b^2e^{ax+by},\frac{\partial^2 z}{\partial x\partial y}=abe^{ax+by},\frac{\partial^2 z}{\partial y\partial x}=abe^{ax+by}$.

5. (1) $\frac{\partial z}{\partial x}=6xy-2y^2,\frac{\partial z}{\partial y}=3x^2-4xy$； (2) $\frac{\partial z}{\partial x}=y+2x\cos(x^2+y),\frac{\partial z}{\partial y}=x+\cos(x^2+y)$.

6. 证明略.

7. $\frac{\partial z}{\partial x}=\frac{yz}{e^z-xy}$，$\frac{\partial z}{\partial y}=\frac{xz}{e^z-xy}$.

习题 6.3

1. (1) $dz=(\sin y-y\sin x)dx+(x\cos y+\cos x)dy$； (2) $dz=\frac{3}{3x-2y}dx-\frac{2}{3x-2y}dy$；

(3) $dz=\left(\frac{1}{y}-\frac{y}{x^2}\right)dx+\left(\frac{1}{x}-\frac{x}{y^2}\right)dy$； (4) $dz=e^{xy}(y^2+xy+1)dx+e^{xy}(x^2+xy+1)dy$.

2. $dz\big|_{\substack{x=1\\y=\pi}}=-\pi dx-dy$.

3. $du=yze^{xyz}dx+xze^{xyz}dy+xye^{xyz}dz$.

习题 6.4

1. 极小值：$z=f(2,-2)=-8$.

2. 极大值：$f(-3,2)=31$，极小值：$f(1,0)=-5$.

3. 当矩形的长和宽分别为$\frac{2p}{3}$及$\frac{p}{3}$时，绕短边旋转所得圆柱体的体积最大.

4. 切线方程$\frac{x-\frac{\sqrt{2}}{2}}{-1}=\frac{y-\frac{\sqrt{2}}{2}}{1}=\frac{z-\frac{\pi}{2}}{2\sqrt{2}}$，法平面方程 $x-y-2\sqrt{2}z+\sqrt{2}\pi=0$.

5. 切平面方程 $4(x-2)+2(y-1)-(z-4)=0$，法线方程$\frac{x-2}{4}=\frac{y-1}{2}=\frac{z-4}{-1}$.

6. 切平面方程 $x-y+2z=\pm\sqrt{\frac{11}{2}}$.

复习题六

1. (1) $D=\{(x,y)\mid 4x^2+y^2\geqslant 1\}$； (2) $D=\{(x,y)\mid x+y>0\}$；

(3) $D=\{(x,y)\mid 1\leqslant x^2+y^2<4\}$.

2. (1) $\frac{\partial z}{\partial x}=2xy^2-3y,\frac{\partial z}{\partial y}=2x^2y-3x+4y$； (2) $\frac{\partial z}{\partial x}=40(2x-3y)^3,\frac{\partial z}{\partial y}=-60(2x-3y)^3$；

(3) $\frac{\partial z}{\partial x}=y^2-y\cos xy,\frac{\partial z}{\partial y}=2xy-x\cos xy+2y$； (4) $\frac{\partial z}{\partial x}=\frac{-2y}{(x-y)^2},\frac{\partial z}{\partial y}=\frac{2x}{(x-y)^2}$；

(5) $\frac{\partial z}{\partial x}=3e^{3x+2y},\frac{\partial z}{\partial y}=2e^{3x+2y}$； (6) $\frac{\partial z}{\partial x}=y\ln(x+y)+\frac{xy}{x+y},\frac{\partial z}{\partial y}=x\ln(x+y)+\frac{xy}{x+y}$.

3. (1) $z_{xx}=6x,z_{xy}=1,z_{yy}=12y^2$； (2) $z_{xx}=-y^2\sin xy,z_{xy}=\cos xy-xy\sin xy,z_{yy}=-x^2\sin xy$；

(3) $z_{xx}=\frac{-2xy}{x^2+y^2},z_{xy}=\frac{x^2-y^2}{x^2+y^2},z_{yy}=\frac{2xy}{x^2+y^2}$.

4. (1) $e^x(\sin y\mathrm{d}x+\cos y\mathrm{d}y)$； (2) $\frac{1}{e^x+e^y}(e^x\mathrm{d}x+e^y\mathrm{d}y)$； (3) $-\frac{1}{\sqrt{1-x^2-y^2}}(x\mathrm{d}x+y\mathrm{d}y)$；

(4) $\frac{1}{e^x+e^y+e^z}(e^x\mathrm{d}x+e^y\mathrm{d}y+e^z\mathrm{d}z)$.

5. $\frac{3}{2}x^2\sin 2y(\cos y-\sin y),x^3(\sin^3 y+\cos^3 y)-x^3\sin 2y(\sin y+\cos y)$.

6. $\frac{\partial z}{\partial x}=2xf'_u+yf'_v,\frac{\partial z}{\partial y}=2yf'_u+xf'_v$.

7. $\frac{\partial z}{\partial x}=\frac{z}{x+z},\frac{\partial z}{\partial y}=\frac{z^2}{(x+z)y}$.

8. $\frac{x-3}{3}=\frac{y-1}{2}=\frac{z-1}{3}$， $3x+2y+3z-14=0$.

9. $x+2y-4=0,\begin{cases}\frac{x-2}{1}=\frac{y-1}{2},\\ z=0.\end{cases}$

10. 极小值为 $f(1,1)=-1$.

11. $\left(\frac{8}{5},\frac{16}{5}\right)$.

习题 7.1

1. (1) πR^2； (2) $\frac{2}{3}\pi R^3$； (3) $\frac{1}{6}$.

2. $\frac{8}{3}\pi$.

习题 7.2

1. 3.

2. (1) $\int_0^1\mathrm{d}x\int_{1-x}^1 f(x,y)\mathrm{d}y$ 或 $\int_0^1\mathrm{d}y\int_{1-y}^1 f(x,y)\mathrm{d}x$；

(2) $\int_0^1\mathrm{d}x\int_{-\sqrt{R^2-x^2}}^{\sqrt{R^2-x^2}} f(x,y)\mathrm{d}y$ 或 $\int_{-R}^R\mathrm{d}y\int_0^{\sqrt{R^2-y^2}} f(x,y)\mathrm{d}x$.

3. $\int_0^1\mathrm{d}x\int_0^x f(x,y)\mathrm{d}y+\int_1^{\sqrt{2}}\mathrm{d}x\int_0^{\sqrt{2-x^2}} f(x,y)\mathrm{d}y$.

4. $\frac{13}{6}$.

5. (1) $\int_0^{\frac{\pi}{2}}\mathrm{d}\theta\int_0^{2\sin\theta} f(r\cos\theta,r\sin\theta)r\mathrm{d}r$； (2) $\int_{\frac{\pi}{4}}^{\arctan 2}\mathrm{d}\theta\int_0^{2\sqrt{5}} f(r\cos\theta,r\sin\theta)r\mathrm{d}r$.

6. (1) $\frac{5}{2}$； (2) $\frac{\pi}{2}\left(\ln 2+\frac{\pi}{2}-2\right)$； (3) 14； (4) $\left(2\sqrt{3}-\frac{9}{4}\right)\pi a^3$.

7. $\frac{3}{2}\pi$.

8. $\pi(1-e^{-a^2})$.

习题 7.3

1. 2π.

2. $\frac{4}{3}\pi a^3$.

3. $\left(0,\frac{7}{3}\right)$.

4. (0，0).

复习题七

1. (1) 0,0； (2) $0\leqslant x\leqslant 1, 0\leqslant y\leqslant x$, $\int_0^1 dy\int_y^1 f(x,y)dx$； (3) $\int_0^1 dy\int_{e^y}^1 f(x,y)dx$；

(4) $\int_0^{2\pi} d\theta\int_0^2 f(r\cos\theta, r\sin\theta)rdr$； (5) $\frac{1-e^{-2}}{4}$.

2. (1) 4π； (2) $\frac{1}{4}$； (3) 3π.

3. (1) 1； (2) 8； (3) 4； (4) $\frac{1-\cos 2}{2}$； (5) $\frac{1}{12}$； (6) 0； (7) $\pi^2-\frac{40}{9}$； (8) -2；

(9) $\pi(1-e^{-25})$； (10) $\frac{16}{9}$； (11) a^2.

4. $\sqrt[4]{2}$.

5. $\frac{40}{3}$.

6. $\frac{1}{40}\pi^5$.

7. $\left(\frac{a}{3},\frac{a}{3}\right)$.

习题 8.1

1. 4；$\frac{9}{2}$；$\frac{8}{3}$.
2. 发散.
3. 发散.
4. 收敛.
5. (1) 等比级数，收敛； (2) 等比级数，发散； (3) p 级数，收敛； (4) p 级数，发散.
6. (1) 发散； (2) 发散.

习题 8.2

1. 发散.
2. 收敛.
3. 收敛.
4. $\sum_{n=1}^{\infty}\frac{n}{3^n}$.
5. 收敛.
6. (1) 发散； (2) 收敛； (3) 收敛； (4) 发散； (5) 收敛.
7. (1) 条件收敛； (2) 绝对收敛； (3) 绝对收敛.

习题 8.3

1. 2.
2. $(-3,3)$.
3. $\frac{1}{1-t}$.

4. $\frac{1}{1+x}$.

5. $\frac{1}{3}\cdot\frac{1}{1+\left(\frac{t}{3}\right)}$.

6. (1) $\left(-\frac{1}{2},\frac{1}{2}\right)$； (2) $[-1,1]$； (3) $[1,3)$.

7. (1) $f(x)=\frac{1}{2}\sin 2x=\sum\limits_{n=0}^{\infty}\frac{(-1)^n4^n}{(2n+1)!}x^{2n+1}$, $x\in(-\infty,+\infty)$；

(2) $f(x)=\frac{1}{3}\cdot\frac{1}{1-\left(\frac{x}{3}\right)}=\sum\limits_{n=0}^{\infty}\frac{x^n}{3^{n+1}}$, $x\in(-3,3)$.

习题 8.4

1. 0.

2. 偶.

3. (1) $f(x)=\frac{2}{\pi}\sum\limits_{n=1}^{\infty}\left(-\frac{\pi}{2n}\cos\frac{n\pi}{2}+\frac{1}{n^2}\sin\frac{n\pi}{2}\right)\sin nx\left(x\in\mathbf{R},x\neq k\pi+\frac{\pi}{2},k=0,\pm1,\pm2,\cdots\right)$；

(2) $f(x)=\frac{\pi}{2}-\frac{4}{\pi}\sum\limits_{n=1}^{\infty}\frac{\cos(2n-1)x}{(2n-1)^2}$, $x\in(-\infty,+\infty)$.

4. $f(x)=\frac{2}{\pi}\sum\limits_{n=1}^{\infty}\frac{1}{n}(1-\pi\cos n\pi-\cos n\pi)\sin nx$, $x\in(0,\pi)$.

复习题八

1. (1) 发散； (2) 收敛,且和等于$\frac{1}{5}$； (3) 收敛,且和等于$\frac{3}{2}$.

2. 略.

3. (1) 发散,提示:$\ln(1+n)<n$. (2) 收敛. (3) 发散. (4) 发散. (5) 收敛.

(6) 收敛. (7) 收敛. (8) 收敛. (9) 收敛. (10) 发散. (11) 收敛,提示:$\frac{n\sin^2\frac{n\pi}{3}}{2^n}\leqslant\frac{n}{2^n}$.

(12) 当$0<x<1$时,收敛;当$x\geqslant1$时,发散.

4. (1) 条件收敛； (2) 绝对收敛； (3) 绝对收敛； (4) 绝对收敛； (5) 绝对收敛；
(6) 绝对收敛.

5. (1) $(-1,1)$； (2) $(-\infty,+\infty)$； (3) $[-2,2)$； (4) $[-1,1]$； (5) $\left[\frac{1}{2},\frac{3}{2}\right)$.

6. 收敛区间:$(-1,1)$,和函数 $s(x)=\frac{1}{(1-x)^2}$.

7. (1) $\ln(1-x)=\sum\limits_{n=0}^{\infty}\frac{-1}{n+1}x^{n+1}$, $x\in[-1,1)$；

(2) $\sin\frac{x}{2}=\sum\limits_{n=0}^{\infty}\frac{(-1)^n}{2^{2n+1}(2n+1)!}x^{2n+1}$, $x\in(-\infty,+\infty)$；

(3) $e^{2x}=\sum\limits_{n=0}^{\infty}\frac{2^n}{n!}x^n$, $x\in(-\infty,+\infty)$；

(4) $\frac{1}{2-x}=\sum\limits_{n=0}^{\infty}\frac{1}{2^{n+1}}x^n$, $x\in(-2,2)$；

(5) $\sin^2x=\sum\limits_{n=1}^{\infty}\frac{(-1)^{n+1}2^{2n-1}}{(2n)!}x^{2n}$, $x\in(-\infty,+\infty)$.

8. $f(x)=\dfrac{1}{x}=\sum\limits_{n=0}^{\infty}(-1)^n(x-1)^n, x\in(0,2).$

9. (1) $f(x)=-\dfrac{1}{2}+\dfrac{2}{\pi}\sum\limits_{n=1}^{\infty}\dfrac{\sin(2n-1)x}{2n-1}, x\in\mathbf{R}$ 且 $x\neq k\pi\ (k=0,\pm1,\pm2,\cdots)$;

(2) $f(x)=2\sum\limits_{n=1}^{\infty}\dfrac{(-1)^{n+1}}{n}\sin nx, x\in\mathbf{R}$ 且 $x\neq(2k+1)\pi\ (k=0,\pm1,\pm2,\cdots)$;

(3) $f(x)=\dfrac{3}{4}\pi-\dfrac{2}{\pi}\sum\limits_{n=1}^{\infty}\dfrac{\cos(2n-1)x}{(2n-1)^2}-\sum\limits_{n=1}^{\infty}\dfrac{1}{n}\sin nx, x\in\mathbf{R}$ 且 $x\neq2k\pi\ (k=0,\pm1,\pm2,\cdots)$;

(4) $f(x)=\dfrac{\pi^2}{3}+4\sum\limits_{n=1}^{\infty}\dfrac{(-1)^n}{n^2}\cos nx,\ x\in\mathbf{R}.$

10. $f(x)=\sum\limits_{n=1}^{\infty}\dfrac{2}{n\pi}\left(1-\cos\dfrac{n\pi}{2}\right)\sin nx, x\in\left(0,\dfrac{\pi}{2}\right)\cup\left(\dfrac{\pi}{2},\pi\right].$

11. $f(x)=\dfrac{1}{2}\left(\pi-\dfrac{2}{3}\pi^2\right)+\dfrac{2}{\pi}\sum\limits_{n=1}^{\infty}\dfrac{1}{n^2}[(-1)^n-1+2\pi(-1)^{n+1}]\cos nx, x\in[0,\pi].$